U0187359

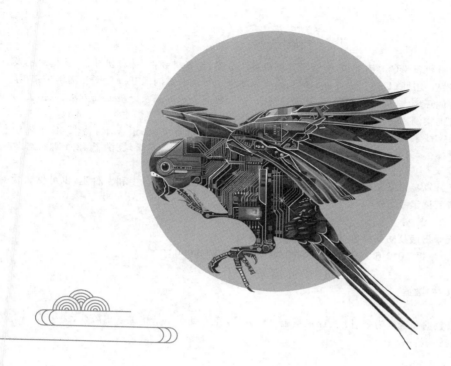

计算机科学与技术丛书

新形态教材

计算机导论

以数据和案例为牵引

微课视频版

凌萍 谢春丽 胡晓婷 张雪媛◎编著

清华大学出版社

北京

内 容 简 介

本书主要讲述计算机科学的导引知识，介绍了计算机系统概况、计算机硬件、计算机软件、数据表示及分析处理、计算机网络以及计算机热门研究方向的相关应用案例。所讲内容的展开以数据和案例为牵引，分别呼应了数据处理的环境、数据处理的硬件、数据处理的软件、数据表示方式及分析处理方法、数据的网络流动以及数据处理的案例。

书中以数据为行文线索，各章节之间有较强的逻辑关联，实例紧靠生活实际，语言朴素亲切，叙述之中融入编者积累的教学体会，更贴近读者的理解路径。同时书中融入课程思政元素，提供了 12 个课程思政案例。

本书的读者覆盖计算机科学与技术、软件工程、人工智能等相关专业的本科生和专科生，也可供热爱计算机技术的自学者阅读学习。

图书在版编目（CIP）数据

计算机导论：以数据和案例为牵引：微课视频版/凌萍等编著.—北京：清华大学出版社，2024.5
（计算机科学与技术丛书）
新形态教材
ISBN 978-7-302-66175-7

Ⅰ．①计…　Ⅱ．①凌…　Ⅲ．①电子计算机－高等学校－教材　Ⅳ．①TP3

中国国家版本馆 CIP 数据核字（2024）第 086423 号

责任编辑：刘　星
封面设计：李召霞
责任校对：刘惠林
责任印制：沈　露

出版发行：清华大学出版社
　　　　网　　　址：https：//www.tup.com.cn，https：//www.wqxuetang.com
　　　　地　　　址：北京清华大学学研大厦 A 座　　邮　　编：100084
　　　　社 总 机：010-83470000　　邮　　购：010-62786544
　　　　投稿与读者服务：010-62776969，c-service@tup.tsinghua.edu.cn
　　　　质量反馈：010-62772015，zhiliang@tup.tsinghua.edu.cn
　　　　课件下载：https：//www.tup.com.cn，010-83470236
印 装 者：三河市人民印务有限公司
经　　销：全国新华书店
开　　本：185mm×260mm　　印　张：14　　　　　字　　数：339 千字
版　　次：2024 年 5 月第 1 版　　　　　　　　　　印　　次：2024 年 5 月第 1 次印刷
印　　数：1～1500
定　　价：59.00 元

产品编号：099370-01

前 言
PREFACE

本书是计算机科学导论类教材，全面介绍了计算机科学核心课程的基础知识，旨在为计算机专业的本、专科生提供专业领域知识的导引，为今后专业课程的学习奠定坚实基础。编者为在教学一线工作多年的专业教师，因此书中语言的阐述方式及内容多从学习者的认知角度出发，平实朴素而易于理解。故本书也可作为计算机科学爱好者的通用书籍，可随时翻阅。

本书具有如下特点。

1）以数据为线索，构建知识体系

各知识点之间以数据为线索进行串联，构建基于数据处理过程的计算机科学知识图谱，形成完整的计算机科学知识体系。

2）培养理论素养，注重实践能力

专业素养与动手能力的培养并重，经典理论的解释深入浅出，算法思路的引领循序渐进，辅以 14 个算法实例和 4 个完整系统案例的翔实介绍，以助读者提高专业理论水平和实操能力。

3）融入思政元素，给出思政案例

在阐述客观知识时融入了课程思政内容，通过 12 个思政案例，让读者感受科学家的忘我工作、前辈的努力付出，以及平凡的人们所展现出的才华和善良。这些事迹如阳光洒向你我，让人感动，备受鼓舞，从而心生前行的动力！

4）配套资源丰富，方便教师教学

配 套 资 源

- **程序代码等资源**：扫描目录上方的"配套资源"二维码下载。
- **教学课件、教学大纲、电子教案等资源**：本书计划为 36 学时，教学资源可到清华大学出版社官方网站本书页面下载，或者扫描封底的"书圈"二维码在公众号下载。
- **微课视频（440 分钟，32 集）**：扫描书中相应章节中的二维码在线学习。

注：请先扫描封底刮刮卡中的文泉云盘防盗码进行绑定后再获取配套资源。

本书第 1～4 章由凌萍编写，第 5 章和第 7 章由谢春丽编写，第 6 章由胡晓婷编写，全书图表由张雪媛制作。

在本书的编写过程中得到了家人的支持陪伴和同事的启发互助，所以特别向亲爱的家人和可爱的同事们表示感激、感恩。同时还要感谢清华大学出版社的工作人员对于本书出版所做的工作。

由于计算机科学技术发展迅速,加上编者水平有限,本书难免存在不足之处,恳请各位同仁和读者批评指正。

编 者

2024 年 2 月

微课视频清单

序号	视频名称	时长/min	书中位置
1	信息系统和计算机发展	13	1.1节节首
2	计算思维	15	1.3节节首
3	计算机硬件组成和计算机体系结构	11	2.1节节首
4	CPU和内存	15	2.3节节首
5	外存和输入输出子系统	10	2.4.2节节首
6	软件和操作系统的CPU管理	16	3.1节节首
7	操作系统的存储管理	14	第37页"2)存储管理"
8	操作系统的其他功能及应用软件	14	第41页"3)设备管理"
9	软件工程	12	3.5节节首
10	二进制知识	14	4.1节节首
11	计算机中的数据表示	15	4.1.2节节首
12	数据的逻辑表示	15	4.2节节首
13	数据组织与管理	15	4.3节节首
14	数据挖掘之分类1	14	4.4.3节节首
15	数据挖掘之分类2	15	第76页"2)贝叶斯分类"
16	数据挖掘之聚类	15	第81页"2.聚类"
17	聚类、回归和数据可视化	11	第85页"6)基于模型的聚类方法"
18	问题求解思想	5	5.1节节首
19	算法特性	2	5.2.1节节首
20	算法的表示	10	5.2.2节节首
21	算法的复杂性	14	5.2.3节节首
22	常见基础算法	40	5.2.4节节首
23	编程技术	15	5.4节节首
24	编程实例	5	5.5节节首
25	计算机网络的定义及其功能	10	6.1.1节节首
26	计算机网络的分类	16	6.1.2节节首
27	计算机网络分层思想	13	6.2.2节节首
28	OSI和TCP-IP参考模型	22	6.2.3节节首
29	MAC地址	7	6.3.1节节首
30	IP地址	19	6.3.2节节首
31	常用网络协议介绍	16	6.4节节首
32	图像识别应用案例	12	7.2节节首

目 录
CONTENTS

配套资源

第1章 信息系统
——数据处理的环境

[导语]

计算机处理的对象统称为数据,计算机与数据及其他要素构成了一个大的信息系统。本章首先介绍信息系统的含义,然后走进信息系统的核心——计算机。我们从计算机的发展过程谈起,继而阐述计算思维的意义,以及计算思维与算法的关系。

[教学建议]

教学要点	建议课时	呼应的思政元素
信息系统的组成要素 计算机发展的 4 个时期	1	中国古代的算法是中国人民勤于思考的结果
计算思维的含义及计算思维的要素 从计算思维角度思考问题的过程	1	中国多样的传统思维流派可对事物进行多角度、多层次的分析

1.1　信息系统的组成

视频讲解

　　系统是由若干相互联系、相互作用、相互依赖的要素结合而成的,具有一定结构和功能,并处在一定环境下的有机整体。系统一词来源于英文单词 system,我国著名学者钱学森认为:系统是由相互作用、相互依赖的若干组成部分结合而成的,具有特定功能的有机整体,而且这个有机整体又是它从属的更大系统的组成部分。从这一定义角度观察,计算机其本身便构成一个系统,但它同时也处于一个更大的系统中。这个更大的系统即信息系统。

　　信息系统是指由计算机硬件、网络和通信设备、计算机软件、信息资源、信息用户和规章制度组成的以处理信息流为目的的人机一体化系统。从信息系统内部观察,信息系统就是输入原始数据,通过加工处理产生信息的系统。从信息系统外部观察,信息系统由人、硬件、软件、数据以及操作说明组成。

　　人,即信息系统的使用者、设计者以及维护者。人是具有创造性的,人既创造工具,也享受工具带来的便利。

　　硬件,即接收数据、处理数据并生成信息的物理设备。在信息系统里,硬件包括主机、键盘、显示器、鼠标、打印机等。

软件,即指挥计算机完成一步步操作的指令序列。软件和硬件相互依存,软件是灵魂,硬件是躯体,软件指导硬件对数据进行处理,获得有用的信息。

数据,即原始的、未经处理的事实数据,如输入的文本、观测得到的数值、扫描获得的图像、收集的音频等。

操作说明,即一些指导用户使用计算机软件和硬件的说明文档,通常以说明书或帮助文件的形式存在。

信息系统中,机器是核心。在信息系统中,机器始终处于运行状态。机器自身也构成了一个子系统,即计算机系统。计算机系统有完备的功能,即具有输入功能、存储功能、处理功能、输出功能和控制功能。

信息系统中,数据是贯穿系统的线索,可以说,信息系统就是以收集、组织、分析及处理数据等为目标的系统。信息系统中的机器接收、处理和输出的对象都是数据,当然,有时输出的数据被称为知识。而且随着社会的发展,数据量以超高数量级的速度递增,每个个体(包括人或物)时时刻刻都在产生着数据。这些深不见底的数据集合,给软件和硬件的研发带来了挑战,但是从中提炼的知识能帮助人们做出合理正确的决策。

在一个系统中,具有思考能力、学习能力和适应能力的人是最重要的。花红柳绿的多彩世界里,环境、各种外部条件及客观因素都在时刻变化着,而且很多情形下,外部环境的变化将不断带来未曾遇到的问题,而且这些新问题大多是已有的方法无法直接解决的。在这种多变的环境中,唯有人可以通过学习来自动适应新的环境,给出解决新问题的办法,并持续迈出前进的步伐。这种可保持自身与时俱进的持续学习的能力,辅以人自身的主观能动性,令人处于系统的领导地位。

类似地,在信息系统中,人也占主体地位。人既是计算机的设计制造者,也是计算机的使用者。在这个系统中,就计算能力而言,机器已经远远超过了人,这也是人使用机器为自己服务的原因。但,人是唯一同时具有智能和情感的个体,机器只有智能,而没有真正的情感,没有真正的情绪,更没有人类更高层次的精神,如意志、信仰等。所以,人在信息系统中是鲜活的、生动的、有创造性的,更是最精彩的!

信息系统中,虽然各组成部分的性质差异明显,但它们彼此配合、相互服务、相互推动对方发展,并适应对方的发展,进而推动整个信息系统向着良性循环的发展方向前行。

1.2　计算机的发展

作为信息系统的核心,计算机本质上是一种计算工具,其最初出现的目的正是为了帮助人们完成复杂的计算任务。在计算机出现之前,人们已经开始设计并使用多种计算工具,如最初的手指计数、结绳计数和宋代的算盘,都是中国古代劳动人民在计算工具上的探索。北宋张择端的《清明上河图》描绘的一家药铺的柜台上,已经出现了算盘,如图1.1所示,这说明当时算盘已经成为人们日常生活中比较成熟的计算工具。

图 1.1　中国的算盘

算盘构造并不复杂,操作也很方便,却凝结着中华先人高超的数学智慧,反映了我国古代科学的超高水准。作为我国古代商业活动中最重要的计算工具,算盘可以解决各种复杂的运算,甚至可以开平方。而且,相较于国外一些较早的、至今已然湮没于历史光影中的计算工具,我国的算盘则历久弥新,仍与人民的生活融为一体,在科技发展一日千里的今天仍散发着独特的魅力。

苏格兰著名的数学家约翰·纳皮尔发明的纳皮尔算筹,如图 1.2 所示,用加法和一位数乘法代替多位数乘法,用除法和减法代替多位数除法,也是一种高效的计算工具。

第二次世界大战期间,原有的计算器不能完成火炮发射时精确的弹道计算任务,必须研制一种新的、快速的计算工具以满足战事需要。这一真实的军事需求促成了计算机的诞生。

图 1.2 纳皮尔算筹

计算机的发展大致可划分为如下几个阶段。

第一阶段:1946 年至 20 世纪 50 年代末,电子管计算机时代。

1946 年,在电子技术已具有记数、计算、传输、存储控制等功能的基础上,美国宾夕法尼亚大学的莫契利和埃克特成功研制出世界上第一台电子计算机——电子数字计算机(Electronic Numerical Integrator And Calculator,ENIAC),如图 1.3 所示。ENIAC 的诞生开辟了人类科学技术领域的先河,使信息处理技术进入一个崭新的时代,也令 1946 年成为计算机时代开始的元年。ENIAC 有 18000 多只电子管和数量众多的电阻、电容,占地面积达 170 平方米,每秒可完成 5000 次加法或 400 次乘法。

图 1.3 ENIAC 计算机

这个阶段,程序设计主要使用机器语言,程序编码多围绕硬件进行。所编写的程序规模较小,追求更小的程序空间和高效的编程技巧,不注重保存程序设计过程中的文档资料。这个时期,程序设计者往往也是程序用户,程序的运行结果主要用于科学计算,当然也尚无"软件"的概念。

第二阶段:20 世纪 50 年代中期至 20 世纪 60 年代中期,晶体管计算机时代。此时的计算机的运算速度可达每秒几百万次。

1955 年,在贝尔实验室中诞生了世界上第一台晶体管计算机 TRADIC,如图 1.4 所示。这台计算机有 800 只晶体管,只有 100W 功率。相比上一代计算机,TRADIC 所使用的晶体管比传统的真空电子管速度快、体积小,而且产生的热量少,所以其效率更高,能耗和体积都更低,同时在实际工作中可靠性更高。

图 1.4　TRADIC 计算机

　　这一阶段,计算机体系结构中的许多有意义的设计陆续出现,如变址寄存器、浮点数据表示、中断、输入/输出处理等。这些设计在当代计算机体系结构中仍然存在,这说明当时的设计思想有效且影响深远。这个时期,主流计算机语言是汇编语言,一些高级语言如FORTRAN 和 CDBOL 也相继出现,这些语言与机器语言相比对人更加友好。

　　第三阶段:20 世纪 60 年代中期至 20 世纪 70 年代初,集成电路计算机时代。这一阶段计算机的运算速度可达每秒几百万次。

　　1964 年 4 月 7 日,IBM 360 计算机问世,如图 1.5 所示。IBM 计算机的诞生标志着第三代计算机全面登场。IBM 360 兼顾了科学计算和事务处理两方面的应用,并在体系结构中引入了高速缓存,使 IBM 360 的计算及存储速度比之前的机器快 12 倍,这为后续的高速缓存存储器的发展奠定了基础。

图 1.5　IBM 360

　　在这一时期,硬件环境相对稳定,程序设计方面进步显著,甚至出现了可以专门制作程序的"作坊"。人们可以从这种"程序"作坊像购买产品一样购买程序。由于所购买的程序逐渐功能化、完备化,因此渐渐地形成了"软件"的概念。但此时程序员编码比较随意,因此程序的可读性很低,单个程序看上去并不美观,整个软件无条理更无章法。这些问题随着软件系统规模的增大变得越来越突出,严重影响了软件产品的生产效率和质量,最终导致了"软件危机"。

　　第四阶段:20 世纪 70 年代初至今,大规模集成电路计算机时代,以及超大规模集成电路计算机时代。1971 年,第一块微处理器芯片 Intel 4004 诞生。Intel 4004 的最高频率可达

740kHz,能执行 4 位运算,支持 8 位指令集及 12 位地址集。

1981 年 8 月,IBM 公司正式推出了全球第一台个人计算机——IBM PC,如图 1.6 所示。这台计算机可以使用盒式录音磁带下载并存储数据,配备了 5.25 英寸(1 英寸＝2.54 厘米)的软盘驱动器,安装了微软公司的磁盘操作系统(X86-DOS)、电子表格软件(Visicale)和文本输入软件(Easywriter)。第一台 IBM PC 已经具备了和当前计算机系统非常接近的软硬件配置,标志着计算机进入了微处理器时代。自此之后,计算机逐渐走入千千万万的家庭中,人们的工作学习生活也随之发生了翻天覆地的变化。

图 1.6　第一台 IBM PC

这一时期的前半段,Pascal 语言和 C 语言得到了广泛的应用,程序设计主要以面向过程的设计思想为指导。而从 1990 年左右开始,出现了面向对象的程序设计思想,引入了"类""对象""继承""封装"等概念。同时,软件设计也发展到用工程的视角来管理软件开发过程的阶段,强调用系统的、有组织的、工程化的思想解决软件开发的阶段划分等重要问题,并提出了瀑布模型、迭代模型和敏捷开发的软件开发方式。

此后,计算机的硬件和软件都以一日千里的速度发展着,其性能持续提高,价格不断下降。计算机势不可挡地渗入了社会生产和生活的各方面,在办公室自动化、电子编辑排版、数据库管理、图像识别、语音识别、专家系统等领域中发挥着不可替代的作用。

1.3　计算思维

1.3.1　计算思维的含义

视频讲解

当了解了处理数据的环境(即信息系统)后可以发现:设计算法并使用程序设计语言将其转换为程序进而处理数据,是信息系统流畅工作的关键。那么,设计算法时就会考虑采用何种思考方式、思考路径以及思考角度,这自然而然引出了计算思维的概念。在计算机科学领域,算法是计算机解决问题的步骤,是编写程序解题时的指导思想。那么计算思维又是什么?

我们了解到,当前的中小学数学基础教育非常重视学生的"数学思维"训练。数学思维是指对于生活中遇到的问题,习惯性地从解决数学问题的角度进行观察并予以解决。即,将事物或者问题和某一数学模型直接或间接对应起来,然后利用与数学模型相关的解法来解决实际问题。

类似地,若用通俗的语言解释,计算思维是指习惯性地以计算机视角分析工作、学习、生活中遇到的问题,并使用计算机解决问题时采用的思考方式设计解决方案。计算思维是设计算法时需要拥有的思考方式,需要考虑计算机如何处理问题,计算机会实施怎样的步骤。计算思维的严格含义有多种解释版本。本书以周以真教授给出的定义解释其含义:计算思维是运用计算机科学的基本理念,进行问题求解、系统设计以及理解人类行为。这一表述指明,计算思维不是具体的学科知识,而是一种解决问题的思考方式,是一种运用计算机科学的基本理念展开的思维过程。

注意区分计算思维和算法的不同含义。

算法是一个古老而崭新的概念,在计算机出现之前,算法更多地对应"解法""方法"这两个名词。从古至今,人们一直在不断地解决社会发展过程中遇到的种种问题,在这一过程中必然会总结获得一些问题的求解步骤。例如,总结了战国、秦汉时期的数学成就的《九章算术》一书中记载的"更相减损术",给出了求最大公约数的一种方法;魏晋时期伟大的数学家刘徽提出的"割圆术",给出了计算圆周率的方法;南宋时期数学家秦九韶提出的秦九韶算法给出了一种多项式简化算法等,如此种种,不胜枚举。

而计算思维是一个相对新颖的名词,它是在计算机出现后,人们使用计算机设计算法来解决问题时,所必须建立的一种思考方式——一种从计算机角度分析、不同于人解决问题时的思考方式。

算法表达的是计算机在解决问题时的步骤,而计算思维则是站在计算机角度考虑问题的思维方式,或者说,是从计算机的程序设计的角度出发进行问题求解而采用的思维方式。

【思政 1-1】 关于算法

在计算机系统中,计算机的硬件系统是一个无思想的、冷冰冰的机器,能让这个机器在各个领域大显神通的是输入计算机的程序。程序是算法的具体实现,是解决问题步骤的一个描述。因此说到底,算法可认为是计算机系统的最底层的精神指导。

虽然计算机诞生于国外,但我们的祖先在很久之前就开始了对算法的探索和研究。

《九章算术》是中国古代算法的扛鼎之作,也是人类科学史上应用数学的"算经之首",更是一部与《几何原本》并列为世界两大数学体系的代表作。这本书系统总结了战国、秦、汉时期的数学成就,是以筹算为基础的中国古代数学体系正式形成的标志。全书总共收集 246 个数学问题并提供其解法,这些解法要比欧洲同类方法早 1500 多年。

例如,《九章算术》提出正负数的概念,特别是负数概念的提出,是人类关于数的认识的一次重大飞跃。在印度,直到 7 世纪才出现负数的概念;而欧洲比印度还晚 1000 年,直到 17 世纪才有人提出负数的概念。《九章算术》提出"盈不足术",即用两次假设,可以把一般方程式化为盈不足问题,用"盈不足术"求解。而这一解法,直到 13 世纪才由阿拉伯人传至欧洲,被欧洲人称为"契丹算法"(即"中国算法")。《九章算术》系统叙述了分数的约分、通分和四则运算法则,提出了"线性方程组"的概念,并系统地总结了它的算法。

在中世纪,《九章算术》记载的机械算法体系显示出比欧几里得几何学更大的优势,并被扩展到其他多个领域。隋唐时,它被流传到日本和朝鲜,对那些国家古代数学的发展产生了深远的影响,之后更远传至印度、阿拉伯和欧洲。这本汇集历代学者劳动与智慧的著作,可谓当时世界上简练有效的应用数学,它所确立的算法体系,对世界数学的发展起到深远的影响,时至今日,它仍被译为日、俄、英、法、德等多种文字版本,为世人所阅。

虽然《九章算术》中涉及的是数学方面的知识,但此书中提及的算法含义与现在计算机算法所指的解决问题的步骤的含义是一脉相承的。看到我们的祖先以伟大的智慧在算法设计领域做出了如此杰出的成就,当代的青年们必定备受鼓舞,必会胸怀坚定的意志,在工作学习的路上穿枝拂叶,积极向前。

1.3.2 计算思维的要素

本书中,将计算思维的要素定义为用计算机解决实际问题时思绪活动的几个阶段:对问题的抽象、建立解法的步骤、解法的程序化。图 1.7 给出了这几个阶段的发生顺序。

最初人们在对现实世界客观对象进行认知时,往往是通过建立模型来实现的。一张地图,一组建筑设计沙盘,一架精致的航模飞机都是人们对现实事物抽象而来的模型。人们在解决问题时,也会提炼待解决问题的特征。类似地,当用计算机解决一个实际问题,首先要将具体的问题抽象为计算机可理解的一种描述,将待处理的事物及问题表达为计算机可以理解分析的问题模型及数据模型。

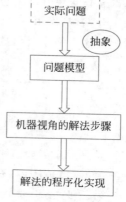

图 1.7 计算思维过程

很多情况下,数学模型是描述事物、表达问题和条件的良好工具,数学表达式也是描述问题环境以及多样的环境条件的有力工具。毕竟,社会生活日益的数字化,以及数学模型所拥有的坚实数学理论基础,都给后续的算法设计带来正确性及有效性的保证。所以,使用计算机解决问题时建立的模型往往也是数学模型。

定义了适于计算机理解的数据模型和问题模型后,接着需要从计算机的视角给出解决问题的步骤,即,给出算法。一些经典的算法已经在相关问题领域给出了较好的解决方案,如分治法、贪心法、动态规划法、线性规划法等。但生产生活的实际环境中千变万化的问题,还是需要因地制宜地设计针对具体问题的解法步骤。这些新算法,或者来自调整改进经典算法的细节,或者来自设计全新的算法步骤。

注意,设计算法需要考虑计算机执行算法时的**可计算性**,包括能否明确给出算法的输入信息和输出信息,是否可计算出算法的时间和空间复杂度,是否可保证问题可解。经过这些分析,才可保证之前的建立模型和设计算法的工作是具有意义的,后续的编程工作也是具有正确目标的。

计算思维的最后一个要素,是结合计算机程序语言的结构和编程技巧,将算法用程序语言实现出来。这一步可被视为算法向代码的翻译过程,将抽象的执行步骤翻译为一系列计算机能够理解的指令语言。这些指令经过编译,得到可被计算机硬件直接执行的机器指令;机器指令被执行后,给出问题的结果。

现在通过生活中的一个例子说明计算思维的含义,即计算机思考问题的过程。

【例 1-1】 元旦将至,某师范大学的计算机学院计划在小操场举办欢聚晚宴。现在需要用气球对小操场进行装饰,学院计划在 192m 的距离内分别挂上红、绿、黄 3 种颜色的气球。由于红色气球还未买到,所以现在只是每隔 6m 悬挂一个绿色气球,每隔 4m 悬挂一个黄色气球。学院学生会的同学以工科学生的审美观提出,可以在绿色气球和黄色气球的重复处再悬挂一个红色气球,这样能更好地烘托气氛。且不论这种配色方案好看与否,现在需要考虑,如果要买红色气球,除了两端需要各挂一个红气球,中间需要挂多少个红气球呢?

【解 1-1】 解决这种问题,当然可以通过画图,在图中按要求标出一个一个的各色气球,来得到问题的解。但如果使用计算机来解决此问题,即沿着计算思维的思考角度来解决问题,那么该设计怎样的解法呢,我们的思考过程如下。

第一步,对此问题进行抽象。根据原问题的描述,每隔 6m 挂绿气球,那么,每次悬挂绿色气球的位置——如果用相对于起点的距离米数来表达,那这个位置一定是 6 的倍数。同理,每次悬挂黄色气球的位置一定是 4 的倍数。显然,悬挂红气球的位置则是 6 和 4 的公倍数。除了开始位置,第一个悬挂红气球的位置是 6 和 4 的最小公倍数。第二个悬挂红气球的位置则是这个最小公倍数的二倍位置处,如图 1.8 所示。

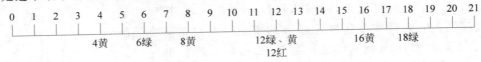

图 1.8 挂气球问题的位置示意

如果考虑需要解决的问题——除两端外,买多少红气球,那么原问题可转换为:计算在 192m 的长度范围内,有多少个 6 和 4 的最小公倍数。

第二步,基于以上分析,将上述问题改为数学的表达方式,即建立一个数学问题模型:确定 4 和 6 的最小公倍数,并讨论在一个区间内有多少个这样的最小公倍数。此时,对原问题抽象得到的数学模型对应了一个经典的数学问题。

第三步,给出上述问题从计算机思考路径得到的解法步骤。这时,抛弃原有问题环境,只考虑解决求最小公倍数的问题。

首先对问题进行符号化:假设需求出正整数 a、b 的最小公倍数。那么这个最小公倍数一定既是 a 的倍数,也是 b 的倍数。所以考虑从 a、b 中选择一个作为基准,用它的各个倍数来测试这个倍数是否也是另一个数的倍数。进一步思考可知,从 a、b 中选择较大的一个数作为基准比较好,这样可能只需较少次的判断,就能找到两个数的最小公倍数。

将上述思路与程序设计过程结合起来,得到如下算法步骤。

(1) 选择 a、b 中较大的一个,将此时较大值赋予 u,较小者赋予 v。

(2) 将 u 值赋予 x。

(3) 判断 x 是否是 v 的倍数。

(4) 如果 x 是 v 的倍数,则输出 x,跳出循环,程序停止。

(5) 如果 x 不是 v 的倍数,则计算 u 增大一倍的倍数,将其赋予 x,并返回到第(3)步。

上述算法步骤是一种顺序程序结构,其中第(3)步~第(5)步构成了一个循环,执行循环的条件是当前被分析的数并非 v 的倍数,循环的终止条件是当 x 是 a 和 b 的最小公倍数时,循环终止。

最后,需要将上述算法思想用程序设计语言表达出来。

上述算法中涉及的量有两个数,以及两个数的最小公倍数。在计算机的世界中,凡是涉及可变的数值,一般都要用变量表示。所以这里需要 3 个变量:a、b 表示两个数,x 表示二者的最小公倍数。算法中要用到 a、b 中较大的数,因为 x 的初值就是该数,同时后续也要用这个数做累加来更新循环体中进行判断的数值;同时也要用到 a、b 中较小的那个数,因为还要判断 x 是否是较小的数的倍数。所以分别用 u、v 表示二者之中较大者和较小者。

这里还需要考虑一个细节,即如何判断 x 是否是 v 的倍数。如果是人脑进行判断,那么直接在脑海中分析 x 除以 v 的结果,就可以给出答案。但作为计算机程序语言,进行这个判断需要用到计算机语言中的求模运算,即求余数运算。这里用 C++ 语言中的求模运算符"％"来表示该运算,例如"5 ％ 3"的结果是 2。

基于以上分析,设计流程图以明确编写程序时的结构。流程图如图 1.9 所示。

通过图 1.9 表达的编程思想可发现这实际是一种穷举的思想,即依次考查较大者的各个倍数,分析该倍数是否为另一方的倍数。这是一种直接解决问题的做法。

当然,除了直接穷举较大者的各个倍数之外,还可以使用数学上的一些成熟方法解决这个问题。如先求两个数的最大公约数,然后再求二者的最小公倍数。

至此,经过看似漫长的思考,再回到原先的题目。当我们求出了 4 和 6 的最小公倍数,即 12 后,接着需要计算在 192m 的长度中有多少个这么长的距离段,即计算 192/12＝16。这说明在 192m 的长度中有 16 个位置需要悬挂红色气球。

返回题目的询问点,是要给出除了两端外,还需要多少个红色气球。那么上面计算得到的 16,是一个整除结果,这说明,在 192m 的最后 1m 处,是一个悬挂红色气球的位置,这应该被排除在结果之外,所以原题目的最终解是 16－1＝15(个),即需要再悬挂 15 个红色气球。

例 1-1 描述的问题虽然简单,但是分析过程完整对应了计算思维的开展过程:先将问题进行抽象,转换为数学

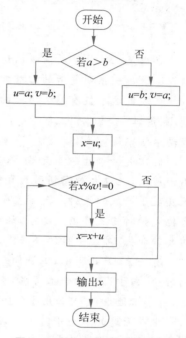

图 1.9 挂气球问题的流程图

模型或典型的数学问题,然后给出解决问题的算法,接着用程序设计语言给出算法描述,即完成具体的编程工作,最后给出问题的解。

上述过程中,每一步都非常重要,也都是围绕着计算机视角展开的。应该逐渐训练自己从计算机角度考虑问题的能力,逐步建立更强的计算思维能力,这对后续的算法设计及软件开发都有莫大的裨益。

下面给出了用 Java 语言实现求两个数的最小公倍数及最大公约数的程序。

```
class Program
{
    static void Main(string[] args)
    { int n = m(20, 15);
      System.Console.WriteLine("最小公倍数为:" + n.ToString());
        System.Console.Read();
    }
```

```
static int f( int a, int b)                    //最大公约数
{if (a < b)
{ a = a + b; b = a − b; a = a − b; }
return (a % b == 0) ? b : f(a % b, b);
}

static int m(int a, int b)                     //最小公倍数
{ return a * b / f(a, b);
}
}
```

【思政 1-2】 关于思维

思维是人类具有的高级认识活动。根据信息论,思维是对新输入信息与脑内储存的知识经验进行一系列复杂的心智操作的过程。

在我们这个拥有悠久历史的文明古国,传统的思维方式有很多,如对立统一、逆向思维、类比、辩证、不争、利他、联想、守正出奇等。这些优秀的思维方式犹如闪烁的星星,在人们的劳动生活中熠熠生辉。

北京大钟寺的一座大钟,八万七千斤重,是明朝皇帝朱棣收集各种兵器铸就而成。当年不知何故,这口大钟沉到了西直门外万寿寺前面的长河的河底。一百多年后,一个打鱼的老汉发现了河底的大钟。清朝皇帝得知此事,下令将这口钟打捞上来,并挪动到大钟寺。从河底把大钟打捞上岸虽非易事,经过一番努力,总算解决了,但要把这大钟挪动到五六里以外的大钟寺去,却无可行的办法。

有一天,天正下雨,工匠们正在喝酒。甲工匠请坐在另一头的乙工匠给他倒一盅酒。酒倒好后,由于乙工匠手上有水,不小心把酒盅给弄翻了,引得大伙连声抱怨:"太可惜了!"这时,一个工匠说:"何必用手传呢,石桌子上有水,是滑的,轻轻一推不就推过去了。"

坐在旁边的一个平时很少说话的工匠沉思了片刻,然后将石桌子一拍,大叫起来:"有啦!挪动大钟有办法啦!从万寿寺到觉生寺,挖一条浅河,放进一二尺深的水,河里的水结冰后,不要费多大力气便能将大钟从冰上推走!"

这个工匠思考这个问题时,运用了相似联想的创新思维方法。大钟虽然比酒盅不知要重多少倍,可它们在光滑平面上不用多大的力量都能被推动。

日月更迭,到了经济科技如此发达的今天,这些思维方式在解决问题时仍对人们有重要的指导意义。

以创新思维为例,在现代市场经济条件下,面对日趋激烈的竞争,一个国家提升自己综合国力的途径就是要有创新精神、创新能力,要不断创新。正如江泽民同志所说的:"创新是一个民族进步的灵魂,是国家兴旺发达的不竭动力。如果自主创新能力上不去,一味依靠技术引进,就永远难以摆脱技术落后的局面。"

当代年轻人的成长,也是思想从单一到多维的发展过程。要从中国古代的优秀思维方式中汲取智慧,积极学习,结合时代发展的特点,建立正确的思维方式,找到自己的发展路径。

——以上故事素材摘自网络

第2章 计算机的硬件组成及工作原理——数据处理的硬件

[导语]

　　组成,是指较大规模事物的个体部分。"组成"这个词往往来自一种宏观的描述角度,是从做分割的角度上对事物的要素进行的表达。计算机作为一个系统,可以从不同角度将其划分为多个硬件设备或多个功能部件。

　　基于此,本章首先对"计算机的硬件组成"和"计算机体系结构"两个概念进行了讨论,然后给出计算机硬件组成的细节和计算机体系结构的简要介绍,最后给出系统中重要硬件的工作原理。

[教学建议]

教 学 要 点	建 议 课 时	呼应的思政元素
计算机的硬件组成和计算机体系结构的含义 图灵机和冯·诺伊曼模型	1	图灵、冯·诺伊曼和中国的胡守仁对计算机研究事业的全心投入和毕生热爱
中央处理单元的结构 中央处理单元的工作原理	1	ALU进行计算的过程启示人们应注重底层素质能力的培养,以提高解决问题的能力
内存和外存的区别 内存地址及外存的访问细节	2	良好的沟通与合作是顺利完成任务的充分条件

2.1　计算机的硬件组成和计算机体系结构

视频讲解

　　"计算机的硬件组成"和"计算机体系结构"是两个容易混淆的概念。实际上,二者表达了在不同层面上分析计算机的组成部件得到的结论,前者偏重讨论计算机系统中的各个物理元件,而后者偏重讨论计算机系统中的各个功能组件。

　　具体而言,**计算机的硬件组成**,表达了计算机系统由哪些物理硬件组成。这一分析角度来自计算机的物理电路层面,可认为是对计算机系统的一种视觉上的分割。

　　计算机体系结构,表达的是程序员视角看到的计算机属性,即计算机系统的概念性结构与功能特性。换句话说,计算机体系结构,是指根据功能和属性不同对计算机系统进行划分得到的理论组成部分。这一分析角度是从抽象的功能层面出发,分析得到的是计算机在理论上的组成部分。这些组成部分中的每一部分可能未必与单一的具体硬件相对应,而是对应了若干硬件。所以,在计算机体系结构中,一个功能部件可以由多个硬件设备实现。如,计算机体系结构中的存储部件,实际可以由寄存器、内存、硬盘等来实现。

因此,计算机的硬件组成,可理解为是从硬件设备上进行的计算机结构分析,而计算机体系结构,则是从功能上对计算机系统进行单元的划分。

以观察人体结构为例进一步理解两个概念的差异。一个人,若是从人体结构的组成上分析,可认为人体是由头、颈、躯干、四肢几部分组成。人体的躯体表面是皮肤,皮肤下面是皮下组织、肌肉、骨骼等。骨骼和肌肉围成颅腔、胸腔和腹腔,胸、腹腔之间以横膈为界。胸腔里有心、肺;腹腔里有胃、肠、胰、脾、肾、膀胱等内脏。骨则是以骨组织为主体构成的器官,依其存在部位可分为颅骨、躯干骨和四肢骨。若是观察得更细致,可看到构成人体的各种部件,均由细胞构成。而细胞又由细胞壁、细胞核、细胞质等组成。此时的分析,完全是从人体的物理部件的划分角度出发,而非从人体的功能角度出发,讨论完成消化功能的是哪个器官组织,完成循环的又是哪个器官组织。

但若是从功能上分析,人体可被认为由消化系统、免疫系统、呼吸系统、神经系统等组成。其中消化系统对应的具体生理器官有口腔、咽喉、食管、胃、肠道等器官;免疫系统对应了泪、黏膜、淋巴、肝、脾等器官。此时的分析内容没有涉及细胞、纤维、化合物,及其生物组成信息,只根据抽象的功能任务划分人体组织,这样的分析角度便是从人体的体系结构进行的。

类似地,当讨论计算机的硬件组成时,计算机的硬件系统由中央处理器、风扇、内存条、主板、硬盘、电源灯等部件组成。若是分析得更彻底一些,可以观察到,计算机的各个硬件是由各种芯片、集成电路等组成的。

当谈到计算机的体系结构,那便是从功能视角对计算机结构进行分析,可知计算机由运算器、控制器、存储器、输入设备和输出设备5部分组成,每一部分可以对应多个硬件设备,如输入设备的范围覆盖了键盘、鼠标、扫描仪等。运算器和控制器的功能由中央处理器CPU(Central Processing Unit)完成,存储器则包含了内部存储器、外部存储器以及高速缓存等存储部件,输入/输出功能则由显示器、键盘、鼠标、打印机以及扫描仪等设备实现。

正像人体的各个器官虽然分别都有自己的工作原理和工作循环周期,但所有器官都相互配合、各尽其职一样,计算机的所有硬件都按照自己的工作原理各司其职、协调工作。所以本章在对计算机的硬件组成进行介绍时,除了给出硬件的基本信息,还重点讨论其基本功能和工作原理。但在此之前,首先介绍计算机体系结构的设计思想,以便帮助读者在心中形成对计算机系统朴素而又深刻的理解。

▪▪ 2.2 计算机体系结构的设计 ◆

如果对计算机系统在功能上做最朴素的概括,那么可将计算机系统描述为:由输入单元、处理单元和输出单元构成的系统。确实,这一表达准确说明了计算机的基本工作步骤。基于这一表达总结计算机的基本工作过程,可概括为:先输入,再处理,最后输出。

上述对计算基本工作过程的概述是对当今的计算机系统在逻辑结构上的恰当描述,但实际上,这一描述早在计算机的诞生之初就被提出了。给出这一描述的人就是英国数学家、逻辑学家图灵(Alan Mathison Turing),他给出的对计算机系统的功能描述也就是大名鼎鼎的图灵模型。

2.2.1　图灵模型

图灵是现代计算机设计思想的创始人,被称为计算机科学的奠基人。他提出了图灵机(Turing machine)模型来对计算机进行理论上的描述,从而奠定了现代计算机科学发展的理论基础。

图灵机设计的基本思想是用机器来模拟人们用纸笔进行数学运算的过程,其构造如图 2.1 所示。观察图 2.1 可知,图灵机接收数据,并运行程序来处理数据,最后输出结果。

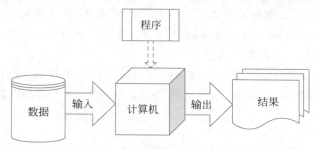

图 2.1　图灵机思想的示意图

这正是计算机处理数据时的宏观步骤。这些步骤与人脑处理信息的过程类似,先获取一些消息,然后根据自己的经验和知识对消息做出判断,最后给出决策。计算机用电子设备模拟人脑处理信息的过程,如同一个机器大脑,这正是计算机也被称为“电脑”的缘由。而且,基于这种模拟,很多计算机学家认为,图灵机既从数学逻辑结构角度,也从哲学意义的角度描述了计算机系统。

图灵机模型如图 2.2 所示,可见图灵机由一条“纸带”和一个“读写头”组成。

图 2.2　图灵机模型

“纸带”由一个个连续的格子组成,每个格子可以写入字符,也可读出字符。纸带呼应了现代计算机系统的内存,而纸带上格子内的字符则呼应了内存中的数据。

“读写头”可以读取纸带上任意格子的字符,也可以把字符写入纸带的格子里。读写头上有一些部件,如存储单元、控制单元以及运算单元。其中,存储单元用于存放待处理数据或者运算得到的结果;控制单元用于识别字符是数据还是指令,并控制程序的流程等;运算单元用于执行运算指令。读写头的细节设计和现代计算机系统的中央处理单元的构造有类似之处。

虽然图灵机的构造稍显简单,但其对人类进行数据运算过程的抽象已经非常逼近现代计算机系统处理数据的过程了。理论上可以证明,图灵机能够解决任何可计算的问题。

图灵机的意义还在于,它定义了计算机在功能层面的几大组成部分,明确了程序的功能。即便图灵机只是从逻辑角度考虑计算机结构,没有涉及具体的硬件信息,但其引入了"读""写""算法""程序"的重要概念,这对计算机体系结构的后续发展具有重要的意义,进一步奠定了图灵机在计算机发展过程中的重要地位。

2.2.2 冯·诺依曼模型

如果说图灵对计算机体系结构做了初步的设计和表达,那么美籍匈牙利计算机科学家冯·诺依曼(John von Neumann)则对图灵模型做了进一步的细化,并对系统中的关键部件——处理部件,给出了更详细的描述。

冯·诺依曼是"现代计算机之父",他最大的贡献是提出了带有"存储器"的计算机理论模型,即由存储器、控制器、运算器、输入设备、输出设备共5个基本部件组成的体系结构,如图2.3所示。

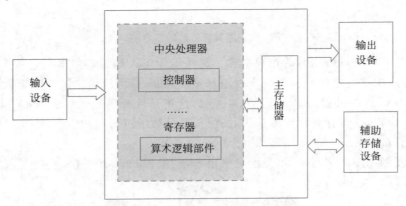

图 2.3　冯·诺依曼模型

在图 2.3 中,存储器用来存放数据和程序,算术逻辑单元用来完成算术和逻辑运算,控制单元对其他各部分进行操作控制。输入/输出子系统则负责接收数据,输出运算结果,完成对外的信息交流。冯·诺依曼模型与只将数据存放于存储器中的早期设计结构完全不同,它将数据和程序视为身份相同的数据流,认为二者本质上都是二进制数串,并将它们全部存储于内存之中。

同时,在冯·诺依曼模型中,明确了程序是由一组数量有限的指令组成,控制单元从内存中提取一条指令后,首先解释指令,然后执行指令。这种对中央处理器工作模式的设计至今仍为现代的计算机系统所采用。

【思政 2-1】　热爱与投入

图灵和冯·诺依曼是计算机领域具有突出贡献的杰出人物,他们的内心怀有对自己所从事专业的热爱与执着,也为此付出不懈的努力。他们的工作成果极大地推动了计算机科学领域的发展,同时也肯定了他们的个人价值。

我国也有很多为计算机科学的发展做出突出贡献的科学家。2021年"CCF终身成就奖"的获得者之一，国防科技大学的胡守仁教授便是其中的代表。

胡守仁教授是我国第一代计算机体系结构的科技工作者，长期从事高性能计算机系统的研究工作，作为负责人之一完成了151—Ⅳ百万次大型计算机和我国首台亿次巨型计算机"银河Ⅰ"的研制，为我国高性能计算机事业做出了卓越贡献。1984年，银河机获国防科技成果奖特等奖。

1951年，这位浙江大学电机系毕业的高才生在西子湖畔被老师和同学送上了隆隆北去的火车，一个星期后抵达吉林通化，从此穿上军装，开始了在国防科研领域的艰难跋涉。

1958年，胡守仁到海上实习，目睹了我国海军装备的落后状况。那时，人民海军处在创建阶段，国家从苏联引进的鱼雷快艇，仅靠一个机械式的三角杆作计算器，这种古老陈旧的计算方法根本无法适应实战、夜战、近战的需要。而且鱼雷快艇高速行驶时，颠簸得很厉害，指挥员用拉杆计算目标参数很不准确，在夜间几乎不能指挥作战。胡守仁的心被强烈地震撼了，他暗暗地萌发了自己研制鱼雷快艇指挥仪的念头。

此时，中央军委决定研制我国自己的计算机，并把这一任务交给了胡守仁所在的"哈军工"。学校成立了电子数字计算机研制组，胡守仁被任命为该项目的主要负责人。当时他连计算机的一般概念都不知道，起步十分艰难。但胡守仁怀着对祖国的赤子之心，攻克一道道难关，经过半年多的日夜奋战，中国第一台计算机终于问世了！

此后，1959年，胡守仁负责筹办我国高等院校第一个计算机专业，开始了我国最早的计算机教学；1962年，他主持研制出了我国第一台教学计算机；1968年，他主持研制出了我国第一台车载靶场——数据录取和处理计算机；1970年，他参加了我国第一台百万次"远望一号"测量船中心计算机的攻关，并作为计算机系副主任兼任"718"研究室主任和该任务的技术总体组组长，第一次提出了变结构的思想，大大提高了计算机的运算速度和可靠性；1976年以后，他相继参加了我国第一台亿次巨型计算机"银河Ⅰ"、第一台数字仿真机"银河仿真Ⅰ"的研制，两次担任技术总体组组长……

这一个个"中国第一"，像串珠一般，叙述着胡守仁为使我国计算机事业能在世界上占有一席之地而奋斗不息的壮丽人生。

当然，现在的社会早已不同于胡守仁教授年轻时的社会了，时光如水匆匆而过，每个时代也都有各自的特征和发展特点。但是，无论物质的环境如何变化，胡守仁教授的拼搏、向上、坚韧和勇气都是青年价值观的最佳引领方向。在青年的精神层面，像胡守仁教授一般，树立契合自身专业的目标，并为此坚定地迈出前进的步伐，是穿越时空不曾改变的青年的最佳成长路径。

——以上胡守仁先生事迹摘自网络

2.3　中央处理单元

视频讲解

中央处理单元（Central Processing Unit，CPU）是计算机的大脑，完成数据的计算及信息处理任务。CPU有3个组成部分：算术逻辑单元（ALU）、控制单元、寄存器组，其逻辑结构如图2.4所示。

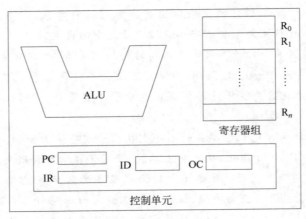

图 2.4 CPU 的内部组成

2.3.1 算术逻辑单元

算术逻辑单元(Arithmetic & Logical Unit,ALU)是 CPU 的执行单元,是所有中央处理器的核心组成部分,负责完成计算机系统所有的计算任务和各种操作任务。

ALU 实际上是一个能做整数加减法的计算器。虽然只能处理整数且只能做加减法运算,但 ALU 却可以完成减法、乘法、除法等各种复杂计算和逻辑计算任务。那么,ALU 如何完成其他的计算任务呢? 实际上,计算机系统有多种对非整数的编码方案,可以准确表示数的正负和小数点的位置,因此可以将非整数数据表示成整数形式的二进制数串。同时,ALU 通过将其他的计算过程转换为多次的加法运算过程,来完成各种非加法的复杂计算任务。

换言之,在计算机系统内,小数点的位置及意义是被清晰标识出来的,参与真正的计算的是原始数据中各数位的数值。这些数值通过某种编码方式表达为整数形式的二进制数,成为 ALU 的操作对象。

当然,大量多次的加法运算必然在时间上有较大的耗费,为此,ALU 中往往会包含很多昂贵的逻辑门电路,以便在较短的时间内完成大量的加法运算过程。

2.3.2 控制单元

控制单元(control unit)是整个 CPU 的指挥控制中心,由**指令寄存器**(Instruction Register,IR)、**程序计数器**(Program Counter,PC)、**指令译码器**(Instruction Decoder,ID)、**操作控制器**(Operation Controller,OC)这几个部件组成。

在执行一条指令时,控制单元首先根据程序计数器中存放的指令地址,依次从存储器中取出各条指令,然后将其放入指令寄存器 IR,接着进行指令译码以确定指令要求执行的具体操作内容,最后根据操作控制器 OC 确定的执行指令的时序,向相应的部件发出操作控制信号,完成指令的执行。

对 CPU 而言,取指令-译指令-执行指令的步骤构成了一个完整的指令工作周期,这个周期运行清晰流畅,循环往复,进而完成一个完整程序的执行任务。

有一些小的细节要加强理解。IR 是 CPU 芯片上的指令仓库,有了它,CPU 就不必频繁访问内存,从而可以提高CPU的运算速度。另外,PC中的地址会随着程序的执行,不断自增,以自动指向下一条待执行的指令。

2.3.3 寄存器组

寄存器组(Register Group)是CPU中的存储单元,与ALU配合工作,在图2.4中记作 $R_0, R_1, \cdots, R_n$。作为CPU的小型存储区域,寄存器组的数据来源可以是高速缓存、内存、控制单元中的任何一个。除了存放程序的部分指令及指令所需的操作数据,寄存器组还负责存储指针跳转信息以及循环操作命令。

【思政2-2】 ALU的基础运算

计算机系统中,ALU是一个完成算术运算的计算器,无论是加减计算,还是乘除计算,甚至是更复杂的运算,ALU都将它们转换为加法运算过程来完成。你也许会认为,ALU只能直接做加法,无法直接进行减法及乘除计算,是如此的原始简陋。但深入地思考之后,应该可以想到,ALU的这种操作方式是和计算机的电路硬件紧密相关的。

首先,减法、乘法和除法都可以转变为加法运算;其次,实现加法运算的是逻辑门电路。这是一种最基本、最简单的输入/输出电路结构。考虑到电路设计的复杂性、成本以及始终在提高的硬件速度,只能将计算机系统的运算器设计为可完成加法的运算器。

上面的分析中有一句话很重要——"减法、乘法和除法都可以转变为加法运算",这说明,加法是其他运算的基础,即加法是一个最基础、最底层的运算方式。

在面对复杂的,甚至是崭新的某种计算时,完全可以凭借底层计算方式来间接完成高级复杂运算。这给人一个很通用的启示,即在面临未曾预料的问题时,当没有任何外力可以借助时,怎么给出解决方案?

答案是凭借人的底层能力。什么是底层能力呢?在不同的领域,这个底层能力是不同的。

学生在学习过程中遇到的题目千变万化,老师上课讲解以及平日的作业练习必然无法穷尽所有的题型,那么怎样解决一个从未遇到过的问题呢?此时所借助的底层能力是什么?是对问题的分析能力、综合判断能力以及结合自身已有知识及素质设计解法思路的能力。

而在现实生活中遇到形形色色的问题时,又能凭借什么样的底层能力解决问题呢?

一个非常典型的例子是2022年的春天,上海新冠疫情期间"上海团长"的横空出世。上海是中国省级行政区、直辖市、国家中心城市、超大城市,更是我国的经济、金融、贸易、航运、科技创新中心,其地位不言而喻。同时,大量的各行各业的精英人才也汇聚于此。当2022年春天新冠疫情爆发时,这些精英中的一部分人自然地将其曾在各自领域的杰出工作能力迁移到了新冠疫情期间物品需求的统计、物品订购的管理及物流分析等方面,并成为其所在小区的团购组织者——"上海团长"。

图2.5和图2.6是一些"上海团长"给出的团购进程海报,其中清晰给出了各种物品的团购信息。显然,海报的设计生动新颖,图文并茂,各种重要数据表达的意义简单明了。如果仔细观察可知,图2.5借鉴了软件工程中时序图的思想,将团购进程的信息直观易懂地表达出来;而图2.6则采用了数学中的平面坐标系,利用坐标系的4个象限传递不同类型的信息,信息全面且重点突出。不仅如此,他们还对用户团购信息、团购流程,以及工作人员分组工作细节进行详尽的设定,如图2.7所示。

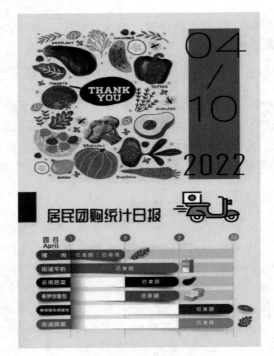

图 2.5 "上海团长"的团购进程信息之一

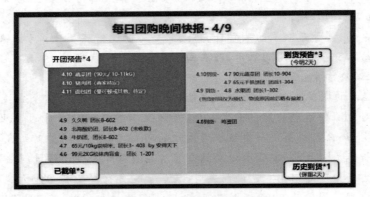

图 2.6 "上海团长"的团购进程信息之二

主要环节	No.	具体步骤	负责小组
这个表用来说明负责小组工作全流程,方便团队之间打好配合,以及新加入志愿者快速融入工作流			
用户运营	1	新进群用户规则提醒	用户组
	2	群内用户答疑,维护秩序	All
联系团购资源	3	挖掘团购资源,和供应商建立联系,确认价格、起团数	外联组
	4	和居委评估能否团购	外联组
收集购物清单	5	如果能,制作购物清单,输出腾讯文档链接	表格组
	6	购物清单指定时间发到大群里,密切关注填写进度	表格组
	7	成团80-90%进度后付款给供应商	外联组
收款	8	发起群收款	财务组
	9	对个别未付款用户发起提醒	财务组
送货【流程待定】	10	关注物资的物流进度,小群内同步	外联组
	11	到货后志愿者到小区门口清点	配送组
	12	大群里通知到货	用户组
	13	快速消毒	配送组
	14	货品送送至楼栋下【流程待定】	配送组
	15	居民到一楼自取,签收【流程待定】	配送组
	16	未配送/送错协调	配送组
复盘	17	复盘物资团购全流程,持续优化环节	流程组

图 2.7 "上海团长"的任务分配图

这些团购方案的设计、工作过程的组织以及各种信息呈现方式等各种细节都充分表明，这些"上海团长"虽然来自不同的领域，但他们凭借自身已有的协调组织能力，完美地将团购流程涉及的物品统计、产品采购、渠道接洽、款项收支、信息发布等方方面面的工作都进行了精致的管理。而这些"团长"之前应该都没做过此类工作，但他们通过对自身所在局部环境的团购情况进行分析，设定因地制宜的团购目标，并凭借早已练就的协调组织能力、信息梳理能力以及解决方案的设计能力，圆满地解决了新冠疫情期间物流不畅条件下的居民采购问题。

"上海团长"的这些组织协调能力、信息统筹能力、规划设计能力就是个人的底层能力。这些能力已然成为他们个人素质的一部分了。这些底层能力是他们在工作和生活中通过不断解决问题、克服困难和完成任务锻炼而来的。就像我们从小到大学习的这些经历，已经赋予我们快速的计算能力、对事物的判断分析能力以及自我学习、自我探索的能力。拥有这些底层能力，在新的问题环境中，我们才能快速给出解决新问题的方案，以不变应万变，自由行走于江湖。所以，持续学习，在学习中收获这些能力是我们要追求的光。

用自身的底层能力解决问题的过程也充满美好的情感意义，因为这段"上海团长"挺身而出的日子，是将偌大的上海自适应地分成了千千万万个小的团队组织，以此为基本单位采购供应食物共度特殊时刻的日子。这些流畅的团购组织活动饱含智慧，这些团长的存在，更是为上海这个以情调著称的城市，注入了历久弥新、深情款款、温柔但坚韧的人文内涵。

所以，当我们回顾自己年少时努力学习、锻炼自身，成年后坚毅拼搏、担当有为的经历时，会心生自豪呢！

——以上图片内容摘自网络

2.3.4 CPU工作原理

在计算机运行过程中，所有操作都受到CPU的控制和管理，CPU的性能指标也直接决定了计算机系统的性能。CPU的功能主要是解释并执行计算机程序指令，完成系统自身操作并处理输入数据，输出结果，从而实现数据通信、资源共享、分布式处理等目标。

CPU的工作原理可由以下4个工作阶段进行描述。

（1）**提取指令**（fetch instruction），由控制单元根据程序计数器PC中的指令地址提取指令，放入CPU的指令寄存器IR中，同时PC的值自动计数，以指向下一条待执行的指令。

（2）**解释指令**（decode instruction），由指令译码器ID对IR中的指令进行解释或编译，转换为机器指令。

（3）**执行指令**（execute instruction），根据指令要求获取操作数，并执行指令。

（4）**写回结果**（write back），把执行指令得到的结果"写回"到存储单元，可以是CPU内部的寄存器或内存。

在上述4个步骤完成之后，若无其他中断事件（如结果溢出、输入/输出操作的等待或者其他中断事件）发生，CPU会从程序计数器PC中取得下一条指令地址，开始新一轮的循环，继续执行下一条指令。

上述4个工作阶段构成了CPU的一个指令执行周期，如图2.8所示。CPU按照这个工作周期循环往复，完成程序中各条语句的执行。

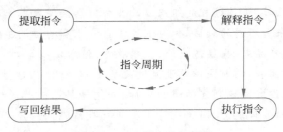

图 2.8　CPU 指令执行周期

2.4　存储器

存储器是用来存储程序和数据的部件,对于计算机来说,有了存储器,才有记忆功能,才能保证指令的执行和数据的处理。最初的计算机只访问内存,但随着时间的推移,计算机处理能力大大增强,数据量急速增长,同时应用需求也不断扩大,内存在存储容量上的弊端逐

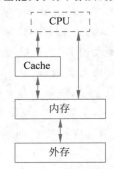

图 2.9　三级存储结构

渐显现。与此同时,CPU 芯片技术日新月异的发展,大大加快了 CPU 速度,而内存在速度上却无法与 CPU 相匹配,这造成了 CPU 的等待,使其工作效率降低。因此具有大存储量的外部存储器出现了,以此弥补内存容量的不足。

此时,高速缓冲存储器(cache)也开始出现,以克服内存在速度上的短板。计算机系统的存储器也形成了三级存储结构,如图 2.9 所示。在三级存储结构中,CPU 可以直接访问内存或者高速缓冲存储器,但若需要访问外存的数据,则必须将其调入内存或高速缓冲存储器,才能进入 CPU。

2.4.1　内存

主存储器,即**内存**(memory),是计算机的重要部件之一,用于暂时存放 CPU 运行所需的运算数据以及与硬盘等外部存储器交换的数据。内存是其他存储设备与 CPU 进行沟通的桥梁,任何程序必须先调入内存,才可以占用 CPU 得以运行;任何数据也必须先调入内存,才能被运算处理。内存的容量及存取速度影响计算机整体性能和速度。

内存一般采用半导体作为存储单元,由内存芯片、电路板、金手指等部分组成。图 2.10是一个容量为 8GB 的内存条的图片。在功能上,内存区域可划分为**只读存储器**(Read-Only Memory,ROM)和**随机存储器**(Random Access Memory,RAM)。

图 2.10　内存条

1. 只读存储器 ROM

只读存储器 ROM 指内存中只能读出信息、无法写入信息的区域。ROM 中的数据通常是装入整机前被写入（或称"烧入"）并固定下来的，即使切断电源，也不会丢失，所以又称 ROM 为固定存储器。由于 ROM 具有断电后信息不丢失的特性，因而可用于存放计算机启动时执行的引导程序。

图 2.11 所示的内存区域分成了两部分：ROM 和 RAM。ROM 中装入了引导程序，RAM 则覆盖了内存的其他区域。ROM 中计算机引导程序的运行过程，也是计算机系统的启动过程。这一过程可分成 3 个步骤。首先，CPU 读取并执行 ROM 中的引导程序，执行该引导程序。接着，引导程序执行的结果是将操作系统从外部存储器调入内存的 RAM 区域。当引导程序的最后一条指令执行完毕，操作系统也就被完整地装入内存了。最后，操作系统开始运行，全面接管计算机系统的管理工作，分配系统中的各种资源。

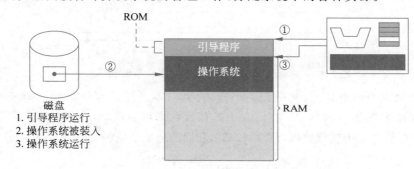

图 2.11　ROM 中的引导程序

启动过程中，ROM 中的引导程序只可被读取，不可被更改，这保证了每次启动过程的正确完成。

2. 随机存储器 RAM

随机存储器 RAM 是与 CPU 直接交换数据的内部存储器。RAM 的数据可以随时读写，且速度很快，主要用于存放操作系统、各种应用程序、数据和中间结果等。与 ROM 相比，RAM 的最大特点是数据的易失性，即一旦断电 RAM 中所存储的数据将随之丢失。

根据存储单元的工作原理不同，RAM 分为**静态 RAM** 和**动态 RAM**。静态 RAM 靠双稳态触发器来记忆信息，而动态 RAM 则凭借集成电路中的栅极电容来记忆信息。动态 RAM 必须做周期性的刷新，静态 RAM 则不需要进行刷新。

3. 内存地址

内存是一个存储空间，它由诸多的存储单元组成，每一个存储单元作为一个整体存储数据。显然，每个存储单元必须拥有一个地址，才能唯一识别它，向其写入数据或从中读取数据。这如同一个城市中，每个住户拥有一个地址，才能根据这个地址收发信件。

内存地址由二进制数表示，表示地址的二进制数的数位决定了地址空间的大小。使用 32 位二进制数表示内存地址可表达 2^{32} 个地址，约为 4GB 个地址。即此计算机系统的寻址范围是 4GB，此时可访问的存储单元的个数是 4GB 个。

类似地，使用 64 位二进制数表示地址可表达 2^{64} 个地址，约为 16GB。即此计算机系统的寻址范围是 16GB，此时可访问的存储单元是 16GB。

内存地址唯一标识了内存中的一个存储单元，那么这个存储单元是多大呢？在计算机系统中,这样的一个存储单元被命名为一个"**字**"。"**字长**",即字的长度,指的是一个"字"由多少位二进制组成。字长表示了计算机系统可一次性处理的数据的长度。如果计算机系统一次可处理 64 位二进制数,则其字长是 64 位。

在计算机系统中,**字节**(byte)是另一个与字长相关的概念。1 字节,由 8 个二进制位(bit)构成。那么字长为 64 位的计算机系统,也可称其字长为 8 字节。

对所有的计算机系统而言,字节的含义保持一致,由 8 个二进制位构成。但不同的计算机系统,其字长是不同的,不同的字长表示了系统不同的数据处理能力。

计算机在内存中存放任何一个数据时,会根据系统的字长确定其在所占用的存储单元中的具体表达。以整数数据"5"为例,在一个 16 位字长的计算机系统存放正整数"5"时,首先确定"5"的二进制是"101",然后根据 16 位的字长,将"101"左侧补填 13 个 0,构成 16 位的表示结果,如图 2.12 所示。

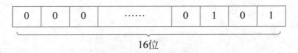

| 0 | 0 | 0 | …… | 0 | 1 | 0 | 1 |

16位

图 2.12　数值"5"在 16 位字长的计算机系统中的表示

将"5"存储在内存中时,为其分配一个空闲的字,不妨设此存储单元的地址为 2000H,那么"5"的存储位置是 2000H,"5"在内存中的存放状态可由图 2.13 表示。在"5"所占用的字之后,依次存放了 3 个整数数据"8""1""263",它们的地址依次为 2001H、2002H、2003H。

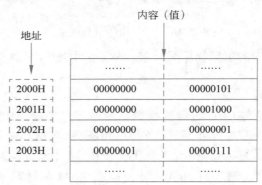

图 2.13　"5"在存储空间中的状态

注意,这些地址均以"H"结尾,表示这些地址是十六进制数。内存地址本应用二进制表示,但为了书写简洁,且十六进制可以非常便捷地转换为二进制,所以多使用十六进制表示内存单元地址。

本节为了重点解释存储单元地址的含义,在图 2.12 和图 2.13 中使用了与各数据等值的二进制数作为它们在计算机硬件系统中的表示。真实的计算机系统中,还需要再对"5"的等值二进制数进行编码,将编码结果存放于存储单元中。第 4 章将介绍数值数据的编码方案。

2.4.2　外部存储器

外部存储器,即**外存**,是不依赖于电信号而能长期保存信息的存储介质。常见外存有硬

视频讲解

盘、软盘、磁带的磁性介质、光盘、CD等。这些外存设备的运行由机械部件带动,速度比CPU慢得多。因此,CPU需要使用外存中的数据时,需要将数据从外存调入内存,由内存直接和CPU进行数据传递。数据处理完毕后,再将数据由内存写回外存。

如果从存储数据的介质上来区分,硬盘可分为**机械硬盘**(Hard Disk Drive,HDD)和**固态硬盘**(Solid State Disk,SSD),机械硬盘采用磁性碟片来存储数据,而固态硬盘通过闪存颗粒来存储数据。

1. 机械硬盘 HDD

机械硬盘由若干盘片、读写头、主轴与机械臂等组成,具体结构见图2.14。一个盘片在逻辑上被分成若干磁道——从内而外的同心圆,每一磁道上又分成若干扇区,这便是数据真正存放时的基本单位。当从机械硬盘上读取数据时,机械臂首先沿半径移动到目标磁道,然后盘片绕主轴转动,使得目标扇区位于读写头下方。如此便完成了数据的寻址,此后读写头根据读写命令执行读写动作。

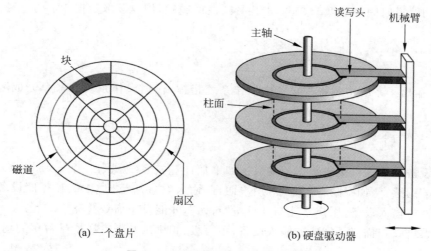

(a) 一个盘片　　　　　　　(b) 硬盘驱动器

图 2.14　机械硬盘内部结构示意图

2. 固态硬盘

与机械硬盘完全不同,固态硬盘不再采用盘片进行数据的存储,而是采用存储芯片进行数据存储。固态硬盘的存储芯片主要分为两种:一种是采用闪存作为存储介质;另一种是采用动态随机存储设备作为存储介质。目前以闪存作为存储介质的固态硬盘是主流。

3. 存储器指标

存储器的存储性能一般由以下几个指标衡量。

1) 容量

容量是指存储设备可存储的数据总量。以字节作为基本单位,数据的存储容量单位从小到大依次为:1KB(kilobyte),1MB(megabyte),1GB(gigabyte),1TB(terabyte),1PB(petabyte),1EB(exabyte),1ZB(zettabyte),1YB(yottabyte)。这些存储容量单位中,相邻的两个单位之间是 2^{10}(即1024)的倍数关系,如1GB=1024MB。

2) 单碟容量

单碟容量是指一张盘片所能存储的字节数,硬盘的单碟容量一般都在20GB以上。而随着硬盘单碟容量的增大,硬盘的总容量已经可以实现上百吉字节(GB)甚至若干太字节(TB)。

3) 转速

转速是指硬盘内电机主轴的转动速度,用每分钟旋转次数表达,记作 RPM(Runs Per Minute)。转速是硬盘内部传输率的决定因素之一,在很大程度上决定了硬盘的速度,同时也是硬盘性能的重要指标。目前,硬盘转速一般为 5400RPM 或 7200RPM,最高的转速则可达到 10 000RPM。

4) 最高内部传输速率

最高内部传输速率是硬盘的外圈的传输速率,它是指磁头和高速数据缓存之间的最高数据传输速率,单位为"兆字节/秒"(MB/s)。最高内部传输速率的性能与硬盘转速以及盘片存储密度(单碟容量)有直接的关系。

5) 平均寻道时间

平均寻道时间是指硬盘磁头移动到数据所在磁道时平均所用的时间,单位为毫秒(ms)。硬盘的平均寻道时间一般低于 9ms,平均寻道时间越短,硬盘读取数据的能力就越高。

2.5 输入/输出子系统

输入/输出子系统中的各种设备由操作系统指挥,根据操作系统的命令完成输入/输出任务。

2.5.1 输入设备

输入设备是计算机接收数据的渠道。如果把计算机系统视为一个人,那么输入设备就是这个"人"的感官,如眼睛、耳朵。对用户而言,输入设备甚至比 CPU 和存储设备更关键,因为只有通过输入设备,用户才能与计算机"对话",才能发布命令并完成交互。

键盘、鼠标、扫描仪是经典的输入设备,手写板、相机以及麦克风也是常用的输入设备。

1. 键盘

键盘是计算机最早使用的输入设备,主要负责输入文本数据。用户按下一个按键时,键盘控制器将检测到这个动作。键盘控制器把被按下的这个键的代码发送到键盘缓冲区,同时向系统软件发送中断请求,告知系统输入动作已经完成。此后,系统软件响应中断请求,读取键盘缓冲区中的键盘代码,然后把该代码发送到 CPU。CPU 得到输入数据,就顺利完成了一次输入任务。

键盘缓冲区可以存放多个按键代码——即记录多次的按键操作,系统程序将依次完成向 CPU 传送的工作。因为传送按键代码等操作的速度非常之快,几乎都在瞬间就完成了,所以即使键盘缓冲区存放了很多按键代码,用户也丝毫感觉不到输入过程的延迟。

2. 鼠标

鼠标是一种以指示或选择方式进行输入的设备。鼠标在平面上移动,以指挥屏幕上指针的移动。指针在屏幕上常常对应一个箭头,用于选择文本、图标、命令等,与屏幕上的程序、文件以及数据进行交互。

机械鼠标和光电鼠标是两种常见的鼠标。机械鼠标内部有一个小橡胶球,移动鼠标时,将向 CPU 发送小橡胶球的运动距离和运动方向等信息,从而确定鼠标指针在屏幕上的位置。光电鼠标的底部有光线发出,利用光的反射判断鼠标移动的距离和方向。

3. 扫描仪

扫描仪是一种重要的图形图像输入设备。黑白扫描仪将光照射到图像上,检测并记录图像上各个点对光的反射强度,基于此将图像数据转换为数字信息,输入计算机。彩色扫描仪使用过滤器把彩色图像上的每个点的色彩分离成红、绿、蓝 3 种颜色,并记录各点的三色组成信息,形成图像的数字文件。

条码读取器是一种特殊的扫描仪,用于读取条形码。该设备使用反射光技术或图像处理技术将条形码中的条格转换成所代表的数字或字母,然后读取出与条形码相关联的典型识别码。条码读取器多用于销售终端,此外,现在大多数的智能手机和平板电脑也具有扫码功能,可进行条码信息的输入。

另外一种常用的输入设备是无线视频识别阅读器(Radio Frequency Identification reader,RFID reader)。无线射频识别技术可以存储、读取和传送位于 RFID 标签上的数据。RFID 标签上包含了微型芯片和天线,可以被附着在各种物体上完成物体的识别。

4. 音频、视频输入设备

麦克风是语音输入设备,它接收音频信号并发往声卡。声卡将音频信号转换成数字信号,生成音频文件。数码相机是视频输入设备,它将拍摄的静态图像进行数字化存储,直接生成计算机可处理的图像文件。

5. 其他输入设备

除上述输入设备之外,生物识别阅读器是另一种基于可测量的生物学特征数据来识别个人身份的输入设备。一些装载了此类阅读器的计算机或移动设备,通过读取这些生物特征,如指纹、面部特征数据、语言或签名等,可以在多个应用场景下完成用户的授权、电子支付、系统的安全登录等功能。

2.5.2　输出设备

输出设备用于接收计算机输出的数据,并以字符、声音、图像等形式表现出来。输出设备的存在使得计算机可以给用户反馈计算机的处理结果,是计算机“向外表达”的关键工具。输出设备对计算机系统必不可少。

1. 显示器

显示器是计算机最主要的输出设备,可分为液晶显示器 LCD(Liquid Crystal Display),和发光二极管显示器 LED(Light Emitting Diode)。LCD 通过排布显示器内部液晶粒子,组成不同的颜色和图像。LCD 机身薄、占地小、辐射小,但色彩不够鲜艳。LED 通过控制半导体发光二极管来显示信息。LED 具有色彩鲜艳、亮点高、寿命长、工作稳定的特点。

连接显示器和计算机的元件是显卡,显卡中含有图形处理单元和专用的视频内存(即显存),承担着输出显示图形的任务。

显示器显示图像的清晰度由分辨率决定。**分辨率**(resolution)由屏幕上像素(pixel)的数量决定。显示器屏幕上像素数越多,分辨率越高,显示器显示的清晰度就越高。例如,屏幕的分辨率为 1920×1080,表示屏幕上水平方向有 1920 个像素,垂直方向上有 1080 个像素,这些像素以矩阵方式排列在屏幕上。

2. 打印机

打印机是另一种常用的输出设备,主要包括针式打印机、喷墨打印机和激光打印机。

针式打印机在工作时,操控一组排列成一行或多行的打印针持续打击色带,将色带上的墨印到打印纸上。打印头上的打印针越多,打印的结果越细密,打印质量越高。喷墨打印机根据所打印内容在打印纸特定位置上通过微小的喷嘴喷出墨滴,构成所打印的内容。激光打印机则采用静电照相技术,将要打印的内容转换为感光鼓上的以像素点为单位的位图图像,再通过静电成像将文件转印到纸上。激光打印机打印质量高、速度快,但价格稍高。

除此之外,以 3D 打印机(3 Dimension printer)为代表的新型输出设备不断涌现,为一些生产及生活中的问题提供了新的解决方案。与普通打印机将文档内容打印于纸张上并提供二维的输出作品不同,3D 打印机可以用来打印立体物品或特别设计的三维模型。3D 打印机首先把塑料或特定材料融化,然后按照预先的设计一层层地将材料做出塑形并输出,如此反复从而构建出预先设定的三维形状。3D 打印机在医疗领域可以打印医疗植入物,在太空探索领域可以打印工具、备件、火箭组件,甚至是以塑料线连接的小卫星等,是非常有应用前景的工具。

2.5.3　计算机常见接口

计算机接口多位于主板上,用于完成计算机主机与外部设备进行信息交换的任务。常用的计算机接口有外部 I/O 接口、USB 接口、网线接口、HDMI(High Definition Multimedia Interface)接口、VGA(Video Graphics Array)接口、PS/2 接口、电源接口等。

I/O 接口的全称是 Input/Output 接口,即输入/输出接口,是 CPU 与外部设备之间交换信息的连接电路。I/O 接口可分为总线接口和通信接口两类。

图 2.15　USB 接口

USB(Universal Serial Bus,通用串行总线)是一个外部总线标准,用于规范计算机与外部设备的连接和通信。自 1995 年以来,USB 从 1.0 版本已经发展到 4.0 版本,目前 USB 的 2.0 和 3.0 版本最为流行,已经成为计算机系统常用的接口之一。USB 接口如图 2.15 所示,具有传输速度快、使用方便、支持热插拔、连接灵活、独立供电等优点,可以连接键盘、鼠标、大容量存储设备等多种外设。

目前,个人计算机的网线接口一般是 RJ45 型网线接口,如图 2.16 所示。RJ 是 Registered Jack 的缩写,意思是"注册的插座"。插入 RJ45 型网线接口的网线插头被称为水晶头,如图 2.17 所示。RJ45 型网线接口和水晶头配合工作,广泛应用于局域网和 ADSL 宽带,实现上网用户的网络设备与互联网的连接。

图 2.16　网线接口

图 2.17　RJ45 水晶头

VGA(Video Graphics Array)接口,是一种视频图形阵列的模拟信号接口,共 15 针,分三排,每排五针,如图 2.18 所示。VGA 接口具有分辨率高、显示速率快、颜色丰富等优点,因此目前还有很多设备采用 VGA 接口与计算机进行连接。而且 VGA 接口采用双螺丝进行插头固定,信息传输的稳定性好,可适用于一些有震动场景的工业现场。

HDMI 接口,即高清晰度多媒体接口,如图 2.19 所示。HDMI 接口是一种数字化音频和视频的发送接口,可以发送未压缩的音频及视频信号。HDMI 接口的出现取代了之前的模拟信号影音发送与传输接口。

图 2.18　VGA 接口

图 2.19　HDMI 接口

随着计算机硬件的发展,计算机接口也随之变化。例如以前键盘和鼠标与主机连接所用的接口并非 USB 接口,而是串行的 PS/2 接口,如图 2.20 所示。PS/2 接口是紫色与绿色圆孔式设计,专为键盘和鼠标设计。PS/2 的兼容性强,但不能频繁拔插,更不支持热插拔,在更换鼠标键盘时要重启计算机。

电源接口用于连接主机和电源。电源接口常常是一个长六边形、内有三芯或一芯的设置,如图 2.21 所示。

图 2.20　PS/2 接口

图 2.21　电源接口

彩色图片

至此,CPU、存储器、输入设备、输出设备均已介绍完毕,若把 CPU 再细化为运算器和控制器,那么在逻辑意义上可将计算机系统清晰地描述为:计算机由负责执行任务的运算器、负责协调管理的控制器、负责信息内外交换的输入/输出设备、负责信息存放的存储器几大部件构成。这些部件彼此配合,组成良好的工作系统,也形成良性的工作循环,高效地完成各种计算任务。

计算机的这种构造恰与人脑的神经系统的构造类似。人脑中,有负责信息接收的神经元组织,有负责信息分析处理的神经元组织,有负责将处理的结果和决策传达出来的神经元组织,也有协调这些神经元进行多角度、多层面因素分析的神经元组织。

例如,一个人要出门时,发现下雨了。根据这一信息,人脑立刻对其进行分析处理,并结合当前自身情况给出决策,决定是带伞出门,还是因雨而放弃出行,抑或其他决定。

除此之外,计算机各部件之间需要流畅地配合工作,也和人与人之间需要融洽默契的合作类似。唯如此,每个人才能在飞速更迭的时代,更好地利用沟通合作的力量,达到自己的目标,并实现共赢。

第3章 计算机软件

[导语]

　　软件，相对于硬件，是不可见的，无法确定其大小、形状和体积。软件表现为程序和文档的集合，其中渗透了软件开发人员大量的脑力劳动，是其思维的数字化的表达结果。

　　从计算机系统内部观察，软件犹如精神领袖，硬件则是执行者。软件指挥硬件完成各项任务，硬件向软件反馈执行状态及执行结果。从计算机系统外部观察，软件工作于用户和硬件之间，协调双方的信息交流，并满足双方的工作需求。

　　本章先给出软件的基本含义和软件的分类信息，然后解释操作系统的基本功能和工作过程，最后介绍软件工程的相关内容。

[教学建议]

教　学　要　点	建议课时	呼应的思政元素
软件和硬件的区别	1	硬件犹如人的身体，软件犹如人的思想，人的成长过程中需要在自己大脑中不断安装各种"软件"，以培养自身多样的素质能力
操作系统的功能和工作周期	3	操作系统 CPU 管理体现了效率与公平原则，自然科学知识与人文科学知识有美妙的联系，青年人学习时应文理兼收，让自己秀外慧中
软件工程的含义、软件生命周期及软件过程模型	1	计算机安装正版软件，如同人不断学习获得正确的价值观，塑造自身真善美的精神指向

3.1　软件的含义

视频讲解

　　计算机软件，是计算机可执行的指令的集合及其说明文件。换言之，软件由程序及说明文档组成，程序是计算机可理解的指令序列，说明文档是给用户阅读的操作说明。

　　从物理层面理解，软件是用户与硬件的接口。用户不直接操控硬件设备，而是通过使用软件向硬件发布命令，完成与硬件的数据交换或指挥硬件进行某种操作。

　　硬件是"实"，软件是"虚"。计算机硬件是物理上看得见摸得着的实物，而软件是无形的，是一种知识产品，一种智力成果。

　　若将计算机硬件视为人的躯体,那么软件则是人的思想。人的思想可以指挥人的躯体做出动作,完成任务等。没有思想指导,人的躯体将无法做出合理的行动。这恰如计算机软件可以准确指挥硬件完成指定的操作,若无软件作为沟通媒介传达用户的指令,计算机硬件是无法独自完成输入/输出以及数据分析处理任务的。

3.2　软件的分类

　　(1) 根据功能的不同,计算机软件可分为系统软件和应用软件两大类。

　　系统软件(system software)是计算机的管理者,是用户与应用软件、用户与计算机硬件之间的沟通桥梁。系统软件保证计算机按照用户的指令正常运行,满足用户及应用软件的各种需求,并完成管理计算机、维护资源、执行用户命令、控制和调度等任务。

　　应用软件(application software)是面向某一应用环境,完成用户在具体应用领域的各种具体任务的程序集合。

　　这两类软件虽然各自的用途及功能不同,但其本质都是存储在计算机中、以某种格式编码书写的程序集合。

　　图 3.1 描绘了应用软件、系统软件和硬件之间的关系。相对而言,应用软件与用户的关系更为紧密,系统软件与硬件的关系更为紧密。系统软件协调各种外部设备流畅配合地工作,为用户以及应用程序提供各种资源服务。

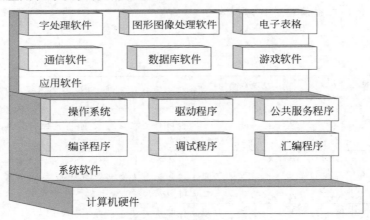

图 3.1　计算机软件

　　所以在一定程度上,系统软件可被视为应用软件和硬件之间的接口。系统软件为应用软件提供服务,当应用软件需要硬件完成某些动作时,并不是直接向硬件发出信号,而是告知系统,再由系统软件调度硬件,并指挥硬件完成相应任务。

　　(2) 根据运行载体的不同,软件可分为桌面软件与移动软件。

　　桌面软件运行在台式机或笔记本电脑上,其功能一般较复杂,支持多种输入与输出方式。

　　移动软件也称为移动应用软件,即平日里经常提到的 App(来源于 application 这一英文词语)。App 运行于智能手机或平板电脑等手持设备上,相对于桌面软件,其功能较简单。而且由于工作于移动设备,为方便操作,App 一般以触摸方式或实施某个动作进行输入,以文字、图像、声音等形式输出。

近年来,随着手持移动设备性能的提高以及功能的丰富,桌面软件和移动软件之间的差距也在逐渐减小。

(3)根据运行地点的不同,软件可分为本地软件和云软件。

本地软件是安装在本地计算机上,由本地计算机进行调用及运算处理的软件。

云软件也称为云应用,是利用云技术实现某地的计算机调用互联网上的云端软件。云软件的使用过程是互联网上的计算资源被调度、被租用的过程。云软件在云端运行,用户通过某一平台与云软件进行数据交换。

上述分类中,系统软件和应用软件的意义最为重要。因此下文从二者的具体含义、详细功能及特点等方面逐一进行介绍。

3.3 系统软件

系统软件是控制和协调计算机及其外部设备,同时支持应用软件的开发和运行的一类计算机软件。从另一角度理解,系统软件是无须用户干预的各种程序的集合。系统软件的功能包括调度、控制和协调计算机及外部设备,支持应用软件开发和运行,监控和维护计算机系统,管理并协调计算机系统中各独立硬件的工作。系统软件为计算机用户和其他软件提供多种服务,使用户和其他软件只需发布任务指令便可指挥硬件工作,而不需要考虑这些任务涉及的底层硬件的工作细节及参数设定。

一般地,系统软件包括操作系统、驱动程序和实用工具程序等。

3.3.1 操作系统

操作系统(Operating System,OS)是计算机最重要的系统软件,它直接运行于计算机裸机上,管理计算机系统的所有资源,是计算机系统所有运行活动的总控制、总管理、总调度,任何其他的软件都需要操作系统的支持才能顺利运行。

通俗地说,操作系统是计算机系统的一个超级管家,该系统里所有的资源都由操作系统高效地组织和管理。应该认识到,计算机系统资源除了包括所有的硬件、软件,还包括抽象的信息资源,如存储空间的地址空间。正是由于操作系统的强大管理能力,才可以正确、合理且高效地组织、协调及管理这些资源,使得用户只需专注于自己的工作,而不必关心如何与硬件对话以及如何完成外围设备操作等,从而使计算机成为一个为用户服务的智能化机器。

1. 操作系统发展

计算机诞生之时,并没有操作系统。当时的计算机采用纯手工操作的方式工作。那时候,人们先用穿孔的纸带表示等待运行的程序和数据,然后把纸带装入输入设备,从而将程序和数据输入内存。接着,操作控制台开启程序,程序运行,完成对数据的处理,并输出结果。最后用户取走结果,卸下纸带,完成一次程序的运行任务。

这种工作方式的弊端很明显:计算机的处理器被单个用户独占,机器工作效率很低。渐渐地,人们摒弃了这种低端的工作方式,开始考虑设计并开发一种能够帮助自己操控计算机各种设备的程序。而操作系统,正是随着计算机技术及其应用的发展,在人们使用计算机的过程中被逐步设计、开发并完善而成的。操作系统一出现,就成为人们使用计算机不可或缺的帮手,成为提高硬件及软件的资源利用率的一种管理程序,更对计算机硬件和软件的发展起到了巨大的推动作用。

操作系统经历了若干代的发展,分别叙述如下。

1) 批处理系统

批处理系统是操作系统的雏形,它是加载在计算机上的一个系统软件,可以控制计算机自动且成批地处理一个或多个用户的作业,包括程序、数据和命令。批处理系统实际是将多步操作集成为阶段性操作,一个阶段完成若干操作步骤。

批处理系统是计算机从手动操作向自动化操作迈进的第一步。

2) 多道程序系统

多道程序设计技术允许多个程序同时进入内存并运行,即同时把多个程序放入内存,并允许它们轮流在 CPU 上运行。这些程序可以共享系统中的各种硬件和软件资源,且当其中一个程序因输入/输出请求而暂停运行时,另一程序可以占用 CPU,得以运行。

值得注意的是,此时的多道程序系统中,多个进入内存的程序在宏观上是并行的工作状态,即同时进入系统且都处于运行过程中;但在微观上,这些相互独立的程序仍是串行的工作方式,即各道程序轮流使用 CPU,彼此交替运行。

多道程序系统采用并行工作方式管理程序的运行,在一定程度上提高了 CPU 的工作效率,也提高了计算机系统中其他软硬件资源的利用率。

多道程序系统的出现,标志着操作系统趋向成熟,并促使操作系统的具体功能中开始出现作业调度管理、处理器管理、存储器管理、外部设备管理、文件系统管理等功能。

3) 分时系统

分时系统把 CPU 的运行时间分成很短的时间片,按时间片轮流把 CPU 分配给各作业使用。若某个作业在分配给它的时间片内不能执行完毕,则该作业暂时中断,把 CPU 让给另一作业使用,等待下一次轮到该程序的时间片到来时再继续运行。由于计算机速度很快,各作业运行的时间片实际是非常短暂的时间段,所以给每个作业的感觉好像是自己独占了一台计算机。在分时系统中,每个作业可以向系统发出各种操作控制命令,进行人机交互,完成作业的运行。

分时系统可以及时响应作业,提高了系统资源的利用率,避免各作业对 CPU 的漫长等待。更重要的是,分时系统的思想对当今操作系统的 CPU 调度策略有深刻的启发。

4) 个人操作系统

个人计算机产生后,配置在个人计算机上的操作系统应运而生。个人操作系统旨在为用户提供友好的计算机使用环境,较高的交互响应速度,以及丰富的应用软件和娱乐程序等。

微软磁盘操作系统(MicroSoft-Disk Operating System,MS-DOS)是早期个人操作系统的重要代表,它使用命令行界面来接收用户指令,因此用户必须系统地学习 DOS 各种命令的格式及功能意义,才能正确使用这些命令完成相应操作。随着时代的推进和个人计算机的普及,个人操作系统已在各类操作系统中拥有最高的市场占有率。

5) 网络操作系统

时代的发展总能催生新的技术。随着计算机网络技术的发展,网络操作系统的出现成为必然。这类操作系统通常建立在主机的操作系统之上,按照网络体系结构的各个协议标准,在非网络操作系统基础上增加了网络管理模块,提供网络通信、资源共享及管理、系统安全和各种网络应用服务等功能。

6) 分布式操作系统

在网络操作系统出现并发展的同时,还出现了一种类似于网络操作系统的分布式操作系统。这种操作系统通过通信网络,将地理上分散的、具有自治功能的计算机系统(或数据处理系统)互连起来实现信息交换和资源共享,协作完成任务。分布式操作系统主要功能包括资源管理、分布式进程同步和通信、任务分配等。

在分布式系统中,一个作业可以被分解为若干部分,由多个不同地址的计算机分别完成。它强调分布式计算和处理、多机合作的鲁棒性、快速的响应时间、高吞吐量和高可靠性。

分布式操作系统和网络操作系统有明显的区别,其中最主要的两点不同在于:其一,分布式系统中的各台计算机地位平等,无主从关系,而网络操作系统使用环境中各台计算机地位不平等,有一台主机,其他是从机;其二,分布式系统中的资源为所有计算机系统无条件共享,而网络操作系统中,资源是有限制条件的共享。

7) 嵌入式操作系统

嵌入式操作系统(Embedded Operating System,EOS),指嵌入式系统的操作系统。

嵌入式系统指在各种设备或系统中完成特定功能的软件及硬件,它们自身构成了一个大的系统中的一部分,这部分作为一个整体被嵌入大的设备或系统中,因此称为嵌入式系统。

在嵌入式系统中使用的操作系统,具有通用操作系统的基本特点,能够有效管理复杂的系统资源,并且把硬件虚拟化。

2. 操作系统的地位

操作系统在计算机系统中的地位极其重要,这一点毋庸置疑。

从用户角度分析,操作系统是其他应用软件与硬件之间的接口,它承上启下,协调、管理和控制计算机的各种资源。

从操作系统与应用软件及硬件之间的信息交互分析,操作系统隐藏了复杂的硬件调用接口,为应用软件提供了更便捷、更简单、更清晰的系统调用接口。用户可通过这些接口操控硬件,而无须考虑硬件控制的细节,只需专心开发自己的应用程序即可。

从资源管理角度分析,操作系统是计算机系统资源的管理者。此时的资源包括计算机的硬件,如 CPU、存储器、输入/输出设备等,也包括各种软件、数据以及文件。操作系统管理并调度计算机系统的各种资源,并在多个用户对同一资源的申请产生冲突时,选择最优方案进行资源分配,保证各种资源都有较高的工作效率。

3. 操作系统的功能

操作系统的主要功能包括 CPU 管理、存储管理、设备管理和文件管理等。

1) CPU 管理

CPU 管理主要指进程管理,包括创建和撤销进程,协调各个进程的运行状态,并完成进程间的信息交换。

进程是程序的一次运行,注意区别程序和进程。**程序**是静态的,是为完成某一任务而编写的一组指令语句。进程是动态的,是运行中的程序。

一个程序是不变的,但它的各次运行都会对应不同的状态,产生不同的进程。当一个程序被选中,被允许占用 CPU 得以运行时,相应的进程就被创建出来了。

因为进程是一个运行中的程序,所以它具有生命周期。在一个生命周期内,一个进程可以处于以下 5 种状态之一。

- 创建:进程正被创建。
- 运行:进程被分配了 CPU,其指令正在执行。
- 等待:进程正等待输入/输出动作的完成或某个信号的接收等。
- 准备就绪:进程正等待被分配 CPU。
- 终止:进程已经执行完毕。

图 3.2 描绘了操作系统进行 CPU 调度时进程的各种状态之间的转换,图中矩形框内表示了进程的某种状态,两个矩形框之间箭头上的文字表示了两种状态之间的转换条件。可见,一个进程在其生命周期内只有一次"创建"状态和一次"终止"状态,而"准备就绪""运行""等待"这 3 种状态可以出现多次。

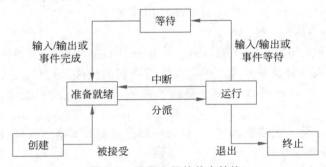

图 3.2　进程之间的状态转换

当一个程序被调用,操作系统判断其是否可以运行,如果可以则创建一个新的进程并将其放入就绪队列;此后,操作系统根据 CPU 调度算法让其在合适的时机占用 CPU;若执行完毕,则进程终止;在执行过程中,进程可能会因调度算法而被迫放弃 CPU 而重新进入就绪队列,或者因为等待输入/输出请求而进入等待队列,待输入/输出请求完成后再次进入就绪队列,如此反复,直至进程终止。

在进程调度中,调度算法非常重要。所有的程序指令都必须由 CPU 执行,因此,一个 CPU 要为多个进程服务。那么,将 CPU 最大效率地分配给每个进程,便是进程调度算法的任务。

常用的进程调度算法如下。

(1) 先来先服务算法(First Come First Serve,FCFS)。

顾名思义,FCFS 算法将准备就绪的进程组织为一个队列,每次从就绪队列中选择最先进入队列的那个进程,为其分配 CPU。该进程一直运行到终止(该进程将转入"终止"状态)或有输入/输出事件发生时才放弃 CPU(该进程将转入"等待"状态)。该算法思想简单,一定程度上可以实现基本的公平。

例如,当前 CPU 就绪队列中有 3 个进程 Process1、Process2、Process3,如图 3.3 所示,三者需要占用 CPU 的时间依次为 67、120、89(此处忽略时间单位)。

此时,若采用 FCFS 策略,Process1、Process2、Process3 将按其在队列中的次序逐一占用 CPU。图 3.4 给出了三个进程依次执行时的简易时序图。若设 CPU 开始工作的时间为 0,那么图 3.4 中矩形框上方的各个数字表示了各进程开始执行的时间及结束时间。

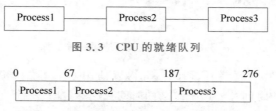

图 3.3　CPU 的就绪队列

图 3.4　FCFS 策略下三个进程的执行时序图

这里引入**进程周转时间**的概念来衡量 CPU 调度策略的性能。进程的周转时间指该进程从进入就绪状态到其最终执行完成所需要的时间。显然,一个 CPU 系统中所有进程的**平均周转时间**越短,CPU 的工作效率越高,系统所采用的 CPU 调度算法性能越好。

对于上面就绪队列中的三个进程,在采用 FCFS 调度算法时,它们的平均周转时间为 $(67+187+276)/3=176.6$。

（2）短进程优先算法（Shortest Process Next,SPN）。

SPN 算法优先选择最短进程,即估计运行时间最短的进程,占用 CPU,使其立即执行直至终止或因输入/输出事件而放弃 CPU。SPN 算法的弊端明显:①它需要预估进程的运行时间,这种估计未必准确;②它对长进程不利;③它未考虑进程的紧急程度。

仍以上面的三个进程为例,设此时它们占用 CPU 的次序依次为 Process1、Process3、Process2,那么具体执行过程的简易时序图如图 3.5 所示。

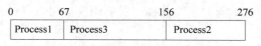

图 3.5　SPN 调度策略下三个进程的执行时序图

当采用 SPN 调度策略时,三个进程的平均周转时间为 $(67+156+276)/3=166.3$。对比 FCFS 和 SPN,在这个例子中,SPN 的调度效率更高。

（3）时间片轮转法（Round-Robin based on time piece）。

时间片轮转法把所有的就绪进程按先来先服务原则排成队列,每次将 CPU 分配给队首进程,并令其执行一个时间片。时间片长度可以是几毫秒或几百毫秒。当时间片用完该进程暂停执行,并前往就绪队列的末尾;然后再将 CPU 分配给就绪队列新的队首进程,令其在下一个时间片使用 CPU,如此反复,直至进程获得了全部的执行时间并完成了执行过程。

该算法在一定程度上可保证公平,即所有进程均可获得执行机会,并在给定的时间内被响应。但对于输入/输出任务密集的进程,它们在自己的时间片可能多次遇到输入/输出请求,而被迫放弃 CPU,这浪费了时间片的剩余时间,降低了当前进程在时间片内的执行效率。

时间片轮转法的关键是为每个进程分配等长的时间片,并在时间片结束时强迫其转入就绪状态。仍以上面的三个进程为例,假设此时 CPU 的时间片为 50,那么它们依次执行过程的简易时序图如图 3.6 所示,其中的阴影区域只为强调三个程序执行完毕的时间点。

若采用时间片轮转策略进行 CPU 调度,Process1 首先得到时间片,当第一个时间片使

图 3.6 时间片轮转法的简易时序图

用完毕,Process1 被迫转为就绪态,Process2 得以使用 CPU。当 Process2 的时间片耗尽,Process3 开始使用它的时间片。Process3 的时间片耗尽之时,三个进程都得到了执行机会,且得到了相同的占用 CPU 的时间。

之后,下一轮的轮转执行过程开始,仍然是 Process1 首先得到时间片。注意,此时 Process1 还需要占用 CPU 的时间长度为 17,所以这一次该进程并不完全耗尽 50 的时间片,而是只占用其实际需要的时间。因此在图 3.6 的简易时序图中,第二轮的 Process1 的实际耗费时间是 17。至此,Process1 执行完毕,它的周转时间是 150+17=167。

在第二轮的轮转执行过程中,当 Process2 使用时间片结束,Process3 在其时间片内也执行完毕,但它实际占用 CPU 的时间是 39。所以 Process3 的周转时间是 217+39=256。

在第三轮的轮转执行过程中,只有 Process2 是就绪进程,它直接获得时间片,但其实际执行时间是 20,因此其周转时间为 256+20=276。

至此,所有的进程执行完毕,三个进程的平均周转时间为(167+256+276)/3=233。

在上面的例子中,时间片轮转法的调度效率比 FCFS 和 SPN 都低,但这并不能说明该策略的调度能力不佳。实际上,每种调度算法都有其适用的场合,都会在某一类情形下呈现较好的调度性能,可以根据不同的情况选择不同的调度算法以获得系统最高工作效率。

(4)优先级调度算法。

优先级调度算法为每个进程赋予一个优先级(必须保证用户进程的优先级不得高于内核进程的优先级),每次选择优先级最高的进程占用 CPU。该算法可以根据不同的标准确定不同的优先级设定细节,以保证在特定应用需求下,最紧急的进程最先得以执行。

(5)多级反馈队列调度算法。

多级反馈队列调度算法设置多个就绪队列,并为各个队列赋予不同的优先级。第一个队列的优先级最高,此后的优先级依次递减。同时,算法令各个队列中进程的时间片长度与优先级情况反向设置,即优先权越高的队列,其中进程的时间片越小。

创建了一个新进程后,它先进入第一队列的末尾,按 FCFS 原则排队等待调度。当轮到该进程执行时,如果它能在该时间片内完成,便离开 CPU;如果它在一个时间片内未完成,那么算法将其转入第二队列的末尾,再按 FCFS 原则等待调度。若它在第二队列中运行一个时间片后仍未完成,再将它放入第三队列,如此循环下去。

注意,仅当第一队列空闲时,调度程序才调度第二队列中的进程运行;仅当前面的 $n-1$ 个队列均为空时,才会调度第 n 个队列中的进程运行。如果 CPU 正在执行第 n 个队列中的进程,此时有新进程进入优先权较高的队列(第 1~$(n-1)$ 个队列中的任何一个),则此时新进程将抢占 CPU,同时调度程序把正在运行的进程放回到第 n 个队列的末尾。

注意,除了完成进程调度的任务,操作系统进行 CPU 管理的工作内容还包括保证进程间安全流畅的通信,并解决进程的互斥及同步问题等。

【思政 3-1】 操作系统 CPU 管理的深入思考

操作系统的功能包括 CPU 管理、存储管理、设备管理等。表面上看,这些管理内容和细节只是技术上的各种规范和设定,与日常生活毫无关联,但实际上,操作系统各种管理功能的思想中蕴含了丰富的哲学意义,仔细思考,可以启迪我们在工作和学习中以正确的观点对待事物,分析并处理问题。

例如,CPU 管理过程中体现了追求公平和效率的思想。操作系统首先保证每个程序都有机会使用 CPU,且任何程序不能因等待输入/输出任务而妨碍其他程序使用 CPU。这些情况和人类社会类似。我们坚持公平,保障所有人的基本权利。但当有特殊紧急情况时,一些程序可以被赋予更高的优先级,以得到优先使用 CPU 的权利。这种优先级的设定,很多时候是以提高系统整体的效率为目标的,如最短作业优先策略的实施,便是基于此初衷。

操作系统的 CPU 管理与追求公平和效率的思想相呼应,这是自然科学领域的技术知识和人文科学领域的知识之间的美妙关联。虽然自然科学研究的是自然界物质形态、结构、性质和运动规律,人文科学研究的是人类的信仰、情感、道德和美感等,但二者都是为了提升人的生活质量。

确实,自然科学的技术方法的飞速发展推动了人类社会进步,极大地改善了人们生活的物质条件。同时,在人的生活学习过程中,需要人文科学知识素养的加持来保证人的精神层面能够拥有正确的价值指导,以对事物做出正确的判断,塑造高尚的价值观,建立积极阳光的处世态度和生活态度。这一切是如此重要,以至于如果没有这些指导,自然科学的发展将去往何处?

那么,一个人的学习除了自身的专业,也应去吸收其他多个领域的知识。亲爱的读者,你已经在自然科学的计算机技术领域有了一定的学习积累,倘若平日读些人文社科书籍,让自己文理兼修,成长为一个能文善武、秀外慧中的人,那么真可以拥有较高的人生价值!

2)存储管理

在存储管理功能中,操作系统要完成内存分配、存储保护、地址映射、内存扩充等任务。

内存分配,指在程序调入内存时,为其分配内存空间,在运行完毕程序撤销时回收内存空间。

视频讲解

存储保护,即确保每一道程序在专属内存区域内正确存储,各道程序存储区域互不干扰,且操作系统的存储区域不受干扰。

地址映射,即操作系统要将程序地址空间中的逻辑地址转换为真正存储区域的物理地址。逻辑地址,是各条指令语句在程序中使用的地址;物理地址是指令语句被调入内存后在真正存储空间中的地址。逻辑地址并不对应真正的物理存储单元,因此直接通过逻辑地址访问数据是无法找到真正的目标数据的。操作系统的存储管理功能提供地址映射功能,在访问前将逻辑地址转换为物理地址,实现数据的正确访问。

内存扩充,即在逻辑意义上来扩充内存容量,以帮助程序更顺利的执行。

(1)内存分配。

一个程序经过编译之后,操作系统将为其分配存储空间,完成程序的装入。分配存储空间时操作系统有三种分配方式:绝对分配、可重定位分配、动态运行时分配。

绝对分配仅在运行单道程序时可以使用,也称静态分配方式。该方式下,操作系统将内存分配给程序,并使得程序中的逻辑地址与实际内存地址完全相同。

可重定位分配是根据内存的当前情况,将程序分配到内存中适当的区域。以这种方式为程序分配内存后,程序所占据的内存区域将对应一个物理地址的区间。程序中的各条指令的物理地址与其在程序内部的逻辑地址完全不同。在将程序装入内存时,程序中各指令和数据的地址将会被修改,这是在存储分配时一次性完成的地址变换,此后随着程序的执行这些地址也不再改变,故此方式也称为静态重定位。

动态运行时分配在把程序装入内存后,并不立即把程序中的逻辑地址转换为物理地址,而是把地址转换工作推迟到程序真正被执行时再进行。

(2) 存储管理。

操作系统管理内存空间的常见方式有分区管理、分页管理,分段管理以及段页式管理。

分区管理是内存空间管理最简单、最直观的方式,即为整个程序在内存中分配一个区域。由于程序必须整体连续存放,故该方式会在分区之间产生难以被利用的小空间,即存储碎片。

在分区管理方式下,各分区通常按大小进行排队,同时操作系统建立一张分区使用表,每一表项记录各分区的起始地址、大小及是否已分配的状态。当有用户程序要装入时,操作系统的内存分配程序将检索该表,找出一个能满足存储要求且尚未分配的分区,将其分配给该程序,然后将该分区对应的表项中的状态置为"已分配"。

分页管理将内存分成固定大小的部分,称为页,同时将程序装入连续或不连续的若干页。因为被分配的页面可以不连续,所以该方式不会产生存储碎片,进而提高了内存利用率。但在一页之内,可能出现存储内容不能占满整个页面的情况,所以可能产生存储空间的浪费。

分段管理类似于分区管理,将程序整个装入一个存储区域;同时将程序分为若干段,如数据段和代码段,加以不同的保护。该方式也具有和分区管理类似的缺点,易产生碎片。

段页式管理将程序分段,但是各段不再被分配至连续的存储空间,而是采用离散分配方式存放各段。可见,段页式管理综合了分页管理和分区管理的优点。

(3) 地址映射。

地址映射的目标是**逻辑地址**,或称其为相对地址,是高级语言源程序中为各指令及变量赋予的地址。逻辑地址的提出可以使程序员专注于算法设计和程序指令的编写,而不必操心指令及变量在内存中的存储单元的分配。**物理地址**是指令及变量所存放的物理存储单元的地址,也被称为绝对地址。当访问指令及变量时,需要将相对于程序而言的逻辑地址转换为相对于真正存储单元的物理地址,这称为地址映射,该过程由硬件——内存管理单元完成。

考虑一种最简单的情形。若将内存视为一块整体的存储空间,不采用分页或分段式管理,那么一个程序执行前,操作系统将寻找恰当的内存空间将其整体都装入内存。设定程序中各条指令的逻辑地址是一个相对于程序起始位置的数值,即各条指令语句相对于程序头部的偏移量。这可理解为,程序中各指令语句的逻辑地址是从 0 开始的一串渐增的整数值。此时,逻辑地址到物理地址的转换,只需要将逻辑地址与程序在物理存储空间中存放的真正起始地址相加即可。

图 3.7 给出了上述从逻辑地址到物理地址的转换。设某程序在内存中存放的起始地址

为 A,程序中某一条指令的逻辑地址为 L,那么该指令在内存中真正的物理地址是 A+L。当这条指令被执行时,CPU 将根据 A+L 的地址信息在内存中进行寻址,取出该指令。

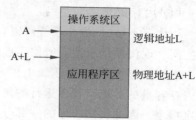

在分页式管理的内存系统中,从逻辑地址到物理地址的转换需要考虑每页的起始地址。此时,操作系统将为各程序维护一个页映射表(Page Map Table,PMT),用于记录各个页与相应的物理存储块之间的地址对应关系。

图 3.7　物理地址和逻辑地址的关系

以名为 Program1 的程序为例,表 3.1 给出了该程序的页映射表。从表中可知 Program1 被分成了 3 个页面,这 3 个页面所对应的物理存储块号也一一在表中列出了。表 3.2 则给出了内存中各物理存储块对应的存储内容。

表 3.1　程序 Program1 的页映射表

页　　　号	物理存储块号
0	10
1	6
2	9

表 3.2　内存中程序 Program1 的存放信息

物理存储块号	内　　　容
0	
1	
2	
3	
4	
5	
6	Program1-页面 1
7	
8	
9	Program1-页面 2
10	Program1-页面 0
11	
12	

此时的逻辑地址由两个值组成——页编号和页内偏移量,表示为:<页编号,偏移量>。

根据逻辑地址是相对于程序起始位置的相对偏移量的理解,页编号和偏移量的计算方式分别为:

页编号＝逻辑地址 / 页面大小

偏移量＝逻辑地址 MOD 页面大小(其中 MOD 是求余运算)

此时,要把一条指令语句的逻辑地址转换为物理地址,首先需查找页映射表,找到该指令所在页对应的物理存储块号,然后用物理存储块号乘以块的大小,得到该页头部的物理地址,这个物理地址再加上偏移量,便得到了指令语句的物理地址。

当然,不同的操作系统在进行内存管理时会采用不同的方式,这决定了进行逻辑地址和物理地址之间相互转换将采用不同的方式。

（4）内存扩充。

当内存不够时，操作系统可以自动"扩充"内存，为程序提供一个容量比实际内存大的存储空间。现代操作系统一般使用虚拟内存技术实现内存扩充。

虚拟内存技术，是从逻辑上扩充内存容量的方法。它利用程序运行时的局部性原理进行内存容量的扩充。**程序运行的局部性原理**，是指程序在运行时，某一时刻不会用到全部的程序指令。因此仅把程序的一部分装入内存，程序就可运行。

作为一种存储管理技术，虚拟内存使得应用程序认为它拥有连续可用的内存(一个连续完整的地址空间)，且这个内存空间比真正的物理内存空间要大。而实际上，应用程序通常是被分割成多个物理内存碎片，部分已经装入内存，而其他部分暂时存储在外存上，在需要时才进行数据交换。

虚拟内存技术由硬件和操作系统通过存储信息调度和离散的管理方式实现。下面以页式内存管理方式为例，简单介绍虚拟内存技术的实现细节，段式及段页式内存管理方式下虚拟内存的实现过程可触类旁通。

当操作系统使用页式内存管理方式，将设置请求调页功能和页面置换功能，以离散的分配方式，多次将程序的不同部分调入内存运行。此时的页映射表要进行扩充，以记录页面被调入的状态，如表 3.3 所示。

表 3.3　扩充的页映射表

页号	物理存储块号	状态位 （是否调入内存）	访问字段 （被访问的次数）	修改位 （是否被修改）	外存地址

当要访问的页面不在内存上时，发出缺页中断请求，操作系统将所缺页调入内存。若所缺页面是从未运行过的页，操作系统从硬盘文件区将页面调入；若所缺页面是曾经运行过又被换出的页，操作系统从对换区调入。

若是页面调度算法不恰当，可能会出现页面一直在被调入调出的情形，这种现象称为抖动。可以用式(3-1)计算缺页率衡量页面调度算法的优劣：

$$缺页率＝缺页次数／内存访问次数 \tag{3-1}$$

实际的系统中，缺页率与程序覆盖的存储页数、置换算法及页面大小有关。

常见的页面调度算法有如下几种：

- 最佳页面置换(OPTimal replacement, OPT)算法。OPT 算法是理想化的算法，选择那些永不使用或最长时间不再被访问的页面置换出去。
- 先进先出(First In First Out, FIFO)算法。FIFO 选择最先进入内存的页面，将其调出。该算法实现简单，但有时会有缺页率升高的情形。
- 最近最久未使用(Least Recently Used, LRU)置换算法。LRU 选择最近最久未使用的页面予以淘汰，优先考虑调入反复使用的页面。该算法需要记录页面使用时间的先后关系，硬件开销大。
- 最少使用(Least Frequently Used, LFU)置换算法。该算法选择使用次数最少的页面予以淘汰。

除了虚拟内存技术,**交换技术**也可以提高内存使用率。

交换技术也称作对换技术,包括换出和换入两个过程。换出,是将处于等待状态或在CPU调度原则下被剥夺运行权力的程序从内存移到辅存以腾出内存空间;换入,是把准备好竞争处理机的程序从辅存移到内存。理想情况下,内存管理器的交换过程速度足够快,可以保证总有进程在内存中得以执行。

交换技术,需要注意以下几方面的问题。首先,交换过程需要备份存储,因此必须保证磁盘足够大。其次,为有效使用CPU,需设定每个进程的执行时间比交换时间长,以避免出现CPU的等待状态。最后,若换出进程,则必须确保该进程完全处于空闲状态。

交换技术与虚拟内存技术的思路有两点明显的不同。

① 目的不同。交换技术旨在提高内存利用率,若从程序的视角观察,并没有感到明显的内存扩充。而虚拟内存技术的目的却是力图使程序感到自己的所有代码已经完全进入内存,且所处的这个内存区域是一个巨大的存储空间。

② 调度单位不同。交换技术以程序为单位,在程序之间选择哪一个进入内存,哪一个调出内存。而虚拟内存技术则是以一个程序的不同页面为单位,选择哪个页面进入内存,哪一个页面调出内存。

实际上,操作系统存储管理功能的细节是随着用户应用需求的增加而不断加以完善的。从存储单元的地址分配,到存储空间的分页及分块式管理方法,以及虚拟内存的设计,这些都是由问题和需求驱动而产生的解决方案。这一过程恰对应了科研活动中发现问题,分析问题,然后解决问题的思维路径。虽然现实生活中,人们往往是被动地遇到诸多问题,但当面对难题时,如果可以保持冷静的头脑执行上述思维路径中的步骤,去深刻分析问题的条件和缘由,从而发现问题的本质,那么将更容易找到正确的解决办法。

3)设备管理

操作系统的设备管理功能是为有输入/输出请求的进程分配相应设备,并完成相关的操作。具体而言,操作系统将完成缓冲区管理、设备分配、设备处理、虚拟设备及实现设备独立性等工作。由于很多设备是输入/输出设备,这些设备不仅种类繁多,而且其特性和操作方式差异较大,因此设备管理是操作系统中复杂且与硬件关联紧密的一项工作。

视频讲解

设备管理的目标首先是向用户提供使用方便且独立于设备的界面,即让用户无须了解各种具体设备的物理特性,只需按照统一的规则使用设备即可。同时,设备管理会对各种设备的使用情况进行协调,保证合理正确地为各个程序分配所需的设备。另外,设备管理还以提高各种设备的使用效率为目标,通过通道技术和缓冲技术来提高CPU与外设以及各种外设之间的工作并行程度。

(1)设备分配。

一个计算机系统中会有多种设备,同类设备也可能不止一台。当希望使用某种设备的进程数大于该种设备的数量时,将会引起进程对设备的竞争。此时操作系统会对这些设备进行合理分配。常用的设备分配技术为:独占——固定地将设备分给一个进程;共享——运行设备为若干进程共用;虚拟——用共享设备模拟独占设备。

(2)通道技术。

通道实际是一台小型外围处理机,旨在建立独立的输入/输出操作。通道使数据的输入/输出操作、输入/输出操作的组织、管理和终止均独立于CPU,从而保证CPU不必在输入/输出设备管理上花费时间。因为在执行输入/输出任务过程中,需要完成诸如询问输入/输出设备状态、等待输入/输出设备、处理输入/输出中断等操作,这些工作如果由通道完成,那么可显著提高 CPU 的工作效率。

通道建立后,CPU 仅需要向通道发出输入/输出指令,告知需要访问的通道程序和具体设备,通道接到指令后,便从主存指定位置取出通道程序,执行程序来完成输入/输出操作。

根据信息交换方式的不同,通道分为三种类型:①字节多路通道,按字节方式交叉工作即每次子通道控制输入/输出设备交换 1 字节后,便将控制权交给另一个子通道,让其交换 1 字节,多用于连接大量低速或中速的输入/输出设备;②选择通道,控制输入/输出设备一次交换一批信息,多用于高速或中速输入/输出设备;③成组多路通道,结合前两者优点,可以连接多台高速输入/输出设备,为其提供成批信息交换方式,也可提供信息交替传送方式。

通道和 CPU 之间的通信是双向的,CPU 可向通道发出输入/输出指令(如启动输入/输出设备、查询输入/输出设备、查询通道、停止输入/输出设备等),完成任务后,通道也以中断方式向 CPU 发出信息。

(3) 缓冲技术。

缓冲技术是在计算机系统的某些设备上设置能存储信息的缓冲区,以解决进行信息传输的两个部件之间的信息传输速度不匹配问题。缓冲技术带来了设备并行度的增加,但这种并行度的增加主要依赖于进程内部存在的并发性和进程之间的并发性。常见的三种缓冲方式是单缓冲、双缓冲、循环缓冲。

4) 文件管理

(1) 文件的意义。

文件是相关数据的完整集合,这个集合用文件名作为标识。

从用户角度解释,文件是组织数据的基本单位,是信息存取的基本单位,用户可以创建、修改、删除、打印或检索某个文件。从硬件底层的角度解释,文件是记录在存储介质上数据的集合,是若干字节的有序序列。

与文件紧密相关的一个概念是文件夹。**文件夹**是某些文件的集合,为方便组织和管理文件而设定。文件夹也是一种文件,可成为另一文件夹中的成员。换言之,一个文件夹既可以包含不同类型的文件,也可以包含其他文件夹。

用文件及文件夹组织计算机系统的数据,使得系统中的信息呈现出一个树状目录结构下的数据视图。操作系统中的文件管理功能实现了这种树状目录结构的数据管理方式,同时也为每个文件分配外存空间,并建立目录项以记录文件的各种特征信息,对文件读写过程进行管理和保护。

(2) 文件管理的功能。

文件管理的功能包括:建立、修改、删除文件;按文件名访问文件;决定文件信息的存放位置、存放形式及存取权限;管理文件间的联系并提供支持文件的共享、保护和保密等。其中,文件的共享是指允许一个文件可以被多个用户共同使用,这可以减少用户的重复性劳动,节省文件的存储空间,减少输入/输出文件的次数等;文件的保护主要是为防止由于错误操作而对文件造成的破坏;文件的保密是为了防止未经授权的用户对文件进行访问。

文件的保护、保密实际上是用户对文件的存取权限控制问题。一般为文件的存取设置两级控制:第 1 级是访问者的识别,即规定哪些人可以访问;第 2 级是存取权限的识别,即有权参与访问者可对文件执行何种操作。

（3）文件存储空间管理。

由于文件存储时通常是被分成许多大小相同的物理块，并以块为单位交换信息，因此，操作系统要进行有效的文件存储空间的管理，实质上是对存储单元区域中的空闲块进行组织和管理，包括空闲块的组织、分配与回收等问题。

索引法、链接法和位示图法是三种不同的空闲块管理方法。

索引法把空闲块作为文件并采用索引技术管理这些表示了空闲块的文件。链接法使用链表把空闲块组织在一起，当申请者需要空闲块时，分配程序从链首开始摘取所需的空闲块；当放弃存储区域时，管理程序把回收的空闲块逐个挂入队尾。位示图法是在外存上建立一张位示图（bitmap），它可用一个二维数组表示，用于记录文件存储器的使用情况。每一位仅对应文件存储器上的一个物理块，取值 0 和 1 分别表示空闲和占用。

（4）树状目录。

目录，可理解为文件的有名字的分组。操作系统的**树状目录结构**是非常重要的文件逻辑组织方式。在树状目录结构中，树的根节点为根目录，数据文件作为树叶，其他所有目录均作为树的节点。

根目录隐含于一个硬盘的一个分区中，根目录在最顶层。它包含的子目录是一级子目录。每个一级子目录又可以包含若干二级子目录，以此类推，这样的组织结构被称为目录树。

操作系统的树状目录从最高层的文件对象开始逐渐分解开去，层层展开，将各层的文件或文件夹一一铺排开来，这种文件组织方式与人类的知识归纳整理的思路较为一致，非常方便用户的理解和使用。在树状目录结构中，从根目录到任何数据文件之间，只有一条唯一的通路。若从树根开始，把到达某一文件的通路上经过的全部目录名与文件名收集并连接起来构成序列，那么这个序列被称为路径。

图 3.8 给出了某计算机系统 Windows 操作系统下 D 盘的目录的例子。图 3.8 中，在硬盘 D 盘上存放了两个文件夹（userfile 和 uservedio）以及一个文件（useraudio）。userfile 文件夹包含两个文件（file2020 和 file2021）和一个文件夹（file2022），file2022 文件夹是上层 userfile 文件夹的子文件夹，其中包含了三个文件（catfile、duckfile 和 Danielfile）。

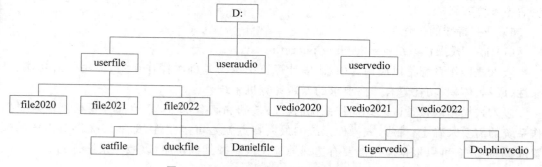

图 3.8　Windows 系统下的树状目录示意

"d:\userfiles\file2022\Danielfile"描述了上述目录结构中的一条路径，这条路径表示在 D 盘的 userfiles 目录中的 file2022 子目录下的 Danielfile 对象的位置。

从根节点开始到达某一文件对象的通路上的信息构成了该文件的**绝对路径**。显然,每个数据文件的绝对路径是唯一的。但如果文件系统包含了多层的目录,使用绝对路径表示文件的位置稍显烦琐,所以引入相对路径的概念。**相对路径**是由从当前目录到目标文件的通路上经过的所有目录名和文件名连接而成。

父目录是指当前路径的上一层目录。每个目录下都有代表当前目录的"."文件和代表当前目录父目录的".."文件,相对路径名一般就是从".."开始的。

树状目录结构以清晰的结构组织众多文件,路径概念的提出允许在不同的目录下可以存在同名文件——甚至是同名且同类型文件,因为有不同的路径信息对这两个文件进行区分。这给用户带来文件命名时的灵活性,以及温馨的使用体验。

5) 提供用户接口

操作系统提供的用户接口有两种类型:程序接口和命令接口。

(1) 程序接口。

程序接口也被称为系统调用接口,是操作系统提供的系统与用户程序之间的接口。此类接口把应用程序的请求传给系统,调用相应的内核函数完成所需的操作,将处理结果返回给应用程序。

(2) 命令接口。

命令接口也被称为操作接口,它以命令方式执行接口操作,命令所带的参数指明了操作的具体细节。

命令接口可分为联机用户接口和脱机用户接口。前者是交互式命令接口,其命令方式包括命令行方式、批处理方式、图形界面方式。其中批处理命令接口,包括作业控制语句或命令、作业控制说明书。

其中,图形用户界面是对计算机发展和普及有重要意义的用户接口。它将计算机操作方式从命令输入方式转换为图形化操作方式,对用户非常友好。在图形用户界面出现之前,用户必须掌握全面的专业知识才能正确使用命令操控计算机,这使得计算机成为普通用户在技术上难以高攀的工具。而图形用户界面出现之后,菜单、图标、窗口、对话框、按钮等图形化操作元素的设计,使用户可以直接选择相应的图标来运行程序,这大大降低了计算机的使用难度,加快了计算机走入寻常家庭的速度,使计算机成为更多非专业人士在工作学习和生活中不可或缺的工具。

6) 一些特殊的操作系统

(1) 嵌入式操作系统(embedding operating system)。

嵌入式操作系统是以应用为中心、以计算机技术为基础的操作系统,适用于对功能、可靠性、成本、体积、功耗等有严格要求的专用计算机系统。

嵌入式操作内核是嵌入式操作系统的核心基础和必备部分,其他部分要根据嵌入式操作系统的需要来确定。嵌入式操作系统的最大特点就是可定制性,即能够提供对内核的配置或裁剪功能,可以根据应用需要有选择地提供或删减某些功能,以减少系统开销。

(2) 移动操作系统(mobile operating system)。

移动操作系统实际上是嵌入式操作系统的一种。包括为移动设备开发的操作系统、从桌面操作系统派生而来的操作系统,以及从嵌入式操作系统 Linux 派生而来的操作系统。

安卓和 iOS 是市面上主流的移动操作系统。安卓是基于 Linux 的嵌入式移动操作系统,自 2010 年以来已成为智能手机的主流操作系统之一。iOS 是从苹果公司的桌面操作系统 Mac OSX 派生而来,安装在一系列苹果公司的移动设备上,如 iPhone、iPad、iPod touch 等。

（3）分布式操作系统(distributed operating system)。

分布式系统是配置在分布式系统上的共用操作系统,是由多个处理机通过通信线路互连而构成的松散耦合系统。分布式操作系统的分布性、自治性、并行性、全局性的特征,使其具有资源可共享、计算速度可加速、可靠性高、通信方便快捷的优点。

但是分布式操作系统也存在若干不足,如可用软件不足,系统软件、编程语言、应用程序以及开发工具相对很少。同时,分布式操作系统还存在通信网络饱和、信息丢失以及网络安全问题,毕竟,方便的数据共享也意味着机密数据容易被窃取。

3.3.2　驱动程序

驱动程序(device driver)是使计算机和设备可以通信的特殊程序。通俗地说,驱动程序是帮助管理系统并指挥硬件设备完成指定任务的一类程序,所以其全称为"设备驱动程序"。驱动程序相当于硬件的接口,操作系统通过这个接口来控制硬件设备的工作。

在安装了 Windows 9X 及以前版本的操作系统的计算机中,需要专门为一些硬件设备（如显卡、声卡、扫描仪、摄像头、Modem 等）安装驱动程序,这些硬件才能正常工作。但随着操作系统功能的完善,操作系统本身就已经支持多种硬件设备的运行,因此无须再额外安装驱动程序。

3.3.3　实用工具程序

实用工具程序(utilities)是计算机系统中执行特定功能的程序,包括磁盘管理程序和硬件故障检测程序等,也可以执行一些操作系统无法完成的任务。

3.4　应用软件

应用软件是指为特定领域开发,并为特定目的服务的一类软件。应用软件是直接面向用户需要的,它们可以直接帮助用户提高工作质量和效率,甚至可以帮助用户解决某些难题。

应用软件一般分为两类:一类是为特定需要开发的专用软件,其使用范围限定在某些特定的单位和行业,如会计核算软件、工程预算软件和教育辅助软件等;另一类是为了方便用户使用计算机而提供的某种具体应用服务的通用工具软件,也称基本应用软件,如用于文字处理的 Microsoft Word、用于辅助设计的 AutoCAD,用于图像处理的 Photoshop,用于系统维护的各种杀毒软件及防火墙软件等。

对于各种应用软件,安装其正版软件具有重要而深刻的意义。安装并使用正版软件是保护知识产权、保持经济高速发展的需要,也与国家和企业信息安全、企业的诚信和规范管理有密切关系。

3.5 软件工程

3.5.1 软件工程的含义

软件工程的出现是为了克服软件危机。计算机诞生初期,软件主要是由个人设计并实现,也被个人使用,因此制作的软件规模较小,而且没有与之匹配的操作说明文档。

随着软件应用领域的扩大,软件功能上需求的增加,软件的制作发展到必须由若干编程人员共同协调完成。此后,时代的飞速发展使得软件的规模日益增大,软件复杂度持续提高,软件可靠性要求也不断提高,这些都使得之前的软件制作流程和技术完全不能满足软件发展的需要,甚至出现大量劣质软件并带来生产和经济上的损失。这些在软件开发和维护过程中出现的种种严重问题便构成了软件危机。

软件危机造成了软件开发成本和进度难以预测,用户需求与软件功能之间的不匹配,软件运行时的可靠性较低,更因缺少系统的说明文档而难以维护,等等。所有这一切要求用规范化的、可定量的过程化方法去管理并控制软件开发及维护过程。

软件工程,是阐述用规范化、可定量的过程化方法来管理并控制软件开发及维护过程的学科,其研究内容覆盖了软件开发和软件管理两方面。前者包括软件开发方法及技术、软件开发工具及环境;后者包括软件管理技术、软件规范。

若是从数据处理的角度分析,软件工程是设计可处理多样数据的完备程序的方法学。广义地说,软件并不仅仅指包含指令的程序,还包括文档甚至程序处理的数据。就这一观点而言,软件可被视为一种抽象的、具有逻辑结构和正确意义的实体。

3.5.2 软件工程的基本理解

软件工程的提出是为了在给定成本的前提下,开发出高质量的软件。此时的"高质量"指软件应具有适应性、有效性、可靠性、可重用性、可移植性、可理解性、可修改等特点。

基于此,软件工程必须给出软件开发的方法、工具和过程。软件开发方法描述设计软件的形式化过程。软件开发工具提出软件设计及实现所需的设备、环境及系统方面的要求。软件开发过程则给出将方法与工具有效结合,真正实施软件开发的具体步骤。

如同人的一生要经历出生、婴幼儿、儿童、少年、青年、中年、老年、去世这些阶段一样,软件一生也会经历被设计、被开发、被使用、被维护、被废弃这几个阶段。软件的一生通常称为软件的生命周期。

显然,就像一个人小时候需要接受正确且良好的教育才能成长为有用的人才一样,软件设计人员在设计开发软件之前,也需要非常认真而全面地了解所设计的软件需要解决的问题,进行可行性分析,才能正确全面定义软件的具体功能,进而尽可能地保证所设计并实现的软件能够满足用户的应用需求,并易于后续维护。毕竟,无论是人还是软件,在年幼时所犯的错误,大多为小错误,此时进行教育并改正所付出的代价是最小的。

既如此,软件工程自然地使用生命周期方法学,在软件开发的时间轴上将开发过程分解为若干阶段,明确规定各阶段的任务,并要求软件开发按照这样的规划细节具体执行。这其实也体现了中国传统的分而治之的思想,即将开发及维护软件这个复杂任务分解为若干阶段的子任务,前一阶段完成的结果是后一阶段的前提和基础。而且,每一阶段的成果都需要经过严格评审,并提交正确的文档后,才能进入下一阶段。这种科学而系统的管控方式可以有效保证软件的质量和功能达到预定要求,提高软件开发的效率。

3.5.3 软件生命周期

软件的生命周期是软件自产生到报废的整个过程,也称为软件生存周期。软件生命周期内需要完成多个任务,这些任务按层次推进,同时包含对工作细节的审查,以提高软件质量。一般而言,软件生命周期分成三个大的阶段,软件定义、软件开发和软件维护,在每一阶段又有若干子阶段。图3.9给出了软件生命周期的三个阶段及各阶段的子阶段,其中的虚线框说明了子阶段需要完成的任务。下面对各个子阶段的工作内容稍作解释。

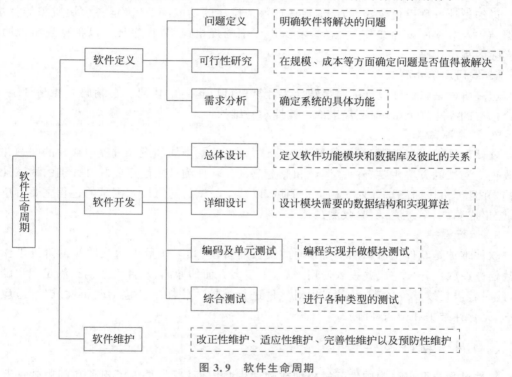

图3.9 软件生命周期

1. 问题定义

这一阶段中,软件开发方和需求方共同确定软件开发的目的,制订项目总体开发计划,明确软件的初步需求,并初步确认软件开发的可行性。

2. 可行性研究

此阶段需要在技术、经济及社会等方面确定软件是否能够、是否值得开发。技术可行性分析要确定软件的功能和条件,并分析在现有的硬件及软件资源下,开发人员的技术能力和工作基础是否能够满足开发要求。经济可行性分析要估算开发过程的成本,进行软件经济效益评估等。社会可行性分析需在责任、合同、侵权等方面确认软件过程的管理制度、人员素质及相关资源是否符合要求。

3. 需求分析

此阶段需要明确客户对软件项目的需求,通过建立逻辑模型和数据流图来确定用户对软件项目的功能、性能、数据格式、界面等方面的要求,并最终用软件需求规格说明书的形式详细阐述用户需求。

需要注意,初期确定的需求在软件开发过程中会不断变化或细化,此时需要制订需求变更计划来应对这种变化,以保证整个项目的正常进行。

4. 总体设计

总体设计阶段明确软件开发的大致框架,需要给出实现目标系统的几种可能方案,搭建架构,划分软件的各功能模块,确定各模块之间的接口连接及数据传递等。

5. 详细设计

详细设计也称模块设计,即详细地设计每个模块的功能细节,确定各模块所需的算法、数据结构及数据库设计细节。此阶段将给出详细的规格说明,程序员可以根据规格说明写出实际的程序代码。

6. 编码及单元测试

这一阶段是将详细设计的结果转换为计算机可以运行的代码。在编码中要制订统一、符合标准的编写规范,以保证代码的可读性和易维护性。

7. 综合测试

软件设计完成之后,需要经过严密的测试,以发现整个软件设计过程中存在的问题并加以改正。测试的方法主要有白盒测试和黑盒测试。软件测试之前需要制订详细的测试计划文档,并且严格按照测试计划文档进行测试,以减少测试的随意性。测试的过程主要有单元测试、集成测试、系统测试、验收测试。

8. 运行维护

软件维护是软件生命周期中持续时间最长的阶段,其工作量可达软件开发阶段工作量的数倍。在软件开发完成并投入使用之后,由于多方面的原因,软件无法继续满足用户的需求,此时若需延续软件的寿命,就必须对软件进行维护。软件维护包括改正性维护、适应性维护、完善性维护和预防性维护。

3.5.4 软件过程模型

软件过程模型也称为**软件开发模型或软件生命周期模型**,是为了规范和约束软件开发过程中各项任务和活动而设定的工作模型。软件过程模型旨在使软件生命周期中的各项任务能够有序地按照规程进行,保证软件生命周期的进展达到预定计划。软件过程模型确定了软件生命周期各阶段的次序,以及各阶段实施时需要遵守的规则;同时也保证了参与软件开发的人员对各种工作任务有统一的评判标准,可进行高效的沟通。软件过程模型的使用有助于软件模块的重用及管理。

常见的软件过程模型有瀑布模型、快速原型模型、螺旋模型、喷泉模型、V 模型,以及增量模型。

1. 瀑布模型

瀑布模型是用传统软件生命周期方法学开发软件时所遵从的模型,如图 3.10 所示。

此模型中,各阶段按时间顺序从早到晚依次开始,每一个阶段的输出是下一个阶段工作

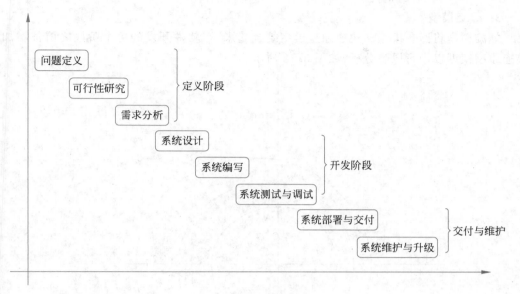

图 3.10 瀑布模型

的输入。瀑布模型的工作方式犹如"疑是银河落九天"的瀑布,表示工作流程从一个阶段自然地流动到下一阶段,这也代表着软件开发工作从抽象设计到具体实现的过程。

2. 快速原型模型

快速原型模型的思想是快速制作一个可以在计算机上运行的、能模拟最终的软件产品的程序,该程序或者能给出目标软件的功能框架,或者能实现目标软件的某一功能子集。换言之,快速原型模型是先建立其目标软件的一个简易版本,确认并理清各种功能需求以及各方面细节设计的要求,然后在该简易版本的基础上,逐渐完成全部软件开发工作。快速原型模型的开发思路如图 3.11 所示。

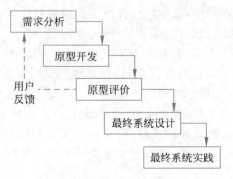

图 3.11 快速原型模型

这个首先建立起来的软件简易版本被称为软件原型,用户可对该原型进行测试评定,给出具体的改进意见以丰富、细化软件需求,此后技术人员基于用户的反馈调整软件设计细节。显然,软件原型是用户和软件开发人员之间的良好沟通媒介。

采用快速原型模型时,对软件原型的使用有两种方式:抛弃方式和附加方式。前者在充分使用原型之后,弃之不用,即软件原型完全作废。后者则将软件原型用于软件开发的全过程,通过对其做完善、改进和优化,进而完成所有的软件开发工作。

3. 螺旋模型

螺旋模型将瀑布模型和快速原型模型结合起来,在软件开发的每个阶段之前都增加了快速原型模型以进行风险分析,如图 3.12 所示。

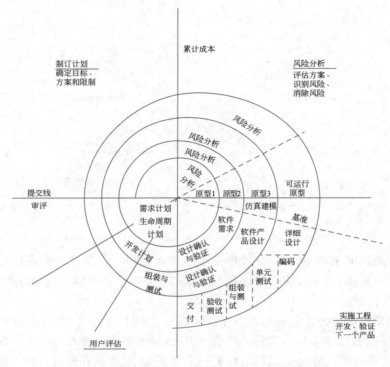

图 3.12　螺旋模型

由图 3.12 可见,螺旋模型的软件开发过程构成了一条螺旋线,从内部的需求分析开始,该螺旋线在四个象限内旋转延伸,表示软件开发工作沿着螺旋线进行若干次迭代。左上、右上、右下以及左下的四个象限依次代表了以下的工作内容。

- 制订计划:确定开发目标,选定实施方案,明确开发活动的具体限制条件。
- 风险分析:分析评估所选开发方案,设计方法来识别和消除风险。
- 实施工程:实施软件开发,并进行验证。
- 用户评估:评价开发工作,提出修正建议,制订下一步计划。

上述四项工作内容依次进行并构成循环,从而尽量降低软件开发过程中的风险。也正是因为具有可降低风险的特点,螺旋模型主要适用于一些大规模软件项目的开发过程。

4. 喷泉模型

喷泉模型是以用户需求为动力,以对象为驱动的软件开发模型,主要用于面向对象的软件开发过程。该模型认为软件开发过程中的各阶段可以相互重叠和多次反复,而且各开发阶段没有特定的次序要求,可以交互进行,也可以在某个开发阶段中随时补充其他任何开发阶段中的遗漏。这种方式允许开发过程的某一阶段可以随时融入其他阶段的工作细节,恰如一个喷泉,喷至高处的水可以向下落入正在上升的水中,而落入水池中的水滴也可以再次被向上喷出到达最高处,如图 3.13 所示。

从图 3.13 中可观察到,软件开发过程的各阶段不必严格按照线性次序依次开始,各阶

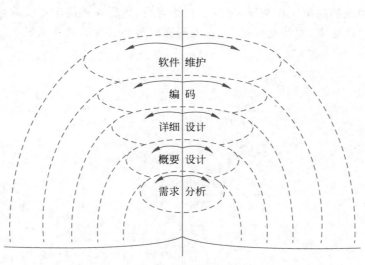

图 3.13 喷泉模型

段之间无明显边界,即各个阶段的工作可以同步进行。这种工作方式需要大量的开发人员,加大了项目管理难度。

5. V 模型

V 模型是瀑布模型的变形,如图 3.14 所示。

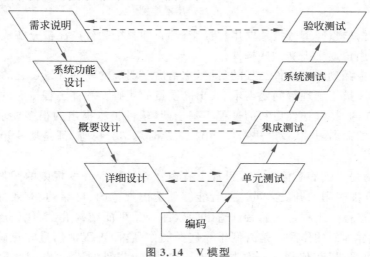

图 3.14 V 模型

与瀑布模型不同的是,V 模型不是以直线的串联方式安排开发过程的各阶段,而是将各阶段的实施安排成典型的 V 形,V 模型的思想是令开发和测试活动相互对应,每个开发阶段都应以对该阶段工作成果的测试活动作为结束。V 模型的测试活动包括了从具体到抽象的不同层次的测试内容:单元测试、集成测试、系统测试以及验收测试。V 模型这种工作一步、测试一步的思路有助于轻松地触发并定位软件问题,进而及时分析并修复软件缺陷。

6. 增量模型

增量模型也被称为连续版本模型,如图 3.15 所示。增量模型的思想是首先构建一个仅实现一些基本功能的简单工作系统,将其交付给客户,然后在该简单系统的基础上设计并实现若干连续的迭代版本,将其交付给客户,直到完成最终目标的软件系统。

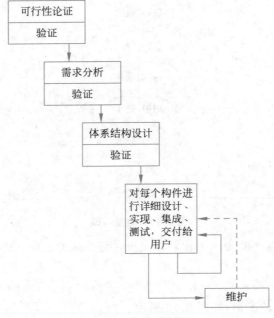

图 3.15　增量模型

　　具体实施时,增量模型分批地向用户提交产品,即整个软件产品被分解成许多个增量构件,开发人员向用户逐个提交这些构件。

　　至此,可以更深刻理解软件工程的目的,它给出了明确的软件开发过程的各种规定和细节,能够帮助程序员正确理解问题需求、写出高质量的代码。软件工程持有的观点是:开发软件是一个长期的、持续迭代更新的过程。基于此,软件工程提出的很多要求,如及时添加注释、保持良好的命名习惯、及时进行单元测试、及时总结分析等,都是软件开发过程中有力而高效的工具。

　　软件工程的提出到底有何意义?世界上有遵守软件工程开发规则的开发人员,也有不遵守软件工程开发规则的开发人员。前者能够创造出规范的、可靠的、有效的、易于维护的软件产品,他们被称为工程师。后者创造出的软件产品可能结构混乱、代码层次模糊、性能不高。显然,工程师们的作品才是人们乐于选择的作品,而工程师们遵守正确的设计规则,沿用良好的工作习惯,都值得各个领域的工作者借鉴,以使自己做事情的过程更加顺利、高效。

【思政 3-2】　关于人的思想软件

　　掩卷而思,深深感到一个人从小长大的过程,就如同一台刚出厂的计算机不断被加装各种软件,最终形成一台功能丰富、可以在某一方向完成专业任务的高效机器的过程。

　　人刚出生时,天真可爱,只具有人的基本生物本能;这如同一台计算机刚出厂,那些硬件设备只有电子元件的基本性质一般。渐渐地,人慢慢长大,在成长过程中直接或间接地学习各种生活技能,接收外界的常识信息,建立自己的思维体系;这如同那台计算机被装入操作系统,具有处理常规问题的基本能力。

然后人进入小学、中学、大学,甚至继续攻读研究生,这一路上,人不断汲取各种知识,丰富自己的头脑,提升自己的能力和素质,获得多样的技能本领,成长为一个在某一领域具有相当工作能力的人才。这一路径,也如同那台计算机被陆续安装了一些软件,有常规的文档处理及文本展示软件,也有专业方向的数据处理软件——当然,这里的数据含义很广,可以是数值数据、图形图像数据、文本数据、音频及视频数据等。这样,此台计算机就可以在相关方向上完成一些专业操作,成为一个有力的工具。

正如计算机硬件应该装入正版软件,执行精准的指令,正确完成预定的功能一般,人需要秉承积极向上的思想,才能实施正确稳妥的行为,完成人的学习工作任务。在这个纷繁复杂的世界中,充斥着各种诱惑,各种思潮,各种生活方式,有些就像盗版软件会给计算机带来病毒而导致崩溃一样,使人无知、糊涂甚至犯错。此时,需要让自己装入杀毒软件,主动汲取正确的思想观念,建立真善美的价值观,以有效改正错误并提升自己抵御诱惑的能力。

真,可以作为学习科研的指导原则,追求真理,证明事实,找到问题的真正答案。这个过程中,以"真"为指导思想,将可以极大地锻炼人的探索能力、钻研能力和克服困难的能力。善,则是为人处世的准则,劝解人从良好的心态出发,乐观向上地对待周围的人和事,做好事,多助人。善的举动,能给人带来内心的丰盈满足,能让自己的身体和心理处于上佳的循环之中,给人带来收获和回报。这也正好符合"善"字的另一个意思——吉祥美好。而"美",其意义则随着时代的更迭而不断丰富着。美,可以指符合自身实际的目标,为这个目标而持续努力的过程,在前进路途上披荆斩棘的步伐,以及在遇到坎坷时坚定的目光……实际上,你只要珍惜时光,努力奋斗,你的每个瞬间,都是美妙的,都给度过的每一时刻镶嵌了有价值的内容。

人的成长和计算机硬件不断装入软件的过程有如此的类似之处,这大概就是自然科学妙不可言之处吧。

所以,美好的你是否在风华正茂的年月里把时间用在读书学习上?是否坚持锻炼身体,练就了强健体魄?你是否畅想了未来,为自己毕业后的工作进行了规划?你是否勤奋努力,完成学习任务的同时积极参加学校实践活动来丰富自己的经历,提高自己的综合素质呢?还有很多有意义的事情,你是否去做过?这一切,都是在为你的大脑安装正版软件啊,都是在赋予你一项一项的能力啊!

青春时光里,你精神焕发,朝气蓬勃,思路敏锐,目光如炬。此时的你专心于学习,是再好不过的事情!更不用说,当你的父母看到你认真努力,坚持不懈,积极向上,乐观开朗的模样时,他们将是多么欣慰,多么愉快,多么喜上眉梢啊!你必定也因为他们的自豪笑容而由衷开心吧!

亲爱的你,到知识中去吧,和书本对话吧,你一定知道,出色地完成学习任务是多么酷的一件事!

第4章 数据的表示及处理
——数据处理的方法

[导语]

　　任何系统若与外部发生联系,都需要有信息的交换。与外界的信息交换越是频繁,系统的更新和进步就越快。而信息的表现形式,便是数据。

　　对于计算机系统而言,进行信息交换便是进行数据的输入/输出。尤其是在数据急剧膨胀的今天,收集、管理、存储数据,以及从数据中学习都已经成为重要的研究方向。

　　本章首先从计算机系统内部如何表示数据谈起,进而介绍数制系统,并讨论计算机表示复杂信息用到的若干数据结构,然后给出对数据的组织及管理机制的介绍,最后介绍数据分析和处理的重要方法思路。

[教学建议]

教学要点	建议课时	呼应的思政元素
二进制的意义,数制系统	1	中国古代《易经》中的二进制思想
数据结构,数据库及文件系统	1	单链表表头的榜样力量;家谱树表达出中国优良家风
数据采集,数据预处理,分类与聚类	2	神经网络训练过程是理论与实践相结合相互调整的循环提升过程;聚类分析蕴含了寻找优秀伙伴、共同进步的思想
数据挖掘,回归分析	2	回归分析体现了自我学习、自我更新的精神

视频讲解

4.1 数据的机器表示

　　《现代汉语词典》(第7版)对"数据"的解释是"进行各种统计、计算、科学研究或技术设计等所依据的数值。"在计算机科学领域,数据是计算机所处理的对象,有多样的表现形式,如数值、文本、音频、视频等。

　　数据可以是离散状态,此时数据是可计数的,可以统计出有限或无限的数量,也可以是连续状态,此时数据是不可计数的,无法统计出数量。离散数据也被称为数字信号,连续数据则被称为模拟信号。两种数据在现实生活中都有实例,前者如一个学校的学生信息数据、一个超市在一段时期的销售数据等;后者如声音数据、视频数据以及中国地震台网提供的实时地震测量信息。

无论哪种数据形式,当计算机系统表示它们时,都是以二进制数(0 和 1 的序列)的形式表达。虽然数据被二进制表示成长长的、难以理解的数串,但这些数串对计算机硬件却极其友好。这是因为二进制的 0 和 1 两个基本数字天然对应了计算机系统中电路的高电平和低电平、门电路的开和关,或者是光盘表面的暗点和光点,以及硬盘存储器上的磁微粒的正极和负极方向。因此,计算机系统用二进制作为数据表示的基本数制系统。

数据如同计算机的食物,计算机吞入数据,运行算法处理数据——消化了数据食物,产生有用的知识——转换为有力量的骨骼、肌肉和血液。

4.1.1 二进制及数制系统

每种进制中参与数据表示的数字个数被称为**基数**。如**十进制**系统中,有 0~9 共计 10 个数字参与数据表示,因此十进制的基数是 10。**二进制**中用 0 和 1 两个数字表示数据,所以二进制的基数就是 2。**八进制**和**十六进制**系统的基数则分别是 8 和 16。在研究和工作中,人们使用二进制数据时,直接书写较麻烦且易错,所以往往写成其对应的十六进制或八进制数来表示二进制。

1. 二进制和十进制之间的转换

先观察十进制的数字特征。一个十进制数,其每一位数字都处于一个数位上,该数位上的数字是这个数位的**系数**(coefficient),这个数位本身还有一个**权值**(weight),表示这个数位的重要性,即这个数位对整个数的数值的贡献量大小。对于一个数,越往左的数位,其权值越大,表明该数位所拥有的值在整个数中的比例越高。

图 4.1 中,十进制数"123"(读作一百二十三),其中的"1"是百位上的系数,表示该数有"1 个 100","2"是十位上的系数,表示有"2 个 10","3"是个位上的系数,表示有"3 个 1"。显然,十进制数中各个数位的权值是 10 的某一次幂。而且,一个数的数值,是把其各个数位上的系数与相应数位上的权值之积进行累加所得。此例中,$1\times100+2\times10+3\times1=123$。

类似地,一个二进制数的每个数字都处于一个数位上,只是不能再像十进制环境下可以对某一数位命名为"个位、十位、百位……"。但二进制环境下,某数位上也有固定的权值,该数位上的数字仍是这个数位的系数。类似地,二进制中某一数位的权值是 2 的某一次幂,如图 4.2 所示。

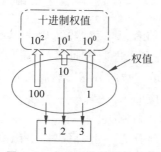

图 4.1 十进制数制系统特征

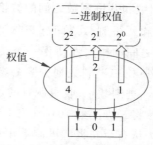

图 4.2 二进制数制系统特征

从二进制到十进制的转换是一个累计的过程,即将二进制数的每一数位上的数字与该数位的权值相乘,然后累加这些乘积,便得到了该二进制数对应的十进制数。

【例 4-1】 将二进制数 10000011 转换为对应的十进制数。

【解 4-1】 从左至右依次将各个数位上的数字与该数位上的权值相乘,分别得到:

$$
\begin{aligned}
1\times 2^7 &= 1\times 128 = 128 \\
&\qquad\qquad\quad 0 \\
&\qquad\qquad\quad 0 \\
&\qquad\qquad\quad 0 \\
&\qquad\qquad\quad 0 \\
1\times 2^1 &= 1\times 2 = 2 \\
1\times 2^0 &= 1\times 1 = 1
\end{aligned}
$$

累加上面的乘积得到:$128+2+1=131$。

所以,解得 10000011 对应的十进制数是 131,用下标表示数据的数制系统,可将本题记为 $(10000011)_2 = (131)_{10}$。

将十进制数转换为二进制数,则采用**辗转相除法**。用十进制数除以 2,得到商和余数,用新的余数除以 2,得到新的商和余数。重复上述过程,不断用新的商除以 2,直到商为 0。收集所有的余数,并以倒序写出所有的余数,便得到了对应的二进制数。辗转相除法的思想是通过不断求原数据除以 2 的余数,来测定原十进制数中有多少个 2 的某一次幂。

【例 4-2】 将十进制数 25 转换为对应的二进制数。

【解 4-2】 使用辗转相除方法将十进制数 25 转换为二进制数的过程如下所示。

辗转相除	商	余数
$25\div 2$	12	1
$12\div 2$	6	0
$6\div 2$	3	0
$3\div 2$	1	1
$1\div 2$	0	1

倒序收集所有的余数得到"11001",所以解得 $(25)_{10} = (11001)_2$。

2. 二进制数和八进制数之间的转换

二进制数和八进制数之间有天然的紧密联系,前者以 2 为基数,后者以 8,即 2^3 为基数。这种基数之间的相关性使得一个二进制数转换为八进制数时,可以采用如下的方法:从右向左将每三位二进制数划分为一组,最右侧不足三位时补零;然后将每一组二进制数转换为对应的八进制数字,收集所有的数字,构成相应的八进制数。

【例 4-3】 将二进制数 10101011 转换为相应的八进制数。

【解 4-3】 从右至左将二进制数串中的每三位划分为一组,写出每一组对应的八进制数字,并按照原有各组的顺序将各个数字串联起来:

$$
\begin{array}{ccc}
10 & 101 & 011 \\
2 & 5 & 3
\end{array}
$$

所以解得$(10101011)_2 = (253)_8$。

八进制数转换为二进制数则采用和上述操作相反的过程,只需将八进制数中的每一位转换为一个三位二进制数即可。

【例 4-4】　将八进制数 137 转换为相应的二进制数。

【解 4-4】　将八进制数的每一位依次转换为一个三位二进制数:

1	3	7
001	011	111

略去最左侧的 0,解得$(137)_8 = (1011111)_2$。

3. 二进制数与十六进制数之间的转换

十六进制数的基数为 16,基本数字有 $0,1,2,3,\cdots,9,A,B,C,D,E,F$,它们分别对应十进制的 $0\sim15$。

类似于二进制和八进制之间的密切关系,二进制数和十六进制数之间也有天然的紧密联系,前者以 2 为基数,后者以 16(即 2^4)为基数。这使得当二进制数转换为十六进制数时,可以采用如下的方法:从右向左将每 4 位二进制数划分为一组,最右侧不足 4 位时补零;然后将每一组二进制数转换为对应的十六进制数字,收集所有的数字,构成相应的十六进制数。

【例 4-5】　将二进制数 10101011 转换为相应的十六进制数。

【解 4-5】　从右至左将二进制数串中的每 4 位划分为一组,并写出每一组对应的十六进制数字,然后按照各个组的顺序将所得数字串联起来:

1010	1011
A	B

所以解得$(10101011)_2 = (AB)_{16}$。

十六进制数转换为二进制数则采用和上述操作相反的过程,只需将十六进制数中的每个数字转换为 4 位二进制数即可。

【例 4-6】　将十六进制数 3C9 转换为相应的二进制数。

【解 4-6】　将每一位十六进制数字转换为一个四位的二进制数:

3	C	9
0011	1011	1001

依次串联所得到的各个四位的二进制数串,解得$(3C9)_{16} = (1110111001)_2$。

4. 漫话二进制

17 至 18 世纪,数学上的二进制由德国数学家莱布尼茨首次提出。虽然二进制只由“0”和“1”两个简单的数字构成,但其对计算机系统的意义却非常重大。

首先,基于二进制所表示的“真和假”或者“对和错”的含义,莱布尼茨继续给出了后来被称为合取(conjunction)、析取(disjunction)、否定(negation)等的逻辑运算规则。这些逻辑运算定义也为后续布尔代数建立了基础。此外,20 世纪,一些研究者将二进制、布尔代数和电路结合起来,提出了数字逻辑电路的理论。可见,无论是在抽象的数据表达上,还是在真实的物理实现中,二进制在计算机系统的多个场合都具有重要意义。

实际上,我们的祖先在很久以前就已经意识到了二进制的意义,将二进制表达的两种对立状态与自然界中的很多事物呼应起来,如白天与黑夜、太阳与月亮、苍天与大地、寒冷与炎热、苦涩与甜蜜……中国古代的《易经》一书中,隐含叙述了最初的二进制思想。如书中的"天行健,君子以自强不息;地势坤,君子以厚德载物"一句,指出了相互对立的"天"和"地",恰对应了二进制的两个取值。同时这句话表述的人文精神:宇宙不停运转,人应效法天地,永远不断地前进;大地的气势宽厚和顺,君子应增厚美德,容载万物,也给人以深度思考。此外,中国传统文化中还对二进制的意义做了深刻的推广,以"0"表示空、无、不存在,而"1"表示存在。这些解释也颇具哲学意味。

中国从古沿用至今的成语也说明了我们的祖先对其他进制的思考:"屈指可数"表达的是十进制;"掐指一算"是六十进制;"半斤八两"是十六进制;而我国的天干地支纪年法中的天干是十进制表达,地支是十二进制的表达。

视频讲解

4.1.2 计算机中的数据表示

1. 数值数据的表示

计算机用定点表示法和浮点表示法表示数值数据。

1)定点表示法

定点表示法中,要求小数点在数中的位置固定不变,这样表达出的数被称为定点数,具体有定点整数和定点小数。因为小数点位置固定不变,所以定点数只能和定点数进行运算,运算中无须考虑小数点的位置,只进行数值计算即可。

(1) 定点数的原码表示。

对于整数,最高位是符号位,小数点默认隐含在数值位末位后,数值位是整数部分对应的二进制数。正整数的最高位符号位为0,负整数的最高位符号位为1,表示其为负数。

对于纯小数,最高位是符号位,小数点默认隐含在符号位和数值位之间,数值位是小数部分对应的二进制数。

给定一个定点数 x,设其在计算机系统中表示为 $A_n A_{n-1} \cdots A_2 A_1$,其中 A_n 为符号位,$A_{n-1} \cdots A_2 A_1$ 是数值位。如果 x 是纯整数,那么小数点位于 A_1 的右边,如果 x 是纯小数,那么小数点位于 A_n 与 A_{n-1} 之间。

A_n	A_{n-1}	$\cdots$	A_2	A_1

(2) 定点数的反码及补码表示。

实际上,计算机对定点数的存储采用补码的形式,定点数的原码转换为补码的规则为:

> 对于正数,其原码 = 补码 = 反码。
>
> 对于负数,其反码 = 原码的符号位不变,其他位取反;
>
> 其补码 = 反码 + 1。

【例 4-7】 写出 $(9)_{10}$ 和 $(-22)_{10}$ 的 8 位原码、反码及补码。

【解 4-7】 $(9)_{10}$ 是正数,其符号位是0,其数值对应的二进制数是1001。考虑题目要求用 8 位二进制表示结果,所以在对应的二进制数前补齐 0,以达到 8 位二进制的要求,因此正数$(9)_{10}$的原码、反码及补码均为"00001001",其中最左侧的"0"是符号位,从第2位到第4位的"0"是为了补足8位而添加的0。

$(-22)_{10}$是负数,所以其原码的符号位是1,其绝对值对应的二进制数是10110。同样考虑到题目要求,所以在"10110"前面补两个0,得到$(-22)_{10}$的原码是"10010110"。根据反码含义,得到其反码为"11101001",其补码为"11101010"。

2)浮点表示法

浮点表示法将数的范围和精度分别表示出来,并允许数的小数点位置随比例因子的不同在一定范围内自由浮动。用此方法表示的数称为**浮点数**。

在计算机中一个任意二进制数x可以表达为:$x=2^E.M$。其中M称为x的尾数,是一个纯小数。2^E是x的整数部分,称为比例因子,其中E是比例因子的指数,是一个整数,2是比例因子的基数。对以二进制为数据表达基础的计算机系统而言,使用2作为基数非常自然,当然,也可以使用8或16作为基数。

当表示一个浮点数时,首先要用定点小数形式给出**尾数**。尾数部分给出有效数字的位数。其次用整数形式给出指数,这个指数在浮点数表示方式下称为**阶码**,用于指明小数点在数中的位置。可见,浮点数中的尾数决定了该浮点数的表示精度,而阶码则决定了浮点数的表示范围。当然,浮点数也有**符号位**,其位置位于阶码之前。浮点数表示方法如图4.3所示。

电气与电子工程师协会(Institute of Electrical and Electronics Engineers,IEEE)制定了二进制浮点数算术标准——IEEE 754。作为自20世纪80年代以来最广泛使用的浮点数运算标准,IEEE 754定义了表示浮点数的格式,也指明了4种数值舍入规则等细节。

符号位	阶码	尾数
S	E	M

图4.3　浮点数的表示

IEEE 754规定的4种表示浮点数值的具体格式为单精确度(32位)、双精确度(64位)、延伸单精确度(43位以上)、延伸双精确度(79位以上)。其中32位浮点数和64位浮点数的标准格式分别如图4.4和图4.5所示。从两幅图中可知,这两种表示格式均用一位二进制表示符号,但采用了不同的位数表示阶码和尾数。

1位	8位	23位
符号S	阶码E	尾数M

图4.4　32位浮点数的表示

1位	11位	52位
符号S	阶码E	尾数M

图4.5　64位浮点数的表示

2. 字符的表示

字符是电子计算机或无线电通信中字母、数字和各种符号的统称。在计算机系统内部可选择多种方式对字符进行编码,以生成其数字信号。常用的字符编码方案有美国信息交换标准代码(American Standard Code for Information Interchange,ASCII码)、统一码(即Unicode码)和EBCDIC码(Extended Binary Coded Decimal Interchange Code)。汉字也是一种字符,有专门的汉字编码方案。

1)ASCII码

ASCII码分为标准ASCII码和扩展ASCII码。前者使用7位二进制数来表示2^7种不同的字符,包括所有的大写和小写字母、数字、标点符号,以及英语中的特殊字符(这些字符往往是指控制字符)。后者是前者的扩充,它使用8位二进制数表示2^8种不同的字符。

表 4.1 给出了 ASCII 码表的一部分。

表 4.1 ASCII 码表(部分)

ASCII 值	字 符	ASCII 值	字 符	ASCII 值	字 符	ASCII 值	字 符
0	NUT	32	(space)	64	@	96	、
1	SOH	33	!	65	A	97	a
2	STX	34	"	66	B	98	b
3	ETX	35	#	67	C	99	c
4	EOT	36	$	68	D	100	d
5	ENQ	37	%	69	E	101	e
6	ACK	38	&.	70	F	102	f
7	BEL	39	,	71	G	103	g
8	BS	40	(	72	H	104	h
9	HT	41	)	73	I	105	i
10	LF	42	*	74	J	106	j
11	VT	43	+	75	K	107	k
12	FF	44	,	76	L	108	l
13	CR	45	-	77	M	109	m
14	SO	46	.	78	N	110	n
15	SI	47	/	79	O	111	o
16	DLE	48	0	80	P	112	p
17	DCI	49	1	81	Q	113	q
18	DC2	50	2	82	R	114	r
19	DC3	51	3	83	S	115	s
20	DC4	52	4	84	T	116	t
21	NAK	53	5	85	U	117	u
22	SYN	54	6	86	V	118	v
23	TB	55	7	87	W	119	w
24	CAN	56	8	88	X	120	x
25	EM	57	9	89	Y	121	y
26	SUB	58	:	90	Z	122	z
27	ESC	59	;	91	[	123	{
28	FS	60	<	92	/	124		
29	GS	61	=	93	]	125	}
30	RS	62	>	94	^	126	`
31	US	63	?	95	_	127	DEL

2) Unicode 码

Unicode 码又称为单一码、万国码或统一码,于 1990 年开始研发,1994 年正式公布。实际上,各个国家都有自己的字符编码标准,如美国的 ASCII 码、西欧的 ISO 8859-1 码、中国的 GB 18030 编码等。这使得同一个字符,在不同的编码方案下可能对应不同的编码值。Unicode 码则克服了不同国家编码方案不一致的问题,为每种语言中的每个字符设定了统一且唯一的 16 位二进制数的编码,以满足不同语言、不同平台之间进行文本转换和处理的要求。在 Unicode 可表示的 2^{16}(即 65 536 个字符)中,近 39 000 个已被定义完成,其中中国汉字占了 21 000 种。

虽然一个字符的 Unicode 编码是确定的,但其具体 Unicode 码的实现方式,即传输格式,可以是多样的。Unicode 码的实现方式主要包括 UTF-8、UTF-16、UTF-32 等。其中 UTF-8 以字节为单位实现并传输 Unicode 码,UTF-16 和 UTF-32 分别以 16 位和 32 位无符号整数实现并传输 Unicode 码。

3)EBCDIC 码

EBCDIC 码,即扩展二进制编码的十进制交换码,是用 8 位二进制数表示字母或数字的编码方式。EBCDIC 码是 IBM 专门为它的老式 IBM 大型计算机的操作系统设计使用的字符编码。

4)汉字编码

根据不同的应用目的,汉字编码分为交换码、机内码、字形码、外码。无论哪种汉字编码,都使用一串二进制数表示汉字字符。

交换码,也称为国标码,是用于信息交换的汉字字符编码,包括 GB 2312 字符集、GBK 汉字编码扩展规范。前者收录了 6763 个汉字和 682 个非汉字的图形字符;后者涵盖了前者,收录了 21 003 个汉字和 883 个其他字符。

区位码是国标码的另一种表现形式,即把国标 GB 2312 字符集中的所有字符组成一个 94×94 的方阵,分为 94 个"区",每区包含 94 个"位",其中"区"的序号由 $01 \sim 94$,"位"的序号也是从 $01 \sim 94$。94 个区中位置总数 $= 94 \times 94 = 8836$ 个,其中 7445 个汉字和图形字符中的每一个占一个位置后,还剩下 1391 个空位作为备用。

机内码,是计算机内部汉字字符的二进制代码。

外码,也称输入码,是用来将汉字输入计算机中的一组键盘符号。常用的输入码有拼音码、五笔字型码、自然码、表形码、认知码、区位码和电报码等。一种好的输入码应具有编码规则简单、易学好记、操作方便、重码率低、输入速度快等优点,以便用户轻松掌握并进行高效输入工作。

字形码是汉字的输出码,也被称为字模。汉字在输出时被视为图形符号,即由字形笔画决定的点阵图。该点阵图可由 $n \times n$ 的点阵(方阵)表示,点阵图的 n^2 个小方格中,或者有笔画经过,或者没有笔画经过。据此将每个小方格的情况用一位二进制表示,1 表示该方格有笔画经过,0 表示笔画未经过。一般地,字形码采用 16×16、24×24 或 48×48 的点阵。根据点阵的大小,可以计算出存储一个汉字需要多大的存储空间。

3. 多媒体数据的表示

计算机表示图像时,首先将其进行数字化,即将图像视为一个点的序列,然后将每个点的信息,包括色彩、灰度、亮度等,都用一组具有特殊意义的二进制数表示出来。在计算机系统里表达一幅图像就相当于记录一个包含了该图像所有点的信息的列表或矩阵。当然,不同格式的图像图形文件,其记录点的信息的方式不同。

对于声音数据,是在其波形图上进行采样,用具体的数值数据表示每个采样点的信息。收集所有的采样结果,便将连续的音频信号转换为一系列离散的数据信息。

对于视频数据,计算机认为视频文件是由多幅静止的图像组成的序列。因此,计算机分别处理多幅的静止图像,然后进行收集工作。最终生成的视频文件的大小由单幅图像文件的大小和视频文件中单幅图像的文件数决定。单幅图像也被称为一帧,所以有:

$$视频文件的大小 = 单幅图像文件的大小 \times 总帧数$$

4. 位、字节和字

在计算机系统中,对于数值和字符的编码都对应于一个二进制数,那么如何组织这个二进制数的各个数位? 计算机系统里设有**位**、**字节和字**的二进制数字组织单位,作为二进制数的基本管理单位。

第 2 章已经介绍了"位"的含义,一个二进制数字就是 1 **位**,如二进制数"1011"在计算机内部占用了 4 位。若用二进制的"位"作为数据表示的基本单元,那书写和计算都太过冗长且易错,所以,往往将 8 位作为一个整体构成数据组织的一个基本单元,这 8 位二进制位,命名为 1 **字节**。

在表示计算机存储设备的存储容量时,往往用 K、M、G、T、P、E 作为字节的计量单位,这些单位之间的换算以 1024(即 2^{10})为转换进制。

字,是计算机系统内部 CPU 可以一次性处理的二进制串;**字长**,是这个可一次性处理二进制数串的位数。字长,也是计算机系统数据总线的宽度。字长同时决定了计算机系统可以表示的数值数据的范围以及字符串的长度。在讨论计算机的硬件参数时,若称一台计算机是 64 位的,意为该计算机系统的字长是 64 位,CPU 可以一次性处理长达 64 位的二进制数据。

视频讲解

4.2 数据的逻辑表示

上文介绍了计算机硬件系统对数值、字符以及多媒体数据的表示方式,其中所涉及的数据都比较标准,但这种数据和真实生活中形形色色的数据相去甚远。所以在编写程序解决实际问题时,还需要了解更多的基础数据表达结构,才能有效、准确地表达真实数据,进而描述问题模型。

面对现实中海量的、类型千变万化的数据,诸如银行系统中各个账户的信息、网上交易平台的交易数据、通信工具时刻产生的使用信息数据……计算机科学领域一般设定如下一些基本数据结构来作为数据描述的基本工具:线性表、栈、队列、字符串、广义表、树、二叉树、图。

这些基本的数据结构就如同盖房子时作为一个整体的基础房屋构件——房梁、承重墙、窗户等,它们或者单独使用,或者相互组合,来描述现实生活中的数据对象。了解基础房屋构件的构造及特性,可以高效地完成房屋的建造。而了解基本的数据结构并在编程中应用它们,可以写出正确高效的程序代码。下面对上述重要的数据结构逐一做简单介绍。

4.2.1 线性表

线性表是一组有序数据的集合,其中每个数据都有唯一的前驱或后继。线性表有两种实现方式:数组和链表。

数组是静态的数据结构,它将线性表中的元素存放于长度和位置均固定的一组连续的存储单元中。如图 4.6 所示为一个长度为 5 的数组,其中存放了"0,0,1,2,3"这 5 个元素。

0	0	1	2	3

图 4.6 静态数组

链表是动态的数据结构,它是用一组任意的存储单元来存储线性表中的数据。其特点如下。

- 链表的各存储单元不一定是连续的。
- 链表的长度不固定,所以在链表中可以方便地实现节点的插入和删除操作。
- 链表的每个存储单元称为一个节点。

　　每个节点中除了存储元素本身的信息外,还要存储其直接后继节点的信息,即记录后继节点的位置。因此,每个节点都包含两部分信息:一部分是数据区域,存放具体元素;另一部分存放直接后继的地址信息。存放了直接后继的地址信息,就如同在这部分放入一个指针,指向了后继节点的位置,因此存放地址信息的部分又被称为指针域。

　　图 4.7 描述了一个带头节点的单向链表,表中各节点包含两部分信息:数据域和指针域。首节点是链表的头节点,其数据域无效,指针域指向包含了内容"D1"的第一个真正节点,"D1"节点的指针域存放了其直接后继"D2"的地址,在几何意义上指向了下一个节点。这种存放下一个节点地址的方式,实现了链表节点间的链接关系。链表最后一个节点的指针域为空,表示为"∧",意为此后无节点,链表结束。

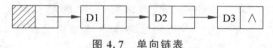

图 4.7　单向链表

　　除了单向链表,还有循环链表和双向链表,分别如图 4.8 和图 4.9 所示。前者与单向链表类似,仅要求最后一个节点的指针域指向表头节点,构成环状链表结构。后者则在每个节点中放置两个指针域,分别存放该节点的直接前驱和直接后继的地址。双向链表的表头节点前驱指针域为空,最后一个节点的后继指针域为空。

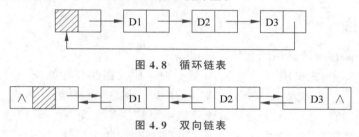

图 4.8　循环链表

图 4.9　双向链表

　　链表的基本操作包括节点的插入、删除、排序等。在进行这些操作时,最重要的是要保证链表的完整性以及链接次序的正确性。

【思政 4-1】　榜样的力量

　　看看单向链表,是不是很像一列火车呢? 咱们中国有句俗语,"火车跑得快,全凭车头带"。确实如此,单向链表的表头就是火车头,在单向链表中寻找任何节点,都必须从表头开始依次访问各节点。所以单向链表的表头非常重要,是整个单向链表的引领。如果表头丢失,那么这个单向链表可能就散落于存储空间而无法再次被访问了吧。

　　表头的这种引领作用,也可以被理解为一个榜样,一个楷模。在发展变化一日千里的今天,谁是我们的楷模? 谁是我们要追随的明星?

　　显然,一定是那些在自己的工作岗位上初心如磐、信仰坚定的人;是那些在祖国的科研前线锐意探索、倾尽全力的人;是那些在祖国的边界线站岗巡逻,即便环境恶劣也甘之如饴的人;……

如"只要还有一口气,我就要站在讲台上,倾尽全力、奉献所有,九死亦无悔"的张桂梅;"把生命奉献给脱贫攻坚事业,谱写新时代青春之歌"的黄文秀;为实现"全国人民穿好衣"梦想的黄宝妹;把解决社区居民的操心事、烦心事、揪心事作为毕生事业的"活雷锋"王兰花。

又如陆元九,生于旧中国风雨飘摇之时,出国留学后,突破重重阻力毅然回到祖国怀抱,潜心研究,矢志奉献,首次提出"回收卫星"概念,创造性运用自动控制观点和方法对陀螺及惯性导航原理进行论述,为"两弹一星"工程及航天重大工程建设做出卓越贡献。辛育龄,战争时期,曾与白求恩并肩战斗,多次冲上前线救治伤员。和平年代,他长期致力于我国胸外科创建和发展,是中国人体肺移植手术第一人,在胸外科领域多方面取得了"从 0 到 1"的突破,为我国卫生健康事业创新发展做出了卓越贡献。吴天一,中国工程院院士,也是一位马背上的院士。他投身高原医学研究 50 余年,成为高原医学事业的开拓者、低氧生理学与高原医学专家。

还有战斗英雄王占山、柴云振、孙景坤、郭瑞祥,6 次横渡长江的一等渡江功臣马毛姐,和平年代英勇牺牲的陈红军等,他们不怕牺牲的革命英雄主义精神就是我们的民族精神,是激励我们实现中华民族伟大复兴的磅礴力量。

人无精神则不立,国无精神则不强。正如鲁迅先生所言:"我们自古以来就有埋头苦干的人,有拼命硬干的人,有为民请命的人,有舍身为国的人……这就是中国的脊梁。"这些人,是中华民族新时代的英雄,可爱可敬;这些人,也正是人民的楷模,人民心中追随的明星!

4.2.2 栈

栈的本意是储存货物或供旅客住宿的房屋。

在计算机科学中,栈沿用了它的本意,是一种存放数据的线性结构。因此,栈本质上是一种线性表,但它是一种操作上有约束的线性表。这种操作上的约束恰可以由"栈"的英文词语"stack"的意思表达出来。"stack"一词有名词和动词两个词性,但意思都围绕着"堆,堆叠"展开。一个"堆",如果想拿出这一堆东西中最底层的那个,必须要移走上面的所有物体。同理,数据结构"栈"对存放其中的数据的操作要求便是:先进后出。

图 4.10 给出了栈的结构示意图。

图 4.10 所示的栈中有 n 个元素,栈底元素是最先进入的,栈顶元素是最后进入的。出栈时,只允许栈顶元素 a_n 先出,此时 a_{n-1} 成为新的栈顶,可以出栈。若有新的元素需要入栈存放,那么也只在栈顶进行入栈,成为新的栈顶。

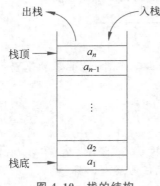

图 4.10 栈的结构

可以用链式结构实现栈的存储,此时往往设定两个指针,分别指向栈顶元素和栈底元素,以便于数据的存取。如果使用静态数组实现栈结构,那么这两个指针即为栈顶和栈底元素在数组中的下标。

4.2.3 字符串

在计算机发展的早期阶段,计算机主要用于解决数值计算问题。但随着社会的发展,计算机的应用领域不断扩大,人们强烈要求计算机能处理各种非数值数据。因此必须设计能够表达非数值数据的数据结构来描述非数字数据对象及问题模型。字符串便是表达非数值数据中字符数据的一种线性数据结构。

字符串是由零个或多个字符组成的有限序列,也可以解释为数据元素均是字符的线性表。字符串包含字符的个数是字符串的长度。**空串**,长度为 0 的字符串,用 Φ 表示。长度为 n 的字符串“$a_1,a_2,\cdots,a_n$”一般可用字母 s 表示,a_i 表示单个字符。

字符串的存储方式包括两种:顺序方式和链式方式。字符串的操作包括了和线性表一致的查找、插入和删除等基本操作,同时也包括一些特殊操作。这些特殊操作并不是聚焦于字符串中的某个字符,而是关注其中包含的子串。模式匹配是字符串特有的最重要的操作,即在主串中寻找是否存在子串,并给出子串在主串中出现的第一个字符的位置。模式匹配可应用于自然语言处理中的信息检索,生物信息学中的 DNA 序列的匹配,音频信号识别中的语音符号化,网络安全领域的病毒入侵检测等。基础的模式匹配算法有 BF(Brute Force)算法和由 D. E. Knuth、J. H. Morris 和 V. R. Pratt 同时发现的 KMP 算法。

4.2.4 广义表

广义表是一种更通用的线性表,允许其中的元素既可以是原子元素,也可以是另外一个广义表。广义表可以记作 $LS=(a_1,a_2,\cdots,a_n)$,其中 LS 为广义表的名字,a_i 为广义表的元素,当然这个元素也可以是一个广义表。在广义表的定义中,又用到了广义表自身的概念,这体现出递归的定义思想。

作为一种线性结构,广义表的长度被定义为最外层包含的元素个数。广义表中的元素可以是一个表,而这个表的元素还可以是表,因此广义表可以实现多层次的数据结构。

4.2.5 树

树是节点之间有分支,且具有层次关系的结构。它非常类似自然界中的树倒置之后的状态。树是一类重要的非线性数据结构。

树在计算机科学理论和应用领域都有广泛的应用。例如,在编译程序中,可用树来表示源程序的语法结构;在数据库系统中,可用树来组织信息;在分析算法的行为时,可用树来描述其执行过程等。树在现实世界中同样有广泛的应用,如记录家谱信息的家谱树、记录行政组织机构信息的层级树等。

树的定义是以递归方式给出的:树是 n($n\geqslant 0$)个节点的有限集(记为 T),T 为空时称为空树,否则它满足以下两个条件。

- 有且仅有一个节点没有前驱,该节点为根节点;
- 除根节点以外,其余节点可分为 m($m\geqslant 0$)个互不相交的有限集合 $T_0,T_1,\cdots,$ T_{m-1}。其中每个集合本身又是一棵树,称为子树。每棵子树的根节点有且仅有一个直接前驱,但可以有 0 个或多个后继。

树中节点的度,是指一个节点拥有的子树个数。度为零的节点称为叶节点。而一棵树的度是指树中所有节点的度的最大值,即树中最大分支数为树的度。树中根为第一层,根的孩子为第二层,若某节点为第 k 层,则其孩子为 $k+1$ 层。树的深度是树中节点的最大层次,也称为树的高度。

如图 4.11 所示的一棵树,树根为 A,其度为 6,同时这也是树中最大分支数,因此这棵树的度为 6,该树的深度为 4。

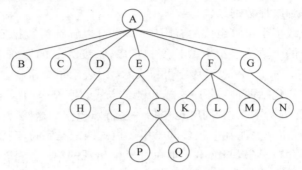

图 4.11 树结构示意

另外,树也有一些和家谱树非常接近的节点名称。节点的子树的根称为这个节点的孩子,而这个节点又称为孩子的双亲。以某节点为根的子树中的所有节点都称为该节点的子孙。从根节点到某节点路径上的所有节点是该节点的祖先。同一个双亲的孩子之间互为兄弟,双亲在同一层的节点互为堂兄弟。

树的基本操作包括:初始化操作,即创建一棵空树;求根操作;求双亲操作;求某节点第 i 个孩子的操作;遍历操作,即按顺序访问且只访问一次树中各个节点。

树的非线性结构特点,决定了常用链式存储方式来表示树结构。树的具体存储方法有双亲存储表示法、孩子链表表示法和孩子兄弟链表表示法。

树,扎根于大地,盛开于天空。树,其形象代表着繁荣鼎盛,傲然挺立,遮风挡雨,默默成长。树,象征着坚强无畏,可靠正直,坚忍不拔,专心向上。我们将家族谱系关系表达为一棵树,这深刻蕴含了中国自古传承的文化传统和优良家风。

家风是一个家族代代传承的价值信念、道德规范与行为准则,体现着一个家庭的精神信仰、道德风貌、整体气质。在中华民族 5000 多年文明史中,随着时代的发展,家风逐渐具有家国一体的指向、崇德向善的取向,成为人心灵的归宿,更成为积极社会风气的缩影。

习近平总书记高度重视家风传承问题,曾强调"广大家庭都要弘扬优良家风,以千千万万家庭的好家风支撑起全社会的好风气"。所以,青年人在前进的征途上,通过深刻理解家庭的前途命运与国家的、民族的前途命运紧密相连的关系,可以增强自身的责任感和使命感,督促自身努力奋斗,成长为家庭和国家的栋梁。

每个时代的青年人都有不同的特点,但相信每个人都会传承中华民族优良家风中的"家国情怀",并为优良家风的绵延赓续尽自己的力量,让自己所在的这棵家谱树枝繁叶茂,熠熠生辉!

4.2.6 二叉树

二叉树是度小于或等于 2 的有序树,即每个节点至多有两棵子树的有序树。定义强调其为有序树,是为了强调二叉树中节点的两个"孩子"有左、右之分。即便一个节点只有一个"孩子",那也必须严格地将其画在左侧或者右侧,以示其"左孩子"或"右孩子"的身份。

二叉树可用递归方式定义为:二叉树是 $n(n \geqslant 0)$ 个节点的有限集,它或者是空集($n=0$),或者同时满足两个条件:有且仅有一个根节点;其余的节点分成两棵互不相交的左子树和右子树。

图 4.12 依次给出了空二叉树、只有根节点的二叉树、右子树为空的二叉树、左子树为空的二叉树和左右子树均不为空的二叉树。图 4.13 分别给出了完全二叉树和满二叉树的结构。

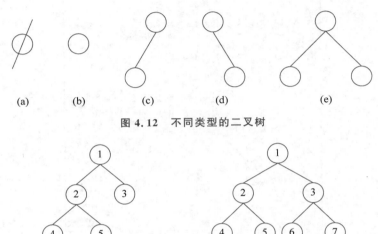

(a)　(b)　(c)　(d)　(e)

图 4.12　不同类型的二叉树

(a) 完全二叉树　　　　(b) 满二叉树

图 4.13　完全二叉树和满二叉树

二叉树这种数据结构有非常多的重要性质,也有很多相关操作,其中最重要的操作是对二叉树的遍历。二叉树遍历,是指按一定的规律对二叉树的每个节点访问且仅访问一次的处理过程。遍历的意义是将二叉树这种非线性数据结构用一种线性的方式描述出来。也正是由于二叉树的非线性结构特征,所以需要寻找一种规律,依次访问各个节点一次且仅一次。

最基本的三种遍历思想是:先序(先根)遍历、中序(中根)遍历、后序(后根)遍历。三种遍历的不同之处在于访问根节点和遍历左右子树的先后关系不同,但这三种遍历思想的程序实现都可以通过递归实现。无论哪种遍历,同一棵二叉树的遍历结果是唯一的。但是根据一种遍历结果不能得出唯一的二叉树结构,根据两种遍历结果可推出唯一的二叉树结构。

4.2.7　图

图,是另一种重要的非线性的、离散的数据结构。树,实际是图的一种特殊形式。

现实生活中,图有非常多的应用场合。图 4.14 是 2022 年江苏省徐州市已经通车的地铁线路图,其中的点代表各个地铁站,点之间的边表示了两个地铁站之间的地铁线路。此图忽略和简化了地铁站之间的距离和方向,突出强调了地铁路线覆盖的区域和交汇情况。即便如此,人们也能很清晰地获知地铁路线信息和换乘方案。这说明,图,这一有强烈视觉冲击的描述结构,具有很强的信息传递能力。

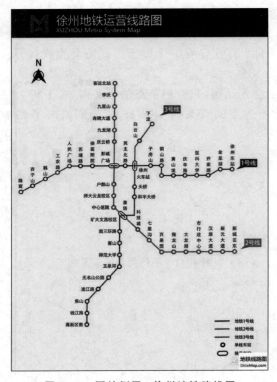

图 4.14 图的例子:徐州地铁路线图

图 4.14 描绘的地铁线路图是经过一定抽象之后的图结构,现实生活中的图则更纷繁杂乱。但无论真实情况如何,在计算机系统中,总是将图抽象表达为由一个顶点集和一个边集构成的二元组。**边**可以是无向的,也可以是有方向的,相应的图分别为无向图和有向图。当图中的边是有向边时,则称边为弧。

从图中某顶点出发访问图中每个顶点,且每个顶点仅访问一次,称为图的遍历。遍历是图的重要操作之一。图的遍历是求解图的连通性问题、拓扑排序、关键路径等算法的基础。

图的遍历算法主要有深度优先搜索算法(Depth First Search,DFS)和广度优先搜索算法(Breadth First Search,BFS)。前者类似于树的先序遍历,后者类似于树的按层次遍历。

生活中的很多问题都可以转换为图的问题。例如,当需要完成一项大工程时,往往将其分为多个小的子任务。当然,这些子任务在完成时间上会有要求,即某些子任务必须在另一些子任务完成后才能开工。那么,如何规划这些子任务并安排它们各自的开工时间来保证最终的大工程能够最高效地完成呢?

分析问题后,很自然地画出图 4.15 来表示各个子任务之间开工的先后关系。为进一步丰富此图的信息,令各节点表示各子任务,节点之间的有向边表示出发节点对应的子任务所需的时间。那么问题就转换为在这个图上寻找一个路径,此路

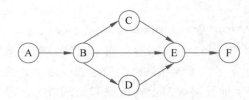

图 4.15 子任务开工时间示意图

径走过——当然是按照边的方向走过——所有的节点,且每个节点仅走过一次,并要求路径上所用时间的累加最小。

在后续的"数据结构"课程中可以知道,上述问题实际是一个在有向无环图中求关键路径的问题,也可以学到解决上述问题的算法。很多有意义且有趣的问题都在浩瀚的计算机科学领域,等待着你用所学的知识进行探寻和思考。

4.2.8 抽象数据类型

使用计算机处理现实世界中的各种信息,要将其表达为不同类型的数据。

各种编程语言都提供了一组标准的数据类型,并为每个内置类型提供了一批规范的操作。例如,C++语言的"整型"这一数据类型被定义为不包含小数部分的数值数据。整型数据可以参与基本的算术运算和复杂的逻辑运算。又如"字符型"数据是指此数据类型对应于一个单个的字符,并可以进行字符的判断、字符的连接等运算。编写程序时,需要根据实际数据特征选择合适的数据类型进行数据表达。

然而,无论某种编程语言提供了多少种数据类型,在处理应用问题时,总会遇到已有的数据类型无法表示或者不适宜表示现实数据的情形。毕竟在活色生香的世界中,信息与数据的类型和状态千变万化。

因此,编程语言提供了自行定义抽象数据类型的功能。例如,Python 为数据的组合提供了 list、tuple、set、dict 等结构,编程时可以基于这些结构把一组相关数据组织在一起,定义一个复合的、有更高抽象层次的数据类型。用户可以自行定义此类型的名字,并用这个类型名字去声明一些变量,那么这些变量将具有类型定义中包含的各项内容,成为一个复合的结构化的数据对象。虽然此数据对象内部含有丰富的结构及信息,但它将作为一个整体被存储、分析并处理。

在面向对象的编程体系中,定义一个抽象数据类型,除了给出该数据类型的数据内容细节外,还要定义针对此数据类型的一组操作。在定义操作时,需要考虑清楚操作需要实现的功能、完成操作需要的参数等。这些将为完成更复杂的程序设计提供便利。

因此,定义抽象数据类型实际是一种思想,且这是一种和第 1 章中提及的计算思维非常接近的思想。二者都是从计算机系统的角度分析问题,设计实际问题在计算机系统内部的合理表达,以利于后续算法的设计及程序的实现。只是计算思维是一个更大的概念,概括了使用计算机解决问题的全过程的指导思想,而定义抽象数据类型则是计算思维在数据表达阶段的具体实现,只涉及表达出所处理的数据对象的信息。

4.3 数据组织与管理

视频讲解

社会的信息化程度不断提高,数据以惊人的速度不断增加,将持续产生的数据高效地组织起来,并有效管理它们,是必然的要求。

数据库和文件系统是可以有效组织并管理数据的两种机制。

4.3.1 数据库

数据库是计算机系统中有组织、可共享、统一化管理的数据集合。它可被视为一个数据存储仓库,其中的数据将按照设定的规则存储于存储单元中。

数据库管理系统(Database Management System,DBMS)是管理数据库的专用软件,负责帮助用户创建、管理和维护数据库。DBMS 工作于用户与操作系统之间,对数据库进行统一管理,包括定义数据存储结构,提供数据的操作机制、数据库建立及运行管理功能,提供数据通信接口,维护数据库的安全性、完整性和可靠性。

具体而言,DBMS 还提供数据操纵语言(Data Manipulation Language,DML)实现对数据库的检索、插入、修改及删除的基本操作。DBMS 提供数据定义语言(Data Definition Language,DDL)来定义数据的模式、外模式和内模式三级模式结构,并定义"模式/内模式"和"外模式/模式"二级映像,以及有关的约束条件。

这些模式实际来自对数据库的不同观察视角。内模式是物理视图,以一种底层视角观察数据库,其认为数据库是一种硬件物理层次上的存在,是一个数据实际存储的表示。模式是概念视图,是从概念角度观察数据库,认为数据库是数据存储的抽象表示。外模式是用户视图,即从用户的应用层面观察数据库,认为数据库是提供了数据管理功能的一个系统。一个数据库实际存在的只是内模式,即物理存储上的数据库,模式所表示的概念数据库只是物理上数据库的一种抽象描述,外模式则是对模式的一种更抽象的描述。

常见的数据库有层次数据库、网状数据库和关系数据库,它们所对应的数据库模型结构依次如图 4.16~图 4.18 所示。

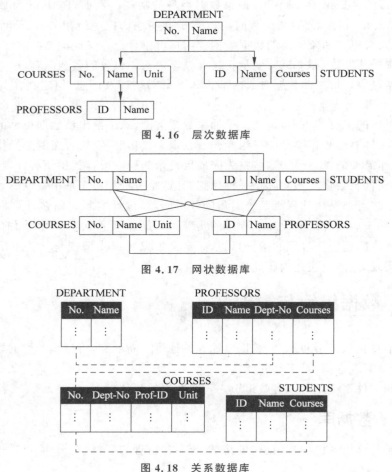

图 4.16　层次数据库

图 4.17　网状数据库

图 4.18　关系数据库

其中,**层次数据库**采用类似于树状的结构组织数据。可见,此类型下的数据之间有严格的层级关系,可以从上到下地定义一对多的数据映射状态,但无法定义多对一和多对多的数据映射。层次数据库的常见应用场景是 Windows 系统中的注册表。**网状数据库**是在层次数据库的基础上做了扩展,允许数据之间有任意的关联。这虽然增加了数据之间关联的灵活性,但是在数据维护和数据安全方面增加了难度。

关系数据库是目前最常使用的数据库。在关系数据库中,数据被组织为一张张二维表。此时,一张表也被称为一个关系。表中的每一行描述一个实体(一个对象)的信息,也被称为一个记录或一个元组。表中有多个字段(field),这些字段上的信息从不同角度描述了实体的特征和性质,这些字段也被称为属性。在一张表的各个字段中,若某字段上的值可以唯一标识每一个记录,则称该字段为关键字或键(key)。关系数据库中,两个表之间通过"键"建立起关联关系。

巨量的数据在关系数据库这种管理方式下,如同被做了分类、分组和分层,数据集合上呈现出清晰的组织结构,且这种组织结构拥有合理、丰富的意义和规整的管理状态。在这种严谨美观的数据组织中,诸如插入、删除、更新、选择、投影、连接、求并、求交、求差的各种操作,都可以使用**数据库查询语言——结构化查询语言**(Structure Query Language,SQL)来完成。

数据库设计的步骤包括需求分析、概念结构设计、逻辑结构设计、物理结构设计、数据库实现、数据库的运行和维护。

4.3.2　文件系统

1. 文件的意义

文件是数据的集合,它被视为一个数据的整体单元,也是数据的一种组织方式。文件可以指某些应用程序创建的一个作品,如一个程序文件、一个图像文件、数据库中的一张表、一个视图等。

文件的名字包括了文件名和扩展名,二者以"."分隔。文件名用于区分不同的文件,扩展名用于表示文件格式。文件格式表示了文件中数据流的编码及组织方式。扩展名可以被人为修改,但是文件格式不会改变,文件中数据流的组织排列方式也不会改变。当然,可以通过一定的方式改变文件格式,如可以通过软件将".docx"文件转换为".pdf"文件。当文件格式改变时,原文件的数据组织及排列方式也会改变。

在 Windows 操作系统中用树结构组织文件,这种树结构也构成了文件的目录结构。以盘符为树结构的根,文件为树结构的叶节点,则从根节点到某文件叶节点的树分支信息构成了该文件的路径。

不同于数据库的结构化组织数据的方式,严格意义上,文件采用平面化方式组织数据。换言之,数据库中的数据犹如存放于一个立体的文件柜,柜子中有若干层,每一层有若干隔断,每个隔断中又包含若干文件夹,这些文件夹之间有相互呼应的线索。而文件则是一个独立的数据集合,它内部的数据之间无序,更没有设定任何的组织结构。因此在讨论文件系统时,较少涉及文件内部,而多从文件外部讨论文件的存储方式、文件的类型等。

2. 文件的存取方式

文件的主要作用是存储数据,它往往被存放于外存。若将文件视为若干记录的集合,那么设计文件的关键是保证能从文件中快速检索出特定记录。文件的两种存取方式——顺序存取和随机存取(前者对应了顺序结构存储的文件,后者对应了索引文件和散列文件)需采用不同的检索方式。

1) 顺序文件

顺序文件是只能按照存放顺序从头到尾、一个接一个地进行记录存取的文件。显然,顺序文件的存取效率并不高。

2) 索引文件

为了达到随机存取数据的目的,索引文件需要由两部分组成:数据文件和索引。其中索引文件很小,包含两个字段:键和地址。键唯一标识了数据文件中的各记录,而与键对应的地址则记载了所标识记录的地址。

索引文件实际是带了索引的顺序文件,即附有一张地址表的顺序文件。

3) 散列文件

索引文件和散列文件都是将真正文件中的记录与一个唯一的标识对应起来,即在数据记录与标识之间建立映射。前者是将文件中的记录与其存放的地址之间建立映射,后者则是使用散列函数完成映射。具体而言,这个散列函数的自变量是文件中记录的关键字,散列函数的函数值正是与数据记录呼应的标识。

有多种散列函数实现对数据记录的映射,如直接散列法、除余散列法、数字析取法、评分中值法、折叠法、旋转法等。散列文件不需要额外的索引文件,但是散列函数的使用可能造成冲突的发生。

冲突,意为对一个数据记录的关键字进行散列函数映射时,得到的映射结果已经存在。如果视散列函数值为地址,那么冲突意味着一个数据记录的键经过散列映射,得到的地址值上已经被别的数据记录占用。即两个数据记录对应了同一个地址值,此时两个键之间就会产生冲突。开放寻址法、拉链法、桶散列法等都可以用于解决冲突。

4.4 数据分析与处理

社会各行各业的飞速发展,使得人们已经沉浸在数据的海洋中。正确地分析数据,从中提取有意义的知识,以给出对现实有帮助的精准决策已经成为各行各业的共识。因此,对数据的采集、分类、汇总,以及更进一步地发现并描述数据的分布特征、预测数据发展趋势等是非常有意义的。

对数据进行分析处理,需要进行数据采集,并做数据清洗,之后再根据不同的分析目的进行分类、聚类、回归等操作。

4.4.1 数据采集

数据采集是指从传感器或其他设备中收集数据的过程,又称数据获取。数据采集系统是利用数据采集装置,从系统外部采集数据并输入系统内部的一个接口。在计算机辅助制图、测图、设计领域,数据采集还包括对图形或图像进行数字化的过程。计算机系统中常见的数据采集工具包括摄像头、麦克风、扫描仪等。

被采集的数据可以是已被转换为电信号的各种物理量,如温度、水位、风速、压力等,可以是模拟量,也可以是数字量。连续数据的采集一般使用采样方法,即隔一定时间(称采样周期)对同一点数据重复采集。此时采样得到的数据可以是瞬时值,也可是该段时间内的一个特征值。

4.4.2　数据清洗

在现实中采集的数据往往因为各种主观和客观因素而带有误差,或者出现数据意义不一致、数据空缺等情况。数据清洗通过填写空缺值、平滑噪声数据、识别并删除孤立点来清除数据噪声对后续学习训练过程的影响。针对上述几种情况,数据清洗的具体工作如下。

1. 空缺值

当数据的某一属性上出现空缺值时,在空缺位置所填写的数据应具有合理性,并同时保证数据的一致性。填写空缺值可以采用的方法有忽略法、人工填写、使用常量代替、使用同类数据的平均值代替、使用回归或预测方法来计算该位置较好的替代值。其中最后一种方法利用已有的同类数据精选推测,可以较多地利用已有数据的信息,所得的推测值被认可度较高,因而较常用。

2. 噪声数据

噪声,即观测结果中的偏差或误差。当数据集中出现噪声时,需要对噪声甚至噪声周围的数据进行调整,以尽量消除噪声的存在对后续操作的影响。这种消除噪声数据,调整噪声周围数据的操作即平滑噪声操作。平滑噪声的方法包括基于邻域信息法、回归法、聚类清除法、人工清除法等。

基于邻域信息法也称为"分箱"(binning),意为将数据分为若干"箱",即若干组,每一组中的数据可以用该组的平均值代替,也可以用该组的中值代替,甚至可以用该组的最大或最小值代替。显然,分箱操作之后,数据的分布趋于平缓。"箱"的大小可以相同或不同,且"箱"越大,数据就越平滑。当然,数据越平滑,数据的多样性就越低。

回归法则通过回归计算得到符合主体数据分布的回归函数,用这个回归函数来规范不妥帖噪声数据的取值。

聚类清除法是通过聚类操作消除噪声数据。聚类不同于分类,是无监督学习,是对数据分布的一种天然分组操作。聚类结果是将数据分为若干簇,以簇的中心以及簇的轮廓共同描述簇的特征,落入簇的轮廓之外的点被称为孤立点,被视为噪声数据,予以删除。

人工清除法则是通过人工检查来找出孤立点并视其为噪声数据,手动清除。这种方法的操作结果更准确、更真实,但所需要的人力耗费随着数据量的增多而增多。

4.4.3　数据挖掘

数据挖掘(data mining)是从数据中提取或发现隐藏的知识的过程。这是一个数据库技术、人工智能、统计学、数据可视化等学科相互交叉的领域。

视频讲解

"知识发现"是和"数据挖掘"有接近意义的术语,但二者有明显的区别。知识发现通常指完整的数据分析过程,包括了数据集成和清洗(数据采集以及去除噪声)、数据预处理(数据选择或数据变换)、数据挖掘、模式评估(对挖掘的知识进行评价)以及知识表示。而数据挖掘往往被视为知识发现过程中的一个步骤。

最初的数据挖掘是在数据库、数据仓库以及万维网上进行,随着数据量的不断增多以及大数据技术的发展,数据挖掘技术也在逐渐提升和创新,以适应在海量数据环境中的数据学习任务。经典的数据挖掘任务包括关联分析、分类、聚类分析、回归预测等。下面对三类主要的数据挖掘任务做简要介绍。

1. 分类

分类是数据挖掘中一项重要的学习任务,其本质是一种监督学习(supervised learning)过程。分类算法在拥有教师信号的数据集上训练分类器,然后用此分类器对未知类别的测试数据进行类别判断。教师信号,即在分类之前为训练数据预先给出的数据类别。

数据处理是从数据中学习获得知识的过程,机器对数据的学习过程是从将数据对象划归为某一类开始的。通过确认数据对象的类别,可以获知该对象具有的通用属性,继而可对数据特性做深入了解。

机器的学习并决策的过程和人的分析判断过程是类似的。人们看到一个类球状物时,会迅速使用脑中已存储的知识做出判断:这是一个苹果。此时人们脑海中出现的知识约为:"如果这个物体是上下内凹的球体的状态,或者呈现黄绿色系,或者呈现红色系,且表皮或者有黄色斑点,或者有鲜红色条纹,而且果肉黄白色,肉质细脆,酸甜适口,有香味,那么这个物体是个苹果。"这些知识就是人脑中的分类器,此时分类器是以分类规则的形式给出,该分类器提供的分类结果是两个离散的结果:"是苹果"或者"不是苹果"。这些分类规则是人们之前多次接触到其他苹果通过观察了解而不断建立起来的,这个过程如同分类器的训练过程,之前接触过的那些苹果就是人们的训练数据。并且,在人们接触那些用作训练数据的苹果时,都已被告知了一个结论——"此为苹果"——这正是训练数据上的教师信号。

分类算法生成的分类器可以给出离散的决策结果,也可以给出连续的分类结果。分类器训练完毕,可以用其在测试数据上的分类准确率来观察分类器的性能。

训练得到的分类器即使在训练集上表现完美,也未必能在测试集上给出较高的分类准确率。这是因为分类器是在训练集上生成的,它充分抓取了训练集的数据特征,并建立了完全适应于,甚至只适应于训练集的特征的分类模型,而这个模型在其他数据,如测试数据上表现未必优秀。这种现象被称为分类器的过拟合。

下面分别介绍几种主要的分类算法。

1)决策树

决策树是以倒置的树结构形式组织起对数据的某些属性上的判断。决策树的根节点表示整个样本集合,并且该节点可以进一步划分成两个或多个子集。一棵决策树的一部分叫作分支或子树。一个节点可以被拆分成多个子节点并表示多个子集。当一个节点进一步被拆分成多个子节点时,该节点被称为决策节点。无法再拆分的节点被称为叶子节点。移除决策树中子节点的过程叫作剪枝,跟拆分过程相反。

常见的决策树算法有 ID3、C4.5 和 CART。

例如,表 4.2 收集了若干天气情况以及该天气情况下人们做出的决策信息。根据这些含教师信号的训练数据,可以创建一个决策树,对当前天气条件下是否去游乐场做出决策。

表 4.2　训练数据表

训练数据序号	晴 朗 程 度	温　　度	湿　　度	风　　力	是否去游乐场
X1	晴	高	大	无	否
X2	晴	高	大	无	否

续表

训练数据序号	晴朗程度	温度	湿度	风力	是否去游乐场
X3	云	高	大	无	是
X4	雨	中	大	无	是
X5	雨	低	小	无	是
X6	雨	低	小	有	否
X7	云	低	小	有	是
X8	晴	中	大	无	否
X9	晴	低	小	无	是
X10	雨	中	小	无	是
X11	晴	中	小	有	是
X12	云	中	大	有	是
X13	云	高	小	无	是
X14	雨	中	大	有	否

在表4.2给出的训练数据集中,第一列是数据的序号,最后一列是教师信号,其余的各列是真正的数据信息。生成决策树时,根据"晴朗程度""温度""湿度""风力"4个属性信息,并结合教师信号,计算各属性的信息熵,依次选择其中的"天气""湿度""风力",及其间断值作为分支节点,创建出如图4.19所示的决策树。

图 4.19 决策树

信息熵是衡量信息的不确定性的一个信息量单位。信息越稳定,信息熵越小,反之则越大。决策树中要选择信息熵最大的属性,该属性上的取值会处于一个较大的区间内,不同的对象在该属性上的取值会有较大概率不同。换言之,该属性上的取值可以用于区别各个对象。而信息熵小的属性很稳定,其上的取值可能处于一个小的区间内,不适宜作为区分各个对象的鉴别特征,更不宜作为决策树分支节点的设定依据。

从图4.19的决策树可以提炼出分类规则。例如,如果天气是"晴"且湿度是"小",则去游乐场;如果天气是"雨",且风力是"有",则不去游乐场等。对决策树而言,从树根到每个叶节点的路径均可表达为一个规则,而且这个规则可以用条件关联关系表达出来,即"如果……,则……。"这也正是人们在生活中做决策时候脑中出现的判断原则的格式。

在生成决策树时,由于数据中存在孤立点或噪声,可能会生成反映这些噪声及孤立点的分枝。因此,需要进行决策树剪枝。常用的剪枝方法有先剪枝,后剪枝,或者两者组合。先剪枝是通过判断是否在某一节点上继续生成下一层的子分枝来停止树的构造。如果决定某节点不再生成其子节点,则该节点成为树的叶子节点。后剪枝则是先生成出完整的决策树,然后根据节点的期望错误率减去相应的分枝。后剪枝比先剪枝需要更多的计算代价,但是所生成的决策树性能更稳定。

2) 贝叶斯分类

贝叶斯分类是基于数学上的贝叶斯定理的一种统计学分类方法,它可以给出数据属于某一类的概率,提供量化的分类结果。

设 x 是待分类的数据样本。设 H 为某种假设,数据样本 x 属于某特定的类 C。对于分类问题,希望确定 $P(H|x)$,即给定观测数据样本,假设 H 成立的概率。$P(H|x)$ 是后验概率,或条件 x 下,H 的后验概率。例如,假定数据样本世界由水果组成,用它们的颜色和形状描述,假定 x 表示红色和圆的,H 表示假定 x 是苹果,则 $P(H|x)$ 反映当看到 x 是红色并是圆时,对"x 是苹果"这一结论的确信程度。$P(H)$ 是先验概率,或 H 的先验概率,对于这个例子,$P(H)$ 是不考虑数据样本的具体信息的情况下,任意给定的数据样本为苹果的概率。显然,$P(H)$ 是独立于 x 的。后验概率 $P(H|x)$ 比先验概率 $P(H)$ 基于更多的信息(如背景知识)。类似地,$P(x|H)$ 是在条件 H 下,x 的后验概率,即它是已知 x 是苹果,x 是红色并且是圆的概率。同时,$P(x)$ 是 x 的先验概率。

给定数据集,$P(x)$、$P(H)$、$P(x|H)$ 可以根据贝叶斯公式求出来,即由 $P(x)$、$P(H)$、$P(x|H)$ 计算后验概率 $P(H|x)$ 的方法如下所示:

$$P(H \mid x) = \frac{P(x \mid H)P(H)}{P(x)}$$

设数据集有 n 项特征,亦可理解为 n 维属性,记为 $F_1, F_2, \cdots, F_n$。给定 m 个类别,记为 $C_1, C_2, \cdots, C_m$。贝叶斯分类器尝试计算出数据属于每个类别的概率,从而找出概率最大的那个分类,作为对数据的类别判断。这一过程实际是一个最优化问题,即求如下算式的最大值:

$$P(C \mid F_1 F_2 \cdots F_n) = \frac{P(F_1 F_2 \cdots F_n \mid C)P(C)}{P(F_1 F_2 \cdots F_n)}$$

由于 $P(F_1 F_2 \cdots F_n)$ 对于所有的分类都是相同的,在最优化问题中无话语权,因此上述问题演变为求下面算式的最大值:

$$P(F_1 F_2 \cdots F_n \mid C)P(C)$$

朴素贝叶斯分类器将假定所有特征都彼此独立,由此得到:

$$P(F_1 F_2 \cdots F_n \mid C)P(C) = P(F_1 \mid C)P(F_2 \mid C) \cdots P(F_n \mid C)P(C) \tag{4-1}$$

式(4-1)等号右边的每一项,都可以从数据中通过统计计算得到,所以可以计算出数据属于每个类别的概率,进而找出最大概率的那个类。此时,朴素贝叶斯假定的"所有特征彼此独立",在实际问题领域或许难以成立,但可以先做如此的假定,以此简化计算。

可见,朴素贝叶斯分类先要为后续的概率计算做好准备,即根据具体情况确定数据的特征属性,并对每个特征属性进行适当划分,然后由人工对一部分待分类项进行分类,形成训练样本集合。然后进行分类器训练,即计算每个类别在训练样本中的出现频率及每个特征属性划分对每个类别的条件概率估计,并将结果记录。然后将训练所得的分类器应用于测试数据,观察分类器性能。

朴素贝叶斯基于古典数学理论,扎实的理论基础保证了该分类器有稳定的分类性能。同时,贝叶斯分类器对缺失数据不太敏感,计算过程清晰简单,常用于网页、评论、垃圾邮件及文本分类。但朴素贝叶斯分类包含了数据属性独立性假设，所以若数据的属性彼此之间有关联关系时，其分类效果欠佳。

3）神经网络分类

计算机科学中的神经网络，指的是人工神经网络（Artificial Neural Network，ANN）。通俗地说，人工神经网络是用计算机程序模拟人脑的思考过程，使得计算机程序具有和人脑类似的思考能力、学习能力和决策能力。

由于人脑的神经系统是由不可计数的神经元彼此互联构成的，所以可将人脑的神经系统抽象为一种网络结构状态，如图 4.20 所示。

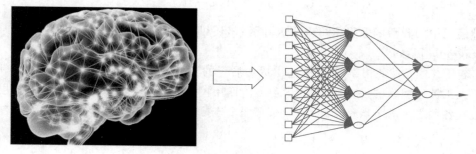

图 4.20 从人脑到人工神经网络

深入人脑神经系统结构内部观察单个神经元，如图 4.21(a)所示，一个神经细胞包含一个细胞核、若干树突和一个轴突。信息从若干树突进入神经细胞，经过细胞核的分析处理，从轴突输出，作为另一个神经细胞的输入，继续被另一个神经细胞处理。

由此，细胞核处理输入信息的过程可被认为一个函数的计算过程，因为函数的计算过程与之类似：先接收若干自变量的信息，经过计算给出一个因变量值。细胞核可被视为一个函数，这便是单个神经细胞的数学建模思想。基于此，神经细胞的结构被抽象为一个称为 M-P 感知器的神经元模型。

M-P 感知器的神经元模型如图 4.21(b)所示。其中，将树突抽象为若干的输入信号 I_i，将轴突抽象为输出信号 Y，并为每一个输入信号 I_i 配备一个权值 W_i，以表示该输入信号的重要程度。

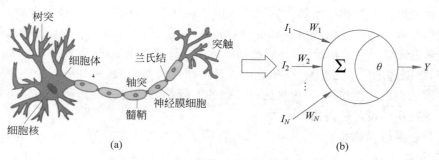

图 4.21 从单个神经元到其抽象 M-P 模型

在图 4.21(b)的 M-P 模型中，细胞核的信息处理过程可对应于一个求和函数，此函数被称为激活函数。这个模型中的求和操作，即对信息做叠加处理，是人脑对信息最简单的处理方式。但权值的存在使得此时的叠加是根据各个输入的权值有所侧重的叠加，因此处理结果能因地制宜地适应具体问题环境。神经元模型中激活函数的阈值参数 θ,表示神经元可给出一个决策(即能够给出一个积极的输出结果)所需达到的一个门槛值,它可被理解为:只有输入信号加权叠加之后的结果超过了阈值,才产生有意义的输出。

M-P 模型的具体信息介绍如下:$I_i \in \{-1,1\}$ 表示输入;$Y \in \{-1,1\}$ 表示输出;权值 $W_i \in \{-1,1\}$ 表示输入的连接强度,正数权值表示兴奋性输入,负数权值表示抑制性输入;θ 表示神经元兴奋时的阈值。

神经元激励函数 y 的表达式定义为:

$$y = \text{sgn}\left(\sum_{i=1}^{N} W_i I_i - \theta \right)$$

神经元中的激活函数除了可以用求和函数,还可以用阶跃函数、准线性函数、双曲正切函数、Sigmoid 函数等。

将若干神经元彼此相连,前者的输出成为后者的输入,便构成了人工神经网络。图 4.22 给出了人工神经网络的一个例子,其中包含了四层网络结构,分别为输入层、两个隐层以及输出层。各层之间的节点是全连接状态,每两个连接节点之间都有连接权值表示连接强度。

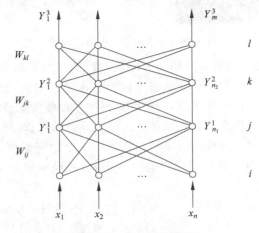

图 4.22 人工神经网络

人工神经网络的结构(包括网络层数、各层节点数目等)确定之后,就需要训练该网络,以寻找网络中各个连接上的权值及其他参数的最佳值。当前比较主要的训练神经网络的思路是:先随机设定权值的初始值,然后根据激活函数计算网络输出,对比网络输出与教师信号的差异,根据选定的学习策略,基于这个差异来调整网络参数,接着用最新的参数值参与计算下一次的网络输出结果,并再次进行参数的更新,如此迭代,直到网络的输出结果与教师信号的差异小于设定的阈值。

人工神经网络训练完毕后,可认为此时网络系统状态基本稳定,可以输入新的测试数据,用其进行类别判断。

人工神经网络的训练是一个迭代过程,即设定一个初始值,根据更新规则每次进行调整,然后根据评估函数判断新的值的质量是否更靠近最优状态,来决定是继续迭代还是停止。这个过程将一个初始时粗糙懵懂的网络,训练成为一个可解决预定任务的精致工具。

上述训练过程和人学习掌握一项技术的过程何其相似,因为二者的本质都是理论和实践相结合,将理论应用于实践,并根据实践经验调整理论细节的过程。以学习编程为例,学习了编程语言中的分支语句后,用这个分支结构编写了判断一个数是否为偶数的小程序,并编译运行这个程序,这是实践的过程。编译运行的结果会给出程序编写正确性的反馈,可以根据编译结果修正程序语句,同时调整头脑中对错误之处的理论理解,这是实践反作用于理论学习的过程。如此反复,最终使得程序完全正确,并且也完全掌握了分支语句的运用。

在实践中,千万不能被实践中的各种问题吓倒而心生惧怕。实践中出现问题是正常的,仔细分析这些问题,更能对应找出理论认知上的错误。所以,没有实践加持的理论学习不具备高鲁棒性。

学习一个技能,完成一个任务,往往是一个螺旋式上升的过程,是理论和实践相互穿插、相互促进,甚至是相互修正的过程。人的一生有时也是起起伏伏,悲欢与共,人们认清了这一路上必然会出现的荆棘与鲜花后,更能以坚定的意志向前迈出步伐,更能以理性、镇定而从容的态度面对各种情形,更能以高瞻远瞩的眼光规划未来的道路,在前进的同时,也能保持初心且心智更增。

学习并实践,是成长道路上的指导原则,认真而努力地落实这个原则,其结果会让人心生满意。

4) kNN

kNN(k Nearest Neighbor),即 k 最近邻方法,是一种局部分类方法,其思想是观察数据的邻域中邻居的类别,以大多数邻居的类别作为该数据的类别。kNN 中的 k 是一个重要参数,即所观察的邻居的数目,即邻域的大小。有时,也可以数据为中心设定一个距离作为半径划定一个近似圆形的邻域区域,观察该区域中各邻居的类别。

kNN 方法的特点是无训练过程,待被分类数据到达时,直接在训练数据集上划定该数据的邻域,然后对其分类。

5) 遗传算法

遗传算法(Genetic Algorithm)是借鉴生物界自然选择和自然遗传机制的随机搜索算法。遗传算法主要用于解决优化问题,主要思想是利用编码技术将问题的解表示为码串(称为染色体),通过选择、交叉和变异操作生成下一代更优的染色体群体,如此迭代,直到染色体的质量达到预定标准。

迭代过程中,需要定义一个适应度函数作为寻优准则,来评价当前染色体的质量是否达到预定的要求。那些适应度函数值小的染色体将被淘汰,以使得染色体种群不断进化,整体质量得到提高,令染色体向最优解方向趋近。

遗传算法最初的编码阶段将原问题的解表示为有意义的染色体码串,这一过程可被视为对问题的建模过程,原问题的解被编码后,原优化问题的解空间就转换为遗传学中染色体的种群空间。常用的编码方法有二进制编码、大字符集编码、序列编码、实数编码、自适应编码等。

遗传算法本质上是一个迭代过程,初始解在迭代过程中不断进化,从而逼近最优解。算法中涉及的参数众多,每个都对遗传算法是否能够最终收敛产生一定的影响。迭代终止条件的设定也是遗传的重要环节,可以设定最大迭代次数,或者设定适应度函数的阈值来控制遗传算法的执行过程。

6）支持向量机

支持向量机(Support Vector Machine,SVM)是基于统计学习理论的分类算法。注意,SVM 的理论基础是统计学习理论,而非统计学。前者是机器学习的理论基础,研究如何利用训练数据完成机器学习,是计算机科学、模式识别和应用统计学交叉结合的领域。统计学习理论可用来解释机器学习算法的表现。统计学是分析处理数据以及解释数据的数学学科,它通过搜索、整理、分析、描述等方式,推断数据的分布等其他本质特征、预测数据发展趋势,其中涉及大量数学及其他学科的专业知识。

SVM 是一种具有几何划分意义的二类分类器,是从线性可分情况下,在两个类别之间画出的最优分界面发展而来的。其基本思想可用图 4.23 所示的二维点集的分类来解释。

图 4.23 中,实心点和空心点分别表示两类数据,它们之间的分界面由函数 f 表示。SVM 所认为的最优分类面,需满足两个条件:①能够做出正确分类;②能够产生最大的分类间隔。第一个条件保证了分类结果的经验风险达到最小,第二个条件则保证了分类模型的置

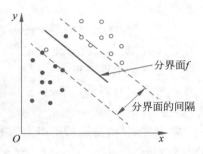

图 4.23 支持向量机的分类意义

信区间达到最小,进而分类模型的推广能力达到最大。进一步解释,最小的经验风险保证了分类模型在训练数据上有良好的表现,最大的推广能力保证了分类模型在未知的测试数据上给出令人满意的结果。SVM 将这两个条件结合在一起作为追求的目标,体现了其追求结构化的风险最小,而非单一风险最小的思想。

图 4.23 中 SVM 分界面的计算过程通过一个二次优化函数的求解过程实现,细节如下。

对于给定训练数据:$\{(x_1,y_1),(x_2,y_2),\cdots,(x_N,y_N)\}$,其中 $x_i \in \mathcal{R}^n$,$y=\{+1,-1\}$。设两个类别间的分类间隔为 Δ,那么处于间隔的中点处的分界面函数可表示为:

$$w \cdot x + b = 0$$

要求它满足:

$$y = \begin{cases} 1 & w \cdot x + b \geqslant \Delta \\ 1 & w \cdot x + b \leqslant \Delta \end{cases}$$

将上述函数进行归一化,使所有样本均满足 $|f(x)| \geqslant 1$,且使距离分界面最近的样本满足 $|f(x)|=1$,即这些点位于间隔的两侧边界上。这时,分界面产生的分类间隔宽度可表示为 $2/\|w\|$。因此,要使分类间隔最大(满足上文提及的第二个条件),就是使 $\|w\|^2$ 最小;同时,要求分界面能够实施正确的分类(满足上文提及的第一个条件),就是要满足:$y_i((w \cdot x_i + b) - 1) \geqslant 0$。

综上,SVM 寻求最优分界面的问题,可表达为求解如下的二次规划问题:

$$\min \frac{1}{2}\|w\|^2 \tag{4-2}$$

$$\text{s.t} \quad y_i((w \cdot x_i + b) - 1) \geqslant 0, \quad i=1,2,\cdots,N$$

利用拉格朗日(Lagrange)方法,将式(4-2)的最优化问题转换为 Wolfe 对偶问题,有:

$$\min \frac{1}{2} \sum_{i=1}^{N} \sum_{j=1}^{N} y_i y_j y \alpha_i \alpha_j <x_i \cdot x_j> - \sum_{j=1}^{N} \alpha_i \qquad (4\text{-}3)$$

$$\text{s.t } \sum_{i=1}^{N} y_i \alpha_i = 1, \quad \alpha_i \geqslant 0$$

式(4-3)中，α_i 是拉格朗日乘子。求解此优化问题，得最优解 $\alpha^* = (\alpha_1^*, \alpha_2^*, \cdots, \alpha_N^*)^{\mathrm{T}}$。计算 $w^* = \sum_{i=1}^{N} y_i \alpha_i^* x_i$，选择 α^* 的一个正分量 α_j^*，并据此计算 $b^* = y_j - \sum_{i=1}^{N} y_i \alpha_i^* <x_i \cdot x_j>$。 由此，最优分界面为：

$$f(x) = \sum_{i=1}^{N} \alpha_i y_i <x \cdot x_i> + b$$

那么，SVM 的最终决策函数为：

$$g(x) = \text{sgn}(f(x))$$

当需要使用非线性分界面划分数据类别时，可以通过非线性变换将数据映射到某个高维空间，从而使原数据空间中的非线性可分问题转换为高维空间中的线性可分问题，在新的变换空间寻求最优分类面。但这种变换可能非常复杂，不易实现，所以寻求其他方法。观察上述问题模型，注意到无论是优化目标函数还是最终的决策函数，都只涉及训练样本之间的内积 $<x_i \cdot x_j>$。这一重要特点使得可在支持向量机中引入核函数，将线性情形推广到非线性情形。

设非线性映射 Φ 将数据从输入空间映射到高维（甚至是无穷维）的特征空间中。在特征空间中构造最优超平面时，仅使用内积形式，即 $<\Phi(x_i) \cdot \Phi(x_j)>$，而不去单独使用 $\Phi(x_i)$。因此若是能找到一个函数 K，使得 $K(x_i, x_j) = <\Phi(x_i) \cdot \Phi(x_j)>$，那么在高维空间只要进行内积运算便可确定出最优超平面。而且这种运算可以在不了解 Φ 具体形式的情况下，最终归为原空间中数据的计算。根据再生核空间的理论，只要 K 满足 Mercer 条件，它就对应了某一变换空间中的内积，而且由 K 引出的空间是一个线性向量空间。再生核的这一特性可解决"维数灾难"问题，即在构造判别函数时，不是先在原空间中做非线性变换，然后映射到特征空间后求超平面，而是先在原空间求出内积，对内积进行非线性变换。

SVM 有明确的几何意义，在二分类问题上表现较好。对于多分类问题，可以采用将若干 SVM 作为基础分类器，用不同方式组合基础 SVM，再设计集成学习的策略解决多分类任务。

在分类算法领域，研究热度一直不减，各种分类思想层出不穷，理论成果丰富，且在纷繁多样的应用场景中发挥着重要的作用。

2. 聚类

分类是在拥有带教师信号的训练数据的情况下，使用训练结果进行新数据类别判断的过程，聚类则不同。聚类是在原始的、毫无背景信息的数据集上提取数据分布特征，并用此特征对数据进行分组的过程。聚类所得到的数据组，称为"簇"。

聚类思想是人们认识未知事物的最初想法。当遇到未知事物时，人们会观察与之类似的事物进行汇总分析，或者观察与之有不同但有相关性的事物进行对比分析，进而在脑海中形成事物的群组划分原则。与类似的事物进行特征的汇总分析，是在提取同群组的事物的共同特征，使得最终形成的群组内部的事物彼此之间具有最大的相似度。与不同的、但有关

视频讲解

联的事物进行对比分析,是在学习不同群组之间的差异信息,以使得不同群组之间的整体相似度达到最小。

可见,聚类是白手起家的过程,其最终执行结果无法用准确的教师信号进行衡量,只能用数据簇的相似度信息进行衡量。

聚类在生活实践中有诸多重要的应用。例如,在购买商品房时,人们需要分析自己所在城市的房子购买价值、分析客户群体特征等,都是在使用聚类技术予以解决。

通俗地说,聚类是在对拥有的数据毫无背景信息和先验知识的情形下,通过划分数据簇来了解数据的类别及特征的过程。这是赤手空拳的学习过程,是完全从数据本身提取信息来完成对数据的划分。聚类时,连类别的数目都是未知的。

准确地说,聚类是将物理或抽象对象的集合分组,构成若干类的过程。聚类将生成若干簇,这些簇由彼此类似的对象组成,同时这些簇之间有尽可能大的不相似程度。

常用的聚类方法有基于距离的方法、基于划分的方法、基于层次的方法、基于密度的方法、基于网格的方法、基于模型的方法等。由于手中毫无其他关于数据的信息,数据点之间的天然信息特性——距离就成为分析数据簇分布的重要信息源,因此聚类分析方法的研究主要围绕于基于距离的聚类算法上。自然,对数据点之间距离的各种不同定义便被提了出来,相同的聚类方法,采用不同的距离定义,将会得到不同的聚类结果。

1) 常用的距离定义

(1) 欧几里得距离。

欧几里得距离,又称欧氏距离,是最常见的距离度量,衡量的是多维空间中各点之间的绝对距离。平面坐标系以及三维空间中,常用欧氏距离测定数据点之间距离的远近。根据定义,两点之间欧氏距离越小,则二者的相似度越大;欧氏距离越大,则相似度越小。

设两个数据点 x、y 在欧氏空间的坐标分别为$(x_1, x_2, \cdots, x_n)$及$(y_1, y_2, \cdots, y_n)$,那么两者之间的欧氏距离被定义为:

$$d(x,y) = \sqrt{(x_1 - y_1)^2 + (x_2 - y_2)^2 + \cdots + (x_n - y_n)^2} = \sqrt{\sum_{i=1}^{n} (x_i - y_i)^2}$$

(2) 曼哈顿距离。

曼哈顿距离是另一个常用的距离定义,其公式如下:

$$\text{dist}_{\text{man}}(x,y) = \sum_{i=1}^{n} |x_i - y_i|$$

显然,曼哈顿距离定义可理解为考察两个数据点在各维上的坐标之间距离的总和。

若将欧氏欧式距离理解为数据点之间的直线距离,那么分析曼哈顿距离时,可将其理解为两个数据点之间的折线距离,即把两个数据点视为两个十字路口,曼哈顿距离是从一个十字路口走到另一个十字路口的路径长度。注意上述定义中的"走到",说明曼哈顿距离并非计算两个十字路口之间的直线距离。

(3) 闵可夫斯基距离。

$$\text{dist}_{\text{m}}(x,y) = \left(\sum_{i=1}^{n} (|x_i - y_i|^h) \right)^{\frac{1}{h}}$$

闵可夫斯基距离是欧氏距离的拓展,即当 $h=2$ 时,闵可夫斯基距离就成为欧氏距离。

2）基于划分的聚类方法

对于给定的数据集，基于划分的方法构建数据集上的 k 个划分，每个划分表示一个簇。此类聚类算法的代表是 k-均值算法（k-means）和 k-中心点算法（k-medoide）。

k-means 算法首先随机选择 k 个数据点作为 k 个簇的中心，然后计算其他数据点到当前各个簇中心的距离，根据与之距离最小的簇更新数据点的簇标号，接着用新的簇成员计算其平均值作为簇的新中心，再次计算各数据点到当前各个簇中心的距离，如此反复，直到各个簇的中心不再变化。k-means 算法中，k 是很关键的一个参数，可以人为凭借经验设定或者从数据中学习。此外，k-means 算法的许多变体算法在距离定义的选择、更新簇中心的方式及迭代的细节设定上都做出了改进工作。

k-medoide 算法与 k-means 算法类似，只是在确定各个簇中心时不是采用簇成员的平均值作为簇中心，而是选择最接近这个平均值的某个具体数据点来作为簇中心。此算法克服了 k-means 算法对噪声数据敏感的弊端，因为若存在噪声数据，其取值往往偏于极端，这会扭曲数据点的平均值，进而造成聚类结果失真。

3）基于层次的聚类方法

层次聚类方法的过程可用一棵倒置的树结构进行描述。若此树结构是从上到下生成，树根代表原数据集，向下逐层展开的分支节点代表对上层数据集合的划分，则此时的层次聚类方法被称为分裂式层次聚类。若树结构是从下到上生成，从最下层的叶节点逐渐向上汇聚成更大的数据集合，则称其为凝聚式层次聚类。前者在初始阶段视所有的数据为一个大簇，随后的每一步将一个簇分裂为更小的簇，直到分裂的结果达到预定的终止条件。后者则在初始时将每个数据点视为单独的一个簇，然后相继合并相似或相近的簇，直到形成的簇达到某种终止条件。

层次聚类方法多通过迭代过程实现，迭代的终止条件决定了聚类簇的粒度大小。这个终止条件的一个经典设定是：当类内相似度达到最大且类间相似度达到最小时，算法终止。

4）基于密度的聚类方法

很多聚类方法的性能受数据分布的影响较大，如基于划分的聚类方法，只在具有球状簇的数据集上表现良好，即，它们可以很好地辨识出球状簇，但当遇到不规则形状的簇，如流形簇时，表现就不尽如人意了。

基于密度的聚类方法消除了数据分布对聚类性能的影响，使用数据的分布密度信息作为聚类的依据，因此在不规则分布的数据集上也有良好的表现。这类方法的思想是反复检查数据点邻域的密度情况，当两个邻域的密度均超过了设定的阈值时，可将两个邻域合并，如此反复，直到所得到的数据簇满足预设的聚类要求为止。此类方法实际是在不断地识别出数据高密度分布区域，并根据二者的密度信息决定是否合成为一个更大的高密度区。聚类过程结束时，在数据分布空间，一些分布低密度区域可将若干数据高密度区域分隔开来。

基于密度的聚类方法的实现过程，有些类似于成语"聚沙成塔"所描述的过程。沙子代表数据，众多沙子凝聚为一个个沙团的过程，就是数据点或者数据集合逐渐合并形成数据簇的过程。这一过程可根据聚类的粒度要求随时停止。在计算数据分布的密度时，可采用多种方式，甚至可以用数据点邻域内邻居点的数目作为数据密度的表征量，这种简单的离散值的计算大大降低了算法的运行代价，使得算法易于实现。

DASCAN 和 OPTICS 是基于密度的聚类方法的两个代表。

5) 基于网格的聚类方法

基于网格的聚类方法的基本思想是,首先将数据空间划分为一个规则的网格,每个网格是空白或者包含数据点的单元;接着判断各网格中的数据密度,若网格的数据密度大于某一阈值,则将其标记为一个独立的簇,否则分析与该网格相邻的网格的密度;若相邻网格的密度大于某阈值,则将该网格与此相邻网格合并。如此反复操作,直到当前每一个网格的相邻网格的密度都低于阈值时停止。

基于网格的聚类方法最终提供了比较"方正"的簇,簇与簇之间是由数据密度低的网格作为划分的间隔。根据划分数据空间为网格的不同方式,可以形成不同的基于网格的聚类方法。

STING(Statistical Information Grid)是一种多用于处理图像数据的聚类方法,它根据图像不同级别的分辨率,将数据空间划分为不同级别的矩形网格,如图 4.24 所示。计算每个网格的常规统计信息,如网格内数据的均值、最大值、最小值等。STING 从最高层(第一层或者某一层)开始,逐层考查当前层次的各个网格的统计信息,据此判断网格是否为噪声单元。若为噪声单元,则不参与后续聚类过程。处理下一层的各个单元时,则仅考虑上层网格中的非噪声单元所覆盖的本层单元,同样也根据这些网格的统计信息确认其是否为噪声单元。如此反复操作,直至最底层的网格均被处理完毕,此时最底层的稠密网格将形成数据簇。

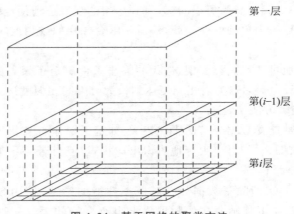

图 4.24　基于网格的聚类方法

WaveCluster 是基于小波变换这一数学工具完成聚类的算法,该方法首先对数据空间进行划分,然后使用小波变换对数据进行处理,将数据映射到另一个空间,并在新的空间中发现数据簇的分布。这种方法的本质是将数据从原始特征空间映射到另一个更易于发现数据簇的空间,并在新的空间完成聚类。实现从原数据空间到新空间映射的工具是小波变换。

CLIQUE 是另一种基于网格的聚类方法的代表,它在处理高维数据时表现良好。该方法的执行步骤是基于一个对高维数据的认知:如果一个 n 维数据单元是密集的,那么它在 $n-1$ 维空间上的投影也是密集的。该认知的逆否命题为:如果一个 n 维的数据单元,其在 $n-1$ 维上的投影单元有任何一个是非密集的,那么这个 n 维单元也不是密集的。根据此逆否命题,CLIQUE首先在每一维上将数据划分为矩形单元,并识别其中的密集单元——可以用阈值或其他方式进行判断;如果在 $n-1$ 维上某密集单元的邻居单元也是密集单元,则将二者合并,并在 n 维空间中继续考虑此合并所得的单元的密集情况。

在CLOQUE方法中,通过检查低维空间内单元的密集情况来排除稀疏单元,从而逐渐缩减后续分析中需要考虑的数据单元覆盖的空间。

视频讲解

6) 基于模型的聚类方法

此类方法是通过建立聚类模型来描述数据簇的分布特征。具体实现时主要有两种思路:基于统计模型的方法和基于神经网络的方法。

基于统计模型的方法假设数据是根据某种概率分布而生成,因此,首先为数据集设定某一概率分布函数,然后从数据中提取知识来设定概率分布函数中的参数,以使得该模型与数据达到尽可能地匹配,即,该模型能够尽量好地描述出数据分布特征。此后,根据此概率模型找出其密集分布区域,进而形成数据簇。

基于神经网络的方法则是在数据上训练人工神经网络模型,用神经网络模型来描述数据分布特征。当人工神经网络用于分类任务时,有教师信号的参与来帮助调整网络参数。当人工神经网络用于聚类时,网络结构中会用到带有竞争性质的神经元,以保证从无监督信号的数据中提取出重要特征信息并以此建立簇的划分依据。因此,在训练此类神经网络结构时,不是更新所有神经单元之间的连接权值,而是只更新那些被激活的神经单元的连接权值。即当向网络中输入数据时,经过神经单元激活函数的处理,只有唯一的或者少数的神经单元达到阈值要求,处于被激活状态。此时可认为这少数的神经单元表达了当前输入数据的特征,可视为当前数据的模式。不同的数据激活了不同的神经单元,那么,与同一神经单元呼应的那些输入数据自然地也就构成了具有同类特征的、彼此之间具有极高相似度的数据簇。显然,训练完毕后,被激活的那些神经单元分别代表了数据集中的各个簇的特征,甚至可认为是各个簇的中心。

用于聚类的神经网络中的两个代表是竞争学习网络和自组织映射网络。

7) 其他的聚类方法

实际上,很多分类方法都可以做适当的细节改造,成为聚类算法。改造的目标是令原训练模型能够在无教师信号的数据上提取数据特征,完成寻找数据簇的工作。例如,支持向量机这一经典的二分类工具,可以改变其优化目标,令其去寻找数据分布区的轮廓,然后再对轮廓所包围的数据进行辨认从而给出数据簇信息。

8) 孤立点检测

在执行聚类任务时,可能产生若干副产品信息,如孤立点信息。孤立点是与其他大部分数据分布模型不一致的数据点。孤立点可以是噪声、误差数据、错误数据,但也可能是有重要意义的特别数据,如银行数据中的欺诈行为、机器运行数据中的故障信号、病人检测数据中的异常指标等。

对于二维或三维空间中球形分布的数据,可以用数据可视化方法找到孤立点,因为人的视觉是最迅速、最直观的信息获取工具。但对于高维数据或异形分布数据,数据可视化就无能为力了。此时可用基于统计学的方法、基于距离的方法和基于偏移的方法找出与数据主要分布区差距较大或与数据主要特征差异较大的那些数据,作为孤立点的候选者。

3. 回归

回归,是一种广义的分类。在分类中,分类的结果是有限个离散的值,即有限个类别标号。那么,如果将有限的离散值扩展到无限的连续值,就对应了回归的过程。

在这一分析角度下,分类和回归都是在做预测。分类是为测试数据预测一个离散的类别标号,回归是为测试数据预测一个连续的具体值。这种预测过程也实现了一种映射,将测试数据映射为一个类别标号或者连续的值。图 4.25 给出了回归思想的示意图。

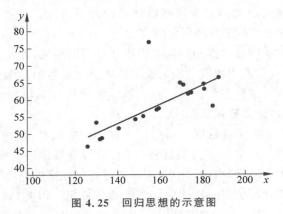

图 4.25　回归思想的示意图

可以想象如下的场景来更加形象地理解回归的含义:一个人手中抓了一把米,向地上扔出这把米,那么这把米落地后在地上形成了一个分布轨迹。若是对这个分布轨迹建立一个函数模型,使该函数的曲线尽可能地模拟米粒的分布轨迹,那么这个函数就是一种回归模型。这些米粒代表了数据点,这个函数曲线便是这些数据点上的回归曲线。

例如,设这些米粒的坐标表示(年份,收入),当从这些数据中学习获得了回归模型时,实际上就获得了时间与收入之间的函数关系。此后,当希望预测未来某一年份的收入数据时,可以将年份数据代入回归函数,便计算得到对应的收入值。这便是预测的过程,从已有的数据中学习获得描述数据的分布规律的回归函数,并对后续的相关信息进行预测。

回归函数可以是线性函数,也可以是非线性函数。前者的函数复杂度低,算法耗费较低,但描述数据轨迹的能力相对较弱;后者的函数复杂度高,算法耗费较高,但描述数据轨迹的能力相对较强。

【思政 4-2】　聚类和回归的延伸思考

我们中国有句谚语"物以类聚,人以群分",意思是同类的东西常聚在一起,志同道合的人相聚成群。这句谚语也表达了数据分析中的聚类思想,即根据事物的特征而划分类别,根据人的性格志向而形成不同的群体。

与虎成王,与狼成寇,与鹰翔翔,与雀低飞。人亦如此,选择什么样的伙伴,则有成为和伙伴类似状态的趋向。选择积极向上的朋友,你就非常可能成为积极向上的人;选择比你更优秀的朋友,你的朋友的努力和坚持会潜移默化影响你,为你提供成功的经验,你会变得更优秀。

人是一种圈子动物,每个人都有自己的人际圈子。每个人的区别在于:有的人圈子小,有的人圈子大;有的人圈子能量高,有的人圈子能量低;有的人会经营圈子,有的人不会经营圈子；有的人依靠圈子左右逢源、飞黄腾达，有的人脱离圈子捉襟见肘、一事无成。建立一个充满阳光的、书香四溢的、乐观进取的朋友圈，将给自己带来多么大的益处啊！因为，我们心意相通，默契相投，三观端正，携手同行！

至于回归，实际是在已知的数据上建立回归函数去描述这些数据的分布特征或分布轨迹，是一个从具体实例到抽象模型的过程。在建立模型的过程中，需要用模型与已知数据之间的差异作为依据来调整模型的参数及其他细节。

如果从模型自身角度分析，这个过程是其不断自我调整，自我优化，直到模型精度达到预定目标的过程。这种自我修正、自我更新，是我们在生活、学习和工作中需要借鉴并实施的。

孔子说："吾日三省吾身。"习近平总书记也指出，在进行社会革命的同时不断进行自我革命，是我们党区别于其他政党最显著的标志，也是我们党不断从胜利走向新的胜利的关键所在。只要我们始终不忘党的性质宗旨，勇于直面自身存在的问题，以刮骨疗毒的决心和意志消除一切损害党的先进性和纯洁性的因素，就能够形成党长期执政条件下实现自我净化、自我完善、自我革新、自我提高的有效途径。

自我净化、自我完善、自我革新、自我提高，这构成了一个人自我成长的良性循环。此循环的流畅运转，需要个人具有较强的自律能力，能够自我约束，自我管理，自己成为自己的老师，自我监督，自动调整。

这其实比较难，人们都说，人最大的敌人就是自己。确实，在当前社会的复杂环境中，一个人在专心学习、忘我工作时都会受到各种诱惑，所以首先要抵制诱惑，在此基础上还要改变旧习，以更高的要求去规范并重塑自己的行为。

如何能做到这种自我更新？人们在年幼的时候，自然随着自己的天性行事，很少考虑长远的计划。随着年龄渐长，知识渐增，思想愈加深刻，便会逐渐回顾往日之事，总结经验教训并引以为戒。时至青年，则会慢慢在心中持有坚定的目标，进而心怀高远的信仰，这些都是促成自律的良好动机。当你阅读至此，是否更加明确了自我学习、自我提升的意义，是否也拥有了更多的勇气来朝着优秀的方向改变自己？必然如此，且看明朝我辈之青年，容光焕发，风采动人！

4.4.4　数据可视化

1. 数据可视化的含义

数据可视化是将机械的数字转换为设计多样、色彩丰富并具有不同形状的图形化表达的过程。

很多信息若用数字表示，准确而严谨，且使用数字参与计算和分析能够产生正确的结果。但是，当用户直接观察数字数据，眼睛获取的数据信息需要在大脑中进行比较思考来确定数字表达的意义。因此人脑并不能迅速地从数字中得到直接结论，而是需要消耗时间从数字中提炼信息。而图形化呈现数据的方式则完全不同，能够直接地、无延迟地向人脑传递出蕴含在数据中的含义和规律，毕竟，将数据用差异巨大的色块或图形来描述，能够瞬时将人的注意力聚焦于此。而且，数据可视化的结果往往以统计特征为主要信息源，有利于从数据中观察到更科学全面的结论。

数据可视化包含三方面的内容：科学可视化、信息可视化、可视分析。

科学可视化面向科学和工程领域,基于测量或实验等数据(如空间坐标和几何信息的三维空间测量数据、计算机仿真数据、医学影像数据),重点探索如何以几何、拓扑和形状特征建立图形可视化结果来呈现数据中蕴含的规律。

信息可视化的处理对象是非结构化、非几何的抽象数据,如金融交易、社交网络和文本数据,其核心挑战是针对大尺度高维复杂数据如何减少视觉混淆对信息的干扰。

近几年来,随着人工智能的兴起,人们逐渐开始使用计算机将可视化结果与数据分析相结合,以学习并探索蕴含在数据中的现象和规律,并做出进一步的解释、分析和决策。这便是可视分析的过程,也同时形成了一门新的学科——可视分析学。图 4.26 描述了数据可视化与数据分析之间的关系。

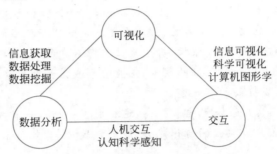

图 4.26　数据可视化与数据分析之间的关系

在图 4.26 中,需要注意区别数据可视分析和数据分析的差异。虽然二者都致力于从数据中获得知识,但是它们所使用的方法有明显不同。数据可视分析是用友好的图形符号将数据呈现给用户,使用户易于准确地感知数据的意义。而数据分析一般是指数据挖掘过程,即通过在数据上运行计算机程序获得数据中隐藏的模式或结论,并将这些模式或结论直接反馈给用户。换句话说,数据可视分析适用于呈现数值数据,使用户直观地看到数据的图形化表达,但需要用户较多地参与数据的组织和准备。因此,数据可视分析能够初步探索性地获得数据的浅层结论。数据分析则可以直接处理生动的、客观且严谨的数字、数值、字符等多种数据形式,并能够通过计算反馈出数据内部更深刻的规律和结论。

2. 数据可视化的几个原则

市面上有很多成熟的数据可视化软件可以提供数据可视化服务。但若是用户自己使用简单的诸如 Excel 或者数据库软件来做小规模的数据可视化工作时,可以参考如下几条指导性原则。

1) 面积及尺寸可视化

对数据的不同指标可采用不同的图形(如柱状、环形以及波形图)分别进行显示,并在长度、高度或面积上突出目标数据或占主体地位数据的份额,这可使读图者的注意力最大限度地集中于目标的数据含义上。

2) 颜色可视化

通过调整图形中颜色的深浅来表达目标值的强弱和细节,是数据可视化设计的常用做法。颜色可视化的原则是要使用户一眼看上去便可以总揽全局,发现最突出的数据部分。

3) 图形可视化

图形可视化是在进行数据整理时,使用有实际含义的图形来呈现数据信息,使数据自身的信息意义和与其他数据的关系生动地展示出来。

4）地域空间可视化

地域空间可视化是当目标数据要表达的主题跟地域有关联时,选择地图作为全局背景,同时突出目标地理位置信息,便于用户直观了解地理全域信息,并保证用户可以依据地理位置快速定位到某一区域来查看详细数据。

5）概念可视化

当目标数据是晦涩难懂的抽象概念时,使用概念可视化将目标数据转换或者拆分成一般用户所熟悉的简单数据,以便用户更快速地获知图形要表达的意义。

第5章 算法和编程

[导语]

　　算法就是解决问题的一系列方法和步骤,最早可追溯到公元前 2000 年,古巴比伦的数学家提出了一元二次方程和解法。约公元前 480 年,中国人使用分配方法得到二次方程的正根。在计算机领域,算法通常指能在计算机上执行的一种解法,它接收一些值作为输入,产生一些值作为输出,算法若用某种编程语言实现就是程序,程序就是算法在计算机上的实现。

[教学建议]

教 学 要 点	建 议 课 时	呼 应 的 思 政 元 素
算法设计	2	引入中国古代的故事作为问题,让学生体会古人的智慧,增强民族自豪感
编程实例	2	用计算思维解决古代数学问题,让学生体会古人的智慧,培养科学自信

视频讲解

5.1　问题求解思想

　　人类在解决问题时一般遵循一定的步骤,如图 5.1 所示,从理解问题,制订解决问题的计划或方案,实施计划,到对完成情况进行评估,这一系列步骤就是问题求解过程。例如,假设某公司有员工 100 人,每位员工的工资和当月业绩有关,如果现在需要统计该公司当月工资总和,则可以按照以下步骤解决问题。

理解问题 → 解决方案 → 实际实施 → 结果评估

图 5.1　人类解决问题的步骤

　　(1) 理解问题:数值求和问题。

　　(2) 解决方案:使用加法相加。

　　(3) 实际实施:找纸和笔,逐个加上每位职工当月工资。

　　(4) 结果评估:工资总和是否有异常。

和人类解决问题的步骤类似,利用计算机求解问题时,也包括几个阶段,但不同的是,计算机用程序来实现算法,因此需要考虑算法实现过程中数据的存储、数据的处理、数据的输入/输出等问题,如图5.2所示。

图 5.2 计算机解决问题的步骤

(1) 理解问题:数值求和问题,输入 n 个工资信息,输出 n 个工资的和。

(2) 设计算法:输入数据放在数组里,采用循环语句将数组里的数据逐个相加,并输出最终结果到终端。

(3) 编写程序,代码如下:

```cpp
# include < iostream >
using namespace std;
const int N = 100;
int main()
{
  int i;
  float salary[N];
  double total = 0;
  for(i = 0;i < 100;i++)
    {
    cin >> salary[i];
    total += salary[i];
    }
  cout << total << endl;
  return 0;
}
```

(4) 算法评估:时间复杂度为 $O(n)$,空间复杂度为 $O(1)$。

5.2 算法设计

5.2.1 算法特性

视频讲解

算法指的是解决问题的一种方法或一个过程,是若干指令的有穷序列。算法具有以下5个重要特性。

(1) 有穷性:算法必须在执行有穷步之后结束,且每一步都可以在有穷的时间内完成。

(2) 确定性:算法的每条指令必须有确切的含义,确保无歧义。

(3) 可行性:算法中描述的操作都可以通过已经实现的基本运算执行有限次来实现。

(4) 输入:一个算法有 0 个或多个输入。

(5) 输出:一个算法有 1 个或多个输出。

算法与程序的区别如下。

(1) 算法是解决问题的方法、步骤。

(2) 程序是算法的具体代码实现。

(3) 算法是程序设计的核心,算法的好坏直接决定了程序的效率。

视频讲解

5.2.2 算法的表示

1. 算法的自然语言表示

用自然语言直接描述算法,简单、便于阅读,如例 5-1。

【**例 5-1**】 用自然语言描述:计算并输出矩形的面积。

【**解 5-1**】 算法主要分为输入、处理和输出三个步骤,具体如下:

(1) 输入矩形的长 a 和宽 b。

(2) 计算 $a \times b$ 的值,并赋给变量 s。

(3) 输出 s。

2. 算法的伪代码表示

伪代码用类似自然语言的形式表达算法,结构清晰、代码简单、可读性好。

【**例 5-2**】 用伪代码描述:计算并输出矩形面积。

【**解 5-2**】 伪代码如下所示:

```
(1) Begin
(2) 定义 a,b,s
(3) 输入 a,b 的值
(4) s = a * b
(5) 输出 s
(6) End
```

3. 程序流程图表示

程序流程图用图的形式画出程序流向,是算法的一种图形化表示方法,具有直观、清晰、更易理解的特点。程序流程图由处理框、判断框、起止框、输入/输出框、连接点、流程线等构成,程序流程图的符号如表 5.1 所示。

表 5.1　程序流程图的符号

符　　号	含　　义
⬭	起止框用圆边框表示,代表算法的开始或结束
▭	处理框用矩形框表示
▱	输入/输出框用平行四边形表示
◇	判断框用菱形表示
→	箭头表示流程线
◯	圆圈表示连接点

【**例 5-3**】 用程序流程图描述:输入 x,y,计算 z＝x/y,输出 z。

【**解 5-3**】 对应的程序流程图如图 5.3 所示。

4. N-S 图表示

N-S 图是美国学者 L. Nassi 和 B. Shneiderman 于 1973 年提出的一种新的流程图形式。N-S 图去掉了带箭头的流程线,全部算法写在一个矩形框内,算法的每个处理步骤用一个矩形框表示,且矩形框中可以嵌套另一个矩形框,或者说,由一些基本的框组成一个更大的框。N-S 图也被称为 N-S 结构化流程图。图 5.4 列出了 N-S 图的三种基本结构。

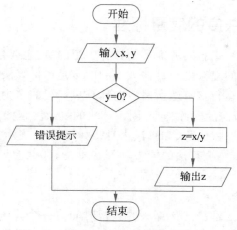

图 5.3 程序流程图

(a) 顺序结构　(b) 选择结构　(c) 循环结构

图 5.4 N-S 图

【例 5-4】 输入整数 m,判断它是否为素数。

【解 5-4】 其 N-S 图如图 5.5 所示。

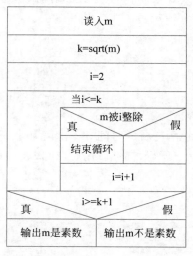

图 5.5 例 5-4 的 N-S 图

5.2.3 算法复杂度的度量标准

算法复杂度指的是算法运行时所需要的计算资源的量,主要包括时间资源和空间资源,分别对应时间复杂度和空间复杂度。算法效率的度量是评价算法优劣的重要依据。一个算法的复杂度的高低体现在运行该算法所需要的计算机资源的多少上面,所需的资源越多,算法的复杂度越高;反之,所需的资源越少,则该算法的复杂度越低。算法复杂度只依赖于算法要求解的问题的规模、算法的输入和算法本身。如果用 C 表示复杂性,分别用 N、I 和 A 表示算法要求解的问题的规模、算法的输入和算法本身,那么应该有 $C=F(N,I,A)$,$F(\ )$ 为关于 N、I、A 的函数。

1. 算法的时间复杂度

算法的时间复杂度是定性描述该算法的运行时间。一个算法执行所耗费的时间,不仅和算法有关,和运行时的环境也有关,因此通过在计算机上运行程序获取某个算法的绝对运行时间,称为事后估计法。使用绝对运行时间衡量算法的效率是不合适的,如果不关注与计算机软硬件相关的因素,则可以认为一个算法的时间效率只依赖于问题的规模(通常用整数 n 表示),是问题规模的函数,通常用算法中基本操作重复执行的次数来表示,称为语句频度或时间频度,用 $T(n)$ 表示。若有某个辅助函数 $f(n)$,使得当 n 趋近无穷大时,$T(n)/f(n)$ 的极限值为不等于零的常数,则称 $f(n)$ 是 $T(n)$ 的同数量级函数。记作 $T(n)=O(f(n))$,称 $O(f(n))$ 为算法的渐进时间复杂度,简称时间复杂度。时间复杂度常用 O 表示,不包括这个函数的低阶项和首项系数。

在各种不同的算法中,若算法中语句执行次数为一个常数,则时间复杂度为 $O(1)$。另外,在时间频度不相同时,时间复杂度有可能相同,如 $T(n)=n^2+3n+4$ 与 $T(n)=4n^2+2n+1$ 的频度不同,但时间复杂度相同,都为 $O(n^2)$。

常见的时间复杂度量级:常数阶 $O(1)$<对数阶 $O(\log n)$<线性阶 $O(n)$<线性对数阶 $O(n\log n)$<平方阶 $O(n^2)$<立方阶 $O(n^3)$<k 次方阶 $O(n^k)$<指数阶(2^n),从前往后时间复杂度越来越大,执行的效率越来越低。下面我们举一些例子来讨论一下时间复杂度。

(1) 常数阶 $O(1)$。

无论代码执行了多少行,只要没有循环等复杂结构,那这个代码的时间复杂度就都是 $O(1)$,如下述程序段:

```
int i = 1;
int j = 2;
++i;
j++;
int m = i + j;
```

上述代码在执行的时候,它所耗费的时间并不随着某个变量的增长而增长,那么无论这类代码有多长,即使有几万、几十万行,都可以用 $O(1)$ 来表示它的时间复杂度。

(2) 线性阶 $O(n)$。

请看如下这段代码:

```
for(i = 1; i <= n; ++i)
{
```

```
        j = i;
        j++;
    }
```

这段代码，for 循环里面的代码会执行 n 遍，因此它消耗的时间是随着 n 的变化而变化的，因此这类代码都可以用 $O(n)$ 来表示它的时间复杂度。

（3）对数阶 $O(\log n)$。

请看如下程序段：

```
int i = 1;
while(i < n)
{
    i = i * 2;
}
```

从上面的代码可以看到，在 while 循环里面，每次都将 i 乘以 2，乘完之后，i 距离 n 就越来越近了。我们试着求解一下，假设循环 x 次之后，i 就大于 n 了，此时这个循环就退出了，也就是说 2 的 x 次方等于 n，那么 x＝$\log_2 n$，也就是说当循环 $\log_2 n$ 次以后，这个代码就结束了。因此这段代码运行的时间复杂度为 $O(\log n)$。

（4）线性对数阶 $O(n\log n)$。

时间复杂度为 $O(\log n)$ 的代码循环 n 遍，它的时间复杂度就是 $nO(\log n)$，也就是 $O(n\log n)$。下面的程序段便是这种情况：

```
for(m = 1; m < n; m++)
{
    i = 1;
    while(i < n)
    {
        i = i * 2;
    }
}
```

（5）平方阶 $O(n^2)$。

如果把 $O(n)$ 的代码再嵌套循环一遍，它的时间复杂度就是 $O(n^2)$ 了，例如，以下程序片段：

```
for(x = 1; i <= n; x++)
{
    for(i = 1; i <= n; i++)
    {
        j = i;
        j++;
    }
}
```

这段代码嵌套了 2 层 for 循环，它的时间复杂度就是 $O(n\times n)$，即 $O(n^2)$，如果将其中一层循环的 n 改成 m，如下：

```
for(x = 1; i <= m; x++)
{
    for(i = 1; i <= n; i++)
    {
        j = i;
        j++;
    } }
```

此时程序段的时间复杂度就变成了 $O(m \times n)$，立方阶 $O(n^3)$、k 次方阶 $O(n^k)$ 与以上类似。

2. 算法的空间复杂度

空间复杂度是对一个算法在运行过程中临时占用存储空间大小的一个度量，包括：①程序本身所占空间；②输入数据所占空间；③辅助变量所占空间。输入数据所占空间只取决于问题本身，和算法无关，故只需分析除输入和程序之外的辅助变量所占的额外空间。空间复杂度一般也作为问题规模 n 的函数，以数量级形式给出，记作 $S(n) = O(g(n))$。常见的 $S(n)$ 有 $O(1)$、$O(n)$、$O(n^2)$。

(1) 空间复杂度 $O(1)$。

如果算法执行所需要的临时空间不随着某个变量 n 的大小而变化，即此算法空间复杂度为一个常量，记为 $O(1)$。举例如下：

```
int i = 1;
int j = 2;
++i;
j++;
int m = i + j;
```

代码中变量 i、j、m 所分配的空间都不随着处理数据量的变化而变化，因此它的空间复杂度为 $S(n) = O(1)$。

(2) 空间复杂度 $O(n)$。

举例如下：

```
1. int[] m = new int[n]
2. for(i = 1; i <= n; ++i)
3. {
4.     j = i;
5.     j++;
6. }
```

这段代码中，第一行动态申请了一个数组，数组的大小为 n，这段代码的 2～6 行，虽然有循环，但没有再分配新的空间，因此，这段代码的空间复杂度主要看第一行即可，即 $S(n) = O(n)$。

5.2.4 常见基础算法

1. 穷举算法

穷举算法的基本思想是根据题目的部分条件确定答案的大致范围，并在此范围内对所有可能的情况逐一验证，直到全部情况验证完毕。若某个情况验证符合题目的全部条件，则

视频讲解

为本问题的一个解；若验证完全部情况后都不符合题目的全部条件，则本题无解。穷举法也称为枚举法。例如，早在 1500 年前的《孙子算经》中，记载了一道有趣的数学题——鸡兔同笼问题。

【例 5-5】 鸡兔同笼问题，原文如下：

今有雉兔同笼，上有三十五头，下有九十四足，问雉兔各几何？

【解 5-5】 解决鸡兔同笼问题采用穷举思想：设鸡有 x 只，又因为每只鸡有 2 条腿，所以鸡的数量小于或等于 47 只；因为鸡兔一共有 35 只头，所以兔的数量为 $35-x$，那么可以把鸡的数量一一列举出来，得到兔的数量，并验证是否满足题目条件。

具体的程序代码如下：

```
# include < iostream >
using namespace std;
int main()
{
    int x;
    for(x = 0;x < = 47;x++)
        if(2 * x + 4 * (35 − x) == 94)
        cout << x <<" "<< 35 − x << endl;
    return 0;      }
```

2. 贪心算法

贪心算法又称贪婪算法，是指在对问题求解时，总是做出在当前看来是最好的选择。也就是说，不从整体最优上加以考虑，算法得到的是在某种意义上的局部最优解，贪心算法不是对所有问题都能得到整体最优解，贪心算法最重要的就是贪心策略的选择。例如西汉司马迁所著的《史记·孙子吴起列传》记载的历史上有名的田忌赛马的故事。

【例 5-6】 田忌赛马，原文描述如下：

齐使者如梁，孙膑以刑徒阴见，说齐使。齐使以为奇，窃载与之齐。齐将田忌善而客待之。忌数与齐诸公子驰逐重射。孙子见其马足不甚相远，马有上、中、下辈。于是孙子谓田忌曰："君弟重射，臣能令君胜。"

田忌信然之，与王及诸公子逐射千金。及临质，孙子曰："今以君之下驷彼上驷，取君上驷与彼中驷，取君中驷与彼下驷。"既驰三辈毕，而田忌一不胜而再胜，卒得王千金。于是忌进孙子于威王。威王问兵法，遂以为师。

【解 5-6】 将原文进行翻译，释义如下：

齐国使者到大梁来，孙膑以刑徒的身份秘密拜见，用言辞打动齐国使者。齐国使者觉得此人不同凡响，就偷偷地用车把他载回齐国。齐国将军田忌赏识他并像对待客人一样礼待他。田忌经常与齐国诸公子赛马，设重金赌注。孙膑发现他们的马脚力都差不多，可分为上、中、下三等。于是孙膑对田忌说："您只管下大赌注，我能让您取胜。"

田忌相信并答应了他，与齐王和诸公子用千金来赌胜。比赛即将开始，孙膑说："现在用您的下等马对付他们的上等马，拿您的上等马对付他们的中等马，拿您的中等马对付他们的下等马。"三场比赛完后，田忌一场不胜而两场胜，最终赢得齐王的千金赌注。于是田忌把孙膑推荐给齐威王。威王向他请教兵法后，就把他当作老师。

具体在解决田忌赛马问题时，采用贪心策略，即考虑孙膑的策略是充分利用每一匹马的战斗力,若已方的最好马优于对方的最好马,则使已方的最好马战胜对方的最好马;若已方的最好马劣于对方的最好马,则必定要输一次,用己方最劣的一匹马消耗对方的最好马,从而使己方的最好马可以对战对方下一个等级的马,增大赢的概率。当双方的最好马实力相当时,为了尽可能多赢,检查双方最劣马的实力,若已方最劣马强于对方,则先用己方最劣马战胜对方最劣马,保证赢一局,若已方最劣马弱于对方,则该匹马注定要输,用其消耗对方最高战斗力。若双方最劣马实力相当,仍用己方最劣马消耗对方最好马,当只看最优和最劣两组数据时,这样最坏的结果是平局,然而可以增大中间数据赢的概率。

把三匹马较简单的情况扩展到 n 匹马,则形成田忌赛马的一般问题,具体描述如下。

【问题描述】 如果 3 匹马变成 n 匹($n \leqslant 100$),齐王仍然让他的马按照从优到劣的顺序出赛,田忌可以按任意顺序选择他的赛马出赛。赢一局,田忌可以得到 200 两银子。输一局,田忌就要输掉 200 两银子。已经知道齐王和田忌的所有马的奔跑速度,请设计一个算法,帮助田忌赢得最多的银子。

【贪心策略】

(1) 如果田忌的最快马快于齐王的最快马,则两者比。

(2) 如果田忌的最快马不快于齐王的最快马,则比较田忌的最慢马和齐王的最慢马。

① 若田忌的最慢马快于齐王的最慢马,两者比。

② 其他,则拿田忌的最慢马和齐王的最快马比。

具体的程序代码如下:

```cpp
# include < iostream >
# include < vector >
# include < algorithm >
using namespace std;

int count1 = 0;                          //胜利场次
int count2 = 0;                          //平局场次
int cnt = 0;                             //败北场次

int tianRac(vector < long long > Tian, vector < long long > King, int n)
{
    int money = 0;                       //田忌赢的钱
    int tianh = 0, tiane = n - 1, kingh = 0, kinge = n - 1;
    //分别标记田忌队和齐王队的最快和最慢的马
    //共有 n 次比赛,每进行一次,就换下一匹马
    for (int i = 0; i < n; i++){
    //田忌快马比齐王快马快时,那就与其一较高下
        if (Tian[tianh] > King[kingh]){
            count1++;
            tianh++;                     //下一个
            kingh++;                     //下一个
        }
    //田忌快马不比齐王快马快时,比较慢马是否能赢
        else{
            //田忌的慢马比齐王的慢马快时
            if (Tian[tiane] > King[kinge]){
                count1++;
                tiane -- ;
```

```
                        kinge -- ;
                }
                //田忌的慢马不比齐王的慢马快,就用慢马和他的快马比
                else if (Tian[tiane] > King[kingh]){
                        cnt++;
                        tiane -- ;
                        kingh++;
                }
        }
    }
    count2 = n - count1 - cnt;
    money = count1 * 200 - cnt * 200;
    return money;                    //返回田忌赢的钱
}
int main()
{
    int n;                          //比赛双方马的数量
    cout << "公等马几何" << endl;
    cin >> n;
    vector < long long > tian;
    vector < long long > king;
    long long x;
    cout << "将军 马之疾" << endl;
    for(int i = 0; i < n; i++){
        cin >> x ;
        tian.push_back(x);
    }
    cout << "王 马之疾" << endl;
    for(int i = 0; i < n; i++){
        cin >> x ;
        king.push_back(x);
    }
    sort(tian.begin(),tian.end(),greater < long long >());
    sort(king.begin(),king.end(),greater < long long >());
    int result = tianRac(tian, king, n);
    if(result > 0){
        cout << "将军 胜" << result << "两" << endl;
    }
    else if (result == 0){
        cout << "和" << endl;
    }
    else{
        cout << "将军 输" << - result << "两" << endl;
    }
    return 0;
}
```

3. 迭代算法

迭代法也称"辗转法",是一种不断用变量的老值递推新值的方法,常用于数值计算,例如,常见的累加求和、累乘求积都是迭代法的基础应用。

【例 5-7】　辗转相除法,也称欧几里得算法,是求最大公约数的算法。辗转相除法首次出现于欧几里得的《几何原本》中,而在中国则可以追溯至东汉出现的《九章算术》。

两个整数的最大公约数是能够同时整除它们的最大的正整数。辗转相除法基于如下原理：两个整数的最大公约数等于其中较小的数和两数的差的最大公约数。例如,252 和 105 的最大公约数是 21(252＝21×12,105＝21×5)；因为 252－105＝147,所以 147 和 105 的最大公约数也是 21。在这个过程中,较大的数缩小了,所以继续进行同样的计算可以不断缩小这两个数直至其中一个变成零。这时,所剩下的还没有变成零的数就是两数的最大公约数。

【解 5-7】 用辗转相除法求最大公约数的步骤如下。

(1) 输入两个非负整数 a、b。

(2) 较大的数为 a,否则交互 a、b 的值。

(3) 把 a 除以 b 的余数赋值给 b,a 取原来的 b 值。

(4) 不断重复上述过程,直到余数为 0 为止,此时的除数即为 a、b 的最大公约数。

用迭代法求最大公约数要比短除法效率高得多,即使手工求解也是一个快捷的方法,由此可见中国古人的智慧。

辗转相除法的程序代码如下：

```cpp
# include < iostream >
using namespace std;
int main()
{
int m, n, r;
cin >> m >> n;
if(m < n)
{ int t = m;
    m = n;
    n = t;
}
    r = m % n;
    while( r )
    {
        m = n;
        n = r;
        r = m % n;
    }
    cout << n << endl;
    return 0; }
```

4. 递归算法

童年时,小孩央求大人讲故事,大人会讲这样的故事：从前有座山,山上有个庙,庙里有个老和尚和小和尚,老和尚给小和尚讲故事,讲的是：从前有座山,山上有个庙,……

这个故事隐含递归的思想,递归算法是把问题转换为规模缩小了的同类问题的子问题,然后递归调用自身函数来表示问题的解。能采用递归描述的算法通常有这样的特征：为求解规模为 N 的问题,设法将它分解成规模较小的问题,然后从这些小问题的解构造出大问题的解,并且这些规模较小的问题也能采用同样的分解和综合方法,分解成规模更小的问题,并从这些更小问题的解构造出规模较大问题的解。特别地,当规模 $N＝1$ 时,可以直接得到问题的解。

递归算法的两大要素分别为递归表达式和递归出口,递归表达式是问题分解的关键,递归出口是终止条件,如果没有终止条件,则递归永远无法结束,程序会变为死循环。相应的递归算法的执行过程分递推和回归两个阶段。在递推阶段,把较复杂的问题(规模为 n)的求解推到比原问题简单一些的问题(规模小于 n)的求解。在回归阶段,当获得最简单情况的解后,逐级返回,依次得到稍复杂问题的解。例如著名的斐波那契数列问题。

【例 5-8】 求 n 的阶乘 $n!=1\times2\times3\times\cdots\times n$。

【解 5-8】 求 $n!$ 可以采用迭代方法,程序如下:

```
int factorial(int n) {
  int s = 1;
  for(int i = 1; i <= n; i++)
    s *= i;
  return s;
}
```

也可以采用递归求解,首先给出递归的表达式:

$$n! = \begin{cases} 1, & n=1 \text{ 或 } 0 \\ (n-1)! \times n, & \text{其他} \end{cases}$$

上式中,当 $n=1$ 或 0 时,$n!=1$,这是递归的终止条件,即递归出口。递归函数一定要有终止条件,否则,它将会一直调用自己,进入死循环。$n!=(n-1)!\times n$ 为递归表达式,确定了递归的任务。递归出口和递归表达式为递归的两个要素,缺一不可。

```
int factorial(int n) {
  if(n == 1 || n == 0)
return 1;
  return factorial(n-1) * n;
}
```

【例 5-9】 斐波那契数列(Fibonacci sequence)。

斐波那契数列又称黄金分割数列,因数学家莱昂纳多·斐波那契(Leonardo Fibonacci)以兔子繁殖为例子而引入,故又称为"兔子数列",指的是这样一个数列:$1,1,2,3,5,8,13,21,34,\cdots\cdots$在数学上,斐波那契数列以如下递推的方法定义:

$$F(0)=0, F(1)=1, F(n)=F(n-1)+F(n-2) \quad (n\geqslant 2, n\in \mathbf{N})$$

根据上式,求解 $F(n)$,并将其进行推导,以求解 $F(n-1)$ 和 $F(n-2)$。

【解 5-9】 为计算 $F(n)$,必须先计算 $F(n-1)$ 和 $F(n-2)$,而计算 $F(n-1)$ 和 $F(n-2)$,又必须先计算 $F(n-3)$ 和 $F(n-4)$。以此类推,直至 $F(1)$ 和 $F(0)$,返回可得到 $F(2)$ 的结果,同样地,在得到了 $F(n-1)$ 和 $F(n-2)$ 后,返回可得到 $F(n)$ 的结果。

```
int fib(int n) {
    if(n == 1 || n == 2) return 1;
    return fib(n - 1) + fib(n - 2);
}
```

【例 5-10】 最大公约数的递归法。

【解 5-10】 求两个正整数的最大公约数的辗转相除法可以表达如下:

$$gcd(m,n)=\begin{cases} n, & m\%n=0 \\ gcd(n,m\%n), & \text{否则} \end{cases}$$

其函数实现如下所示:

```
int gcd(int m, int n) {
    if(m % n == 0) return n;
    return gcd(n,m % n); }
```

5. 排序算法

排序是日常生活常见的操作之一。例如,在淘宝、京东等平台对商家按照不同规则排序,以帮助用户更快地搜到满足自己需求的商品。高校按照学生综合成绩排名,挑出最优秀的若干位学生颁发奖学金。再例如,飞机场一般都有几十个登机门,每天有几百架飞机降落和起飞,登机门的种类和大小是不同的,而飞机的机型和大小也是不同的。飞机按时刻表降落和起飞,当飞机占有登机门时,旅客可上下飞机,飞机也要接受加油、维护和装卸行李等服务。但也有意外发生,比如由于天气和机场的原因,飞机不能起飞,登机时间推迟。调度人员如何制订一个登机门的分配方案,使机场的利用率最高或晚点起飞的飞机最少。这一系列问题的求解都要以排序操作为基础。

所谓排序,就是使一串记录,按照其中某个或某些关键字的大小进行递增或递减排列的操作。排序算法就是使记录按照要求排列的方法。排序算法在很多领域具有很高的应用价值,尤其是在大量数据的处理方面。一个优秀的算法可以节省大量的资源。在各个领域中考虑到数据的各种限制和规范,要得到一个符合实际的优秀算法,得经过大量的推理和分析。

根据排序时数据能否全部放入内存,排序算法分为内部排序和外部排序。内部排序是数据记录在内存中进行排序,而外部排序是因排序的数据很大,不能一次容纳全部的排序记录,在排序过程中需要访问外存。常见的内部排序算法主要有交换类排序、插入类排序和选择类排序,对应的基础算法为冒泡排序、直接插入排序和选择排序。下面,我们一一进行介绍。

1) 冒泡排序(Bubble Sort)

冒泡排序的基本思想是重复地访问要排序的元素列,依次比较两个相邻的元素,如果元素逆序,就把它们交换过来。重复进行上述操作,直到没有相邻元素需要交换,也就是说该元素列已经排序完成。例如,图 5.6 中无序记录的初始关键字为{9,8,7,6,5,4,3,2,1,0},

初始关键字	9	8	7	6	5	4	3	2	1	0
i=0	0	9	8	7	6	5	4	3	2	1
i=1	0	1	9	8	7	6	5	4	3	2
i=2	0	1	2	9	8	7	6	5	4	3
i=3	0	1	2	3	9	8	7	6	5	4
i=4	0	1	2	3	4	9	8	7	6	5
i=5	0	1	2	3	4	5	9	8	7	6
i=6	0	1	2	3	4	5	6	9	8	7
i=7	0	1	2	3	4	5	6	7	9	8
i=8	0	1	2	3	4	5	6	7	8	9

图 5.6 冒泡排序

利用冒泡排序思想对初始记录按照从小到大的顺序排列。通过无序区中相邻记录关键字间的比较和位置的交换,使关键字最小的记录如气泡一般逐渐往上"漂浮"直至"水面"。整个算法是从最下面的记录开始,对每两个相邻的关键字进行比较,且使关键字较小的记录换至关键字较大的记录之上,使得经过一趟冒泡排序后,关键字最小的记录到达最上端,接着,再在剩下的记录中找关键字次小的记录,并把它换在第二个位置上。以此类推,一直到所有记录都有序。

这个算法名字的由来是因为越小的元素会经由交换慢慢"浮"到数列的顶端(升序或降序排列),就如同碳酸饮料中二氧化碳的气泡最终会上浮到顶端一样,故名"冒泡排序"。

```
void BubbleSort(int R[],int n)
{      int i,j;
       int temp;
       for(i = 0;i < n - 1;i++)
       {     for(j = n - 1;j > i;j-- )
                     if(R[j]< R[j - 1])
          {    temp = R[j];
       R[j] = R[j - 1];
       R[j - 1] = temp;
         }
       }
}
```

2) 直接插入排序(Insertion Sort)

直接插入排序的基本思想是:每次将一个待排序的记录,按其关键字大小插入前面已经排好序的子表中的适当位置,直到全部记录插入完成。假设待排序的记录存放在数组 R[0..n-1] 中,排序过程的某一中间时刻,R 被划分成两个子区间 R[0..i-1] 和 R[i..n-1],其中,前一个子区间是已排好序的有序区,后一个子区间则是当前未排序的部分,不妨称其为无序区。直接插入排序的基本操作是将当前无序区的第 1 个记录 R[i] 插入有序区 R[0..i-1] 中适当的位置上,使 R[0..i] 变为新的有序区。重复这个过程,直到所有的无序记录都插入有序数组中。如图 5.7 所示,从第 2 个元素开始,依次将每个记录按照升序插入前面的有序序列中。

```
初始关键字    9    8    7    6    5    4    3    2    1    0
      i=1  [8    9]   7    6    5    4    3    2    1    0
      i=2  [7    8    9]   6    5    4    3    2    1    0
      i=3  [6    7    8    9]   5    4    3    2    1    0
      i=4  [5    6    7    8    9]   4    3    2    1    0
      i=5  [4    5    6    7    8    9]   3    2    1    0
      i=6  [3    4    5    6    7    8    9]   2    1    0
      i=7  [2    3    4    5    6    7    8    9]   1    0
      i=8  [1    2    3    4    5    6    7    8    9]   0
      i=9  [0    1    2    3    4    5    6    7    8    9]
```

图 5.7 插入排序

```
void InsertSort(int R[],int n)
{      int i,j;
         int temp;
```

```
for(i = 1;i < n;i++)
{   temp = R[i];
    j = i − 1;
    while(j > = 0 && temp < R[j])
    {    R[j + 1] = R[j];
         j − − ;
    }
    R[j + 1] = temp;
}
}
```

3) 选择排序(Selection Sort)

选择排序的基本思想是:每趟从待排序记录中选出排序码最小(最大)的记录,放在已排序记录序列的最前(后),第 i 趟排序开始时,当前有序区和无序区分别为 R[0..i−1]和 R[i..n−1](0≤i<n−1),该趟排序则是从当前无序区中选出关键字最小的记录 R[k],将它与无序区的第 1 个记录 R[i]交换,使 R[0..i]和 R[i+1..n−1]分别变为新的有序区和新的无序区,具体例子如图 5.8 所示,第 1 趟排序,选择最小值 0,放到记录的第 1 个位置,第 2 趟排序,选择无序区最小值 1,放到记录的第 2 个位置,以此类推,直到所有元素都放到正确的位置。

```
初始关键字   6   8   7   9   0   1   3   2   4   5
       i=0  0   8   7   9   6   1   3   2   4   5
       i=1  0   1   7   9   6   8   3   2   4   5
       i=2  0   1   2   9   6   8   3   7   4   5
       i=3  0   1   2   3   6   8   9   7   4   5
       i=4  0   1   2   3   4   8   9   7   6   5
       i=5  0   1   2   3   4   5   9   7   6   8
       i=6  0   1   2   3   4   5   6   7   9   8
       i=7  0   1   2   3   4   5   6   7   9   8
       i=8  0   1   2   3   4   5   6   7   8   9
```

图 5.8 选择排序

```
void SelectSort(int R[ ],int n)
{    int i,j,k;
     int temp;
     for(i = 0;i < n − 1;i++)
     {    k = i;
        for(j = i + 1;j < n;j++)
            if(R[j]< R[k])
               k = j;
            if(k!= i)
            { temp = R[i];
              R[i] = R[k];
              R[k] = temp;
            }
     }
}
```

5.3 编程语言

自然语言是人与人之间沟通的工具,编程语言则是人与计算机之间沟通交流的工具,我们知道计算机是基于0、1二进制序列工作的,而二进制序列表示的指令对于人类来说过于晦涩难懂,因此就创建了计算机编程语言,用接近自然语言的形式编写解决问题的源程序。

5.3.1 常见编程语言

程序语言的数量已超过上千种,不同程序语言解决的问题各不相同,没有一种语言可以解决所有的问题,当问题随着环境变化时,就需要创造新的程序语言来适用。如图5.9所示,TIOBE 2023年7月编程语言排行榜上显示,其中前5名和2022年7月相比几乎没有变化,仍然是Python、C、C++、Java和C♯。Python在人工智能领域的带动下势不可挡,仍是第1名。自2021年10月登顶月度榜首之后,Python已牢牢占据该位置1年多,而且市场占有率继续稳步提升。JavaScript达到了第6位,创历史新高。排名前20的榜单中,MATLAB为第10位,Scratch为第12位、Rust为第17位,它们都也追平了各自的历史最高纪录。表5.2中给出了一些常见编程语言的简介、特点和目前市场需求。

Jul 2023	Jul 2022	Change	Programming Language	Ratings	Change
1	1		Python	13.42%	-0.01%
2	2		C	11.56%	-1.57%
3	4	⌃	C++	10.80%	+0.79%
4	3	⌄	Java	10.50%	-1.09%
5	5		C#	6.87%	+1.21%
6	7	⌃	JavaScript	3.11%	+1.34%
7	6	⌄	Visual Basic	2.90%	-2.07%
8	9	⌃	SQL	1.48%	-0.16%
9	11	⌃	PHP	1.41%	+0.21%
10	20	⌃⌃	MATLAB	1.26%	+0.53%
11	18	⌃⌃	Fortran	1.25%	+0.49%
12	21	⌃⌃	Scratch	1.07%	+0.35%
13	12	⌄	Go	1.07%	-0.07%
14	8	⌄⌄	Assembly language	1.01%	-0.64%
15	14	⌄	Delphi/Object Pascal	0.98%	-0.08%
16	15	⌄	Ruby	0.91%	-0.08%
17	29	⌃⌃	Rust	0.89%	+0.47%
18	10	⌄⌄	Swift	0.88%	-0.39%
19	19		R	0.87%	+0.11%
20	26	⌃⌃	COBOL	0.86%	+0.33%

图 5.9 TIOBE 编程语言排行榜

表 5.2　常见编程语言简介

语　　言	特　　点	缺　　点	职业前景
Python	人工智能、机器学习方向最佳的编程语言,具有广泛的库支持,为多种平台和系统提供支持,容易学习	由于 Python 是一种解释性编程语言,所以速度较慢	职位空缺最多,平均工资高
Java	服务器端最好的编程语言,广泛用于构建企业级 Web 应用程序	比 C 和 C++ 等本地编译的编程语言慢	很多大企业都在用
C/C++	最通用的编程语言,C 和 C++ 在编程世界中占有重要地位,快速、稳定	比较底层,软件开发能力不足	很好
C♯	微软开发的面向对象编程语言,广泛用于后端编程、构建游戏(使用 Unity)、构建 Windows 手机应用程序和许多其他用例	比较适合构建桌面应用程序	需求量不大
Visual Basic	微软开发的另一种编程语言,仍然非常流行,适合开发应用程序	不支持继承、无原生支持多线程、异常处理不完善	还不错
JavaScript	Web 前端编程语言,客户端最常用的脚本语言,被广泛用于设计交互式前端应用程序,不需要编译,非常快	限于前端,适用范围比较小	很好
Assembly Language	一种面向机器的低级语言,通常是为特定的计算机专门设计的	面向机器,处于整个计算机语言层次结构的底层,缺乏可移植性	很好
SQL	结构查询语言,用于访问、操作、与数据库通信	难扩展,仅适合关系数据库	还不错
Swift	iOS 端最高效的编程语言	有限的社区支持和资源,在编程场景中相对较新	非常好
GO(Golang)	是谷歌设计的一种编程语言,为多线程提供了出色的支持,语法简洁,更容易学习	没有 GUI 库支持	非常好
PHP	流行的后端编程语言之一。尽管 PHP 面临着来自 Python 和 JavaScript 的激烈竞争,但市场仍然需要大量的 PHP 开发人员	完全使用 PHP 开发网站要慢一些,缺乏安全性,错误处理能力差	非常好

5.3.2　编译方式

1. 编译器

编写的源代码在运行之前,编译器把源代码转换成机器代码,这一过程包括预处理、编译、链接三个步骤。预处理是对源文件进行一些文本方面的操作,比如文本替换、文件包含、删除部分代码等,常用于处理宏定义、文件包含、条件编译等操作。预处理命令要放在所有函数之外,而且一般都放在源文件的前面。例如 C 语言程序中,以"♯"号开头的命令称为预处理命令。编译把预处理过的文件翻译为二进制机器语言,编译器的输出结果称为目标代码。在一些语言中,必须把目标代码链接在一起,生成一个真正的可执行文件。而在另一些语言中,目标代码本身就可以直接执行。程序员可以把可执行目标代码复制到类似的系统上,然后就可以运行程序了。经过编译以后,程序就是一个独立的可执行文件,每种编程语言都需要使用自己的编译器转换利用这种语言编写的代码。例如,编程语言 C++ 需要使用 C++ 编译器,Java 语言需要 Java 编译器。

集成开发环境(Integrated Development Environment, IDE)是用于提供程序开发环境的应用程序,一般包括代码编辑器、编译器、调试器和图形用户界面等工具。集成了代码编写功能、分析功能、编译功能、调试功能等一体化的开发软件服务套。所有具备这一特性的软件或者软件套(组)都可以叫集成开发环境,如微软的 Visual Studio 系列,Borland 的 C++ Builder、Delphi 系列,JetBrains 公司的 IntelliJ IDEA 等。当然也可以采用命令方式,手动完成预处理、编译、链接等步骤,例如,采用 g++编译器编译 C++源程序的过程如下。

(1) 预处理命令。

g++ -E file. cpp -o file. i

(2) 编译命令。

g++ -S file. i -o file. s

(3) 汇编命令。

g++ -c file. s -o file. o

(4) 链接命令。

g++ file. o -o file. exe

2. 解释器

解释程序(interpreter)也可以把源代码转换成机器代码。不过,解释程序不是创建可执行的目标代码文件,而是在转换后执行每行代码,每次执行一行。由于解释程序动态地转换代码,所以具有编译器所缺乏的某种灵活性。但是,由于每次运行代码时都必须解释,而且在使用代码的地方必须使用解释程序的副本,所以解释代码的运行速度比编译代码慢。常用的解释语言包括 Python、JavaScript、Visual Basic。

5.4 编程技术

视频讲解

编程技术主要有结构化编程技术、面向对象编程技术、基于模型的编程技术、智能化软件开发技术等,结构化编程技术和面向对象编程技术仍然是编程主流。

5.4.1 结构化程序设计

结构化程序设计(structured programing)思想最早是 E. W. Dijikstra 于 1965 年提出的,结构化程序设计采用自顶向下、逐步求精的设计方法,各个模块通过"顺序、选择、循环"的控制结构进行连接,并且只有一个入口、一个出口。

结构化程序设计的原则可表示为:程序=算法+数据结构。

结构化编程技术的目的是创建易于阅读的代码,主要有以下 3 种典型的基本结构。

(1) 顺序结构:表示程序中的各操作是按照它们出现的先后顺序执行的。

(2) 选择结构:表示程序的处理步骤出现了分支,它需要根据某一特定的条件选择其中的一个分支执行。选择结构有单选择、双选择和多选择 3 种形式。

(3) 循环结构:表示程序反复执行某个或某些操作,直到某条件为假(或为真)时才可终止循环。在循环结构中最主要的是:什么情况下执行循环? 哪些操作需要循环执行? 循环结构的基本形式有两种:当型循环和直到型循环。

① **当型循环**:表示先判断条件,当满足给定的条件时执行循环体,并且在循环终端处

流程自动返回到循环入口；如果条件不满足，则退出循环体直接到达流程出口处。因为是"当条件满足时执行循环"，即先判断后执行，所以称为当型循环。

② **直到型循环**：表示从结构入口处直接执行循环体，在循环终端处判断条件，如果条件不满足，返回入口处继续执行循环体，直到条件为真时再退出循环到达流程出口处，是先执行后判断。因为是"直到条件为真时为止"，所以称为直到型循环。

结构化程序设计以模块功能和处理过程设计为主，主要有以下 4 个原则。

(1) 自顶向下：程序设计时，应先考虑总体，后考虑细节；先考虑全局目标，后考虑局部目标。不要一开始就过多追求细节，应先从最上层总目标开始设计，逐步使问题具体化。

(2) 逐步求精：对复杂问题，应设计一些子目标作为过渡，逐步细化。

(3) 模块化：一个复杂问题肯定是由若干稍简单的问题构成的。模块化是把程序要解决的总目标分解为子目标，再进一步分解为具体的小目标，把每个小目标称为一个模块。

(4) 限制使用 goto 语句。

【例 5-11】 输出前 50 个素数，每行输出 10 个数。

【解 5-11】 根据结构化程序设计思想，该问题可以分为以下几个子问题。

(1) 判断某一自然数是否为素数。

(2) 统计素数个数。

(3) 按照每行 10 个数输出素数。

(4) 重复以上过程，直到达到 50 个素数为止。

算法的流程图如图 5.10(a)所示，图 5.10(b)为判断素数的子模块的细化流程图。

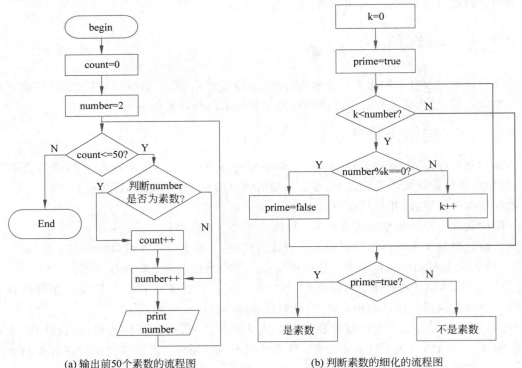

(a) 输出前50个素数的流程图   (b) 判断素数的细化的流程图

图 5.10 算法流程图

```cpp
#include <iostream>
#include <iomanip>
using namespace std;
bool isPrime(int n)
{
    bool isPrime = true;
    for(i = 2; i <= n - 1; i++)
    {
        if(n % i == 0)
        {
            isPrime = false;
            break;
        }
    }
    if(!isPrime)
        return flase;
    else
        return true;
    return 0;
}
int main()
{
    int n = 2, count = 0;
    int i;
    while(count < 50)
    {
        if(isPrime(n))
        {
            count++;
            if(count % 10 == 0)
                cout << setw(4) << n << endl;
            else
                cout << setw(4) << n; }
        n++;
    }
    return 0; }
```

5.4.2 面向对象程序设计

20世纪80年代,面向对象编程技术(Object-Oriented Programming,OOP)得以开发。OOP的构件称为对象,是一种可重用的模块式组件,利用重用代码,可以快速、准确地构建程序。对象和类是面向对象编程技术中的基本概念,图书、计算机、灯、墙壁、植物、图片这些现实世界的实体,都可以用类描述。类包括属性和方法,属性描述实体的静态特征,方法描述实体的行为特征。例如,汽车类的属性,如颜色、尺寸、形状和最高时速等。汽车类的方法用于描述汽车的作用,即汽车的功能,如前进、后退、窗户打开等操作。把属性和功能结合起来以后,就可以定义一个对象。在OOP的语言中,每个对象都具有可以封装其他对象的属性和功能。如图5.11所示,类Person描述了实体人的属性和方法,属于基类,Employee是派生类,从Person类继承,除拥有name和age属性之外,新增了属性salary,其C++描述如下所示。

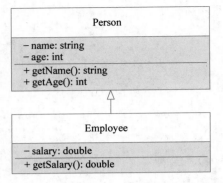

图 5.11 类图

```
class Person
{
    string name;
    int age;
public:
   Person(string name1,int age1)
  {
     name = name1;
     age = age1;
     cout << "Performs tasks for Person's constructor" << endl;
  }
   string getName()
  {
     return name;
  }
   int getAge()
  {
     return age;
  }
    ～Person()
    {
       cout << "Performs tasks for Person's destructor" << endl;
    }
};
class Employee: public Person
{
    double salary;
public:
   Employee(double s, string name1, int age1):Person( name1, age1)
   {
      salary = s;
      cout << "Performs tasks for Employee's constructor" << endl;
   }
    double getSalary()
    {
        return salary;
    }
     ～Employee()
     {
```

```
        cout << "Performs tasks for Employee's destructor" << endl;
    }
};
```

面向对象程序设计的三个基本特征是封装、继承和多态。

（1）封装是指将某事物的属性和行为包装到对象中，这个对象只对外公布需要公开的属性和行为，而这个公布也可以有选择性地公布给其他对象。

（2）继承是子对象可以继承父对象的属性和行为，亦即父对象拥有的属性和行为，其子对象也就拥有了这些属性和行为。

（3）多态是指允许不同类的对象对同一消息做出响应。

面向对象的概念和应用已超越了程序设计和软件开发，扩展到如数据库系统、交互式界面、应用结构、应用平台、分布式系统、网络管理结构、CAD技术、人工智能等领域。面向对象是一种对现实世界理解和抽象的方法，是计算机编程技术发展到一定阶段后的产物。面向对象方法把相关的数据和方法组织为一个整体来看待，从更高的层次来进行系统建模，更贴近事物的自然运行模式。

5.5 编程实例

视频讲解

【例 5-12】 秦九韶公式。我们都知道古希腊数学家海伦建立了利用三角形的三条边的边长直接求三角形面积的公式，其实我国南宋数学家秦九韶于1247年在他的《数书九章》里独立提出了三斜求积术，书中原文是这样记载的：

问沙田一段，有三斜，其小斜一十三里，中斜一十四里，大斜一十五里，里法三百步，欲知为田几何？

答曰：“三百一十五顷”。

【解 5-12】 其解法为：以小斜幂，并大斜幂，减中斜幂，余半之，自乘于上；以小斜幂乘大斜幂，减上，余四约之，为实；一为从隅，开平方得积。

秦九韶把三角形的三条边分别称为小斜、中斜和大斜。"术"即方法。三斜求积术就是用小斜平方加上大斜平方，减中斜平方，取余数的一半的平方，而得一个数。小斜平方乘以大斜平方，减上面所得到的那个数。相减后余数被4除所得的数作为"实"，作1作为"隅"，开平方后即得面积。翻译过来公式如下：

$$S = \sqrt{\frac{1}{4}\left[c^2 a^2 - \left(\frac{c^2 + a^2 - b^2}{2}\right)^2\right]}$$

C++程序实现如下：

```
# include < iostream >
using namespace std
int main()
{
double a,b,c;
double s;
cin >> a >> b >> c;
```

```
s = sqrt(c * c * a * a - pow((c * c + a * a - b * b)/2,2)/4);
cout << s << endl;
return 0;
}
```

三斜求积术虽然与海伦公式在形式上有所不同,但它完全与其等价,它填补了中国数学史上的一个空白,从中可以看出中国古代已经具有很高的数学水平,其是我国数学史上的一颗明珠。

【例 5-13】 百钱买百鸡。中国古代五六世纪的《张丘建算经》中记载了一个很著名的数学问题,即"百鸡问题",原文如下:鸡翁一,值钱五,鸡母一,值钱三,鸡雏三,值钱一。百钱买百鸡,问鸡翁、鸡母、鸡雏各几何?这个问题的意思是说:一只公鸡,值五个钱;一只母鸡,值三个钱;三只小鸡,值一个钱。如果用一百个钱买一百只鸡,问公鸡、母鸡、小鸡各买多少只?

张丘建对此题给出了三组答案。第一组:公鸡四、母鸡十八,小鸡七十八;第二组:公鸡八、母鸡十一,小鸡八十一;第三组:公鸡十二、母鸡四,小鸡八十四。

【解 5-13】 本题目同样可以采用穷举法,一一列举公鸡、母鸡、小鸡可能的取值,并根据题意验证,具体程序如下:

```
#include < iostream >
using namespace std;
int main()
{
    int a = 0;                          //表示公鸡数
    int b = 0;                          //表示母鸡数
    int c = 0;                          //表示小鸡数
    for(a = 0; a <= 100/5; a++)
    {
        for(b = 0; b <= 100/3; b++)
        {
            c = 100 - a - b;
            if(c % 3 == 0&&a * 5 + b * 3 + c/3 == 100)
            {
                cout <<"公鸡:"<< a <<" 母鸡:"<< b <<" 小鸡:"<< c << endl;
            }
        }
    }
    return 0;
}
```

这是世界上关于解不定方程组的最早表述,也是张丘建首创,开中国古代不定方程研究之先河。其影响一直持续到 19 世纪,比印度早 400 多年,比西方其他国家早 1000 多年,由此证明中国古代数学取得了辉煌的成就,我国一直都是世界上数学最为发达的国家。

【例 5-14】 杨辉三角形。杨辉所著的《详解九章算法》一书中,辑录了杨辉三角形,称为"开方作法本源"图,并说明此表引自 11 世纪中叶(约公元 1050 年)贾宪的《释锁算术》,并绘制了"古法七乘方图"。故此,杨辉三角又被称为"贾宪三角"。杨辉三角形是二项式系数在三角形中的一种几何排列,如图 5.12 所示。

```
                    1                   n=1
                  1   1                 n=2
                1   2   1               n=3
              1   3   3   1             n=4
            1   4   6   4   1           n=5
          1   5  10  10   5   1         n=6
```

图 5.12 杨辉三角形

【解 5-14】 杨辉三角形问题的具体程序如下：

```cpp
# include < iostream >
# include < iomanip >
using namespace std;
int main()
{
    const int n = 15;
    const int m = 2 * n - 1;
    int arr[n + 1][m] = { 0 };
    for(int i = 0; i < n; i++)
    {
        arr[i][n - i - 1] = 1;
        arr[i][n + i - 1] = 1;
    }
    for(int i = 2; i < n; i++)
    {
        for(int j = n - i + 1; j < n - 2 + i; j = j + 2)
            arr[i][j] = arr[i - 1][j - 1] + arr[i - 1][j + 1];
    }
    int p;
    for(int i = 0; i < n; i++)
    {
        for(int j = 0; j < n - i - 1; j++)
            cout << "    ";
        p = 1;
        for(int j = n - i - 1; p < i + 2; j = j + 2)
        {
            cout << setw(4) << arr[i][j] << "    ";
            p = p + 1;
        }
        cout << endl;
    }
    return 0; }
```

【思政 5-1】

    杨辉三角形是中国古代数学的杰出研究成果之一,它把二项式系数图形化,把组合数内在的一些代数性质直观地从图形中体现出来,是一种离散型的数与形的结合。在欧洲,这个表叫作帕斯卡三角形。帕斯卡(1623—1662)是在 1654 年发现这一规律的,比杨辉要迟 393 年,比贾宪迟 600 年。

第6章 计算机网络
——数据的网络流动

[导语]

　　众所周知,各种各样的数据经过计算机处理后,在不使用 U 盘等移动存储设备的情况下要想共享给他人,就需要通过网络来实现。那么两台计算机究竟是如何通过网络来实现数据的流通和共享的呢? 本章将以数据的网络流动为主线,带领读者探讨计算机网络的基本架构和网络传输数据的基本流程及相关问题。

[教学建议]

教 学 要 点	建议课时	呼应的思政元素
计算机网络概述	1	网络特征到"一带一路"的联想
网络分层思想;OSI 参考模型;TCP/IP 参考模型	2	网络分层思想中蕴含哲学中"分与合"的智慧;网络体系结构的制定反映"求同存异"的包容精神
网络寻址:MAC 地址,IP 地址,域名	2	通过 DNS"瘫痪"事件引起的安全问题,帮助学生了解我国网络技术的发展现状,提升学生网络安全意识
常用网络协议	1	网络协议体现"没有规矩不成方圆"的思想,教育学生重视规则、敬畏规则
网络安全的概念;网络安全威胁;网络安全防护措施	2	"漫画密码学"为学生揭开密码学的"神秘"面纱,激发学生对密码学的兴趣,鼓励学生为实现我国密码技术和产品的自主化贡献自己的智慧

视频讲解

6.1　计算机网络概述

6.1.1　计算机网络的定义和功能

1. 计算机网络的定义

　　计算机网络是指两台或多台独立自治的通信设备通过传输介质和通道连接,并按一定的通信规则实现互通互联,共享应用程序和数据的计算机系统。这里的设备可以是主机,也可以是连接设备。"**主机**"(host)有时也称为**端系统**(end system),传统上指可以通过网络访问的计算机,但现在,主机被认为是因特网(Internet)上具有固定 IP 地址的网络节点设

备,包括客户端、服务器及具有 IP 地址的路由器等。与之相对应,其他的不具有 IP 地址的
网络节点设备则被称为普通的**连接设备**(如将设备连接到一起的交换机,以及数据转换用的
调制解调器等)。

计算机网络的规模可大可小。假如想在家里
的两台计算机上共享数据,就可以如图 6.1 所示,
使用一根网线将两台计算机连接构成最简单的计
算机网络;规模稍大一点,可以如图 6.2 所示,使

图 6.1　最简单的网络

用一台交换机连接多台主机构成一个小型局域网;再复杂点,则可以利用路由器将不同的
网络连接起来构成如图 6.3 所示的互联网。大家所熟知的因特网(Internet)就是世界上最
大的互联网,它连接了全球数十亿个计算机终端。

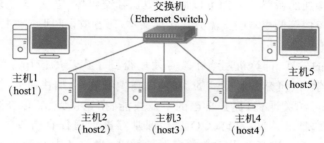

图 6.2　典型的小型局域网

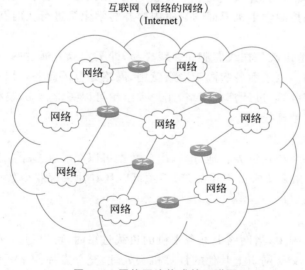

图 6.3　网络互连构成的互联网

尽管网络规模有大有小,但它们都满足以下几个特征。

(1)网络中的计算机都是独立自治的,它们都有各自独立的硬件和软件,且能独立运
行,不存在控制和被控制的关系。

(2)两台独立自治的计算机之间必须通过某种通信手段互连(连接介质可以是铜线、光
纤、微波或卫星等),且互连的目的主要是实现信息交换或资源共享。

(3)相互通信的计算机必须遵循共同确认的标准和规则以完成彼此之间的信息交换与

共享。

2. 计算机网络的功能

1) 资源共享

资源共享是计算机网络最主要的目标。通过网络人们可以在全网范围内提供对硬件和软件资源的共享。例如很多处理设备、存储设备、输入/输出设备价格昂贵,普通人负担不起,人们可以通过网络共享的方式使用这些设备,从而节约社会资源和成本。此外,互联网上的用户也可以通过网络远程访问各类大型数据库、传送大型文件、享受远程进程管理等软件共享服务,避免了软件设计过程中的重复劳动以及数据资源的重复存储等问题。

2) 实时通信和沟通

利用计算机网络,人们可以与世界各地不同的人进行实时互动。它在分散的员工、团队和部门之间架起了沟通的桥梁。人们可以通过手机、社交媒体、电话、电子邮件、聊天软件、视频电话、视频会议、短信等低成本的交流方式实现文本、语音或视频形式的即时交流和沟通。

3) 在线教育和学习

随着网络技术的发展,计算机网络在教育领域得到了广泛的应用。学生可以通过网络快速搜索和获取与学习、研究关联度高的资料,提高学习效率,加快研究进展,也可以通过网络教学视频在线学习相关课程,提升自己的专业技能、拓宽视野、获取新知;教师可以使用各种在线教学软件如腾讯会议、钉钉、QQ 直播课堂等进行远程直播教学,解决了特殊情况下(如新冠疫情期间)无法进行线下教学的问题。此外,当前各中小学及大学普遍使用的网络教室也是计算机网络在教育领域的一个典型应用,在网络教室中,教师和学生人手一机,教师机可以通过网络控制学生机界面的显示内容并与学生机进行实时互动交流。

4) 电子商务

电子商务,简单地讲就是在线商业和在线交易,即买卖双方通过网络在不谋面的情况下进行的商业贸易活动。电子商务起源于网络营销,网络是电子商务得以发展的基石,没有网络就不可能有电子商务,通过计算机网络,用户和组织可以买卖物品、支付账单、管理银行账户、纳税、以电子方式处理投资等。

5) 提高系统的可靠性

计算机网络允许系统在世界各地分布,由此数据可以存储在多个来源中,这种分布存储使系统高度可靠:如果一个来源发生故障,系统可以从其他来源获得数据,从而使系统继续运行。

6) 负荷均衡

在计算机网络系统中,当网络上某台主机的负载过重时,可以通过网络和一些应用程序的控制和管理将任务交给网络上其他的计算机去处理,充分发挥网络系统上各主机的作用,从而达到平衡各主机负载的目的。

6.1.2 计算机网络的分类

计算机网络可以按照网络范围和连接距离、物理拓扑结构、规模、用途等进行分类。

1. 按网络范围和连接距离分

1) 个人域网

个人域网(Personal Area Network,PAN)是最基本的计算机网络类型。该网络仅限于

视频讲解

个人使用,即计算机设备之间的通信仅以个人的工作空间为中心。PAN 提供 10 米范围内的通信,最常见的 PAN 示例就是蓝牙耳机和智能手机之间的连接。PAN 还可以连接笔记本电脑、平板电脑、打印机、键盘和其他计算机化设备。虽然 PAN 内的设备可以相互交换数据,但 PAN 通常不包括路由器,因此不直接连接到互联网。例如,计算机、无线鼠标和无线耳机都可以相互连接,但只有计算机可以直接连接到互联网。

2)局域网

局域网(Local Area Network,LAN)连接范围半径可达 1 千米。局域网内的设备通常位于同一建筑物内。大多数 LAN 是从一个中心位置的路由器连接到互联网的。家庭 LAN 通常使用单台路由器,而较大区域中的 LAN 可能另外使用网络交换机以提高数据传输效率。LAN 几乎总是使用以太网、Wi-Fi 或同时使用两者来连接网络中的设备。这里提到的以太网是用于物理网络连接的协议,需要使用以太网电缆,而 Wi-Fi(Wireless Fidelity)则是通过无线电波连接到网络时使用的协议。

3)城域网

城域网(Metropolitan Area Network,MAN)通常指横跨整个城市、大学校园的计算机网络,分布的地理区域较大。MAN 一般通过城市、城镇或大都市地区的共享通信路径将地理距离上的计算机连接起来。城域网通常由相互连接的局域网组成,大多数城域网使用光缆在局域网之间形成连接。

4)广域网

广域网(Wide Area Network,WAN)是一种大型的计算机网络,它对地理区域没有限制。WAN 跟 MAN 一样,由相互互连的小型网络(包括局域网和城域网)构成。各小型网络之间通常使用专线、VPN 或 IP 隧道等形式连接。例如大型企业通常使用 WAN 来连接其办公网络;每个办事处通常有自己的 LAN,这些 LAN 通过 WAN 相连。因特网是世界上最大的广域网。

2.按物理拓扑结构分

1)总线拓扑(bus topology)

总线拓扑网络结构如图 6.4 所示,所有设备或节点通过一个分支接口(T 形连接器)连接到一个公共电缆即总线(bus)上,连接到总线上的任何一个节点发出的信息都可以被连接到总线上的所有其他节点接收到,因此非常适合于广播传输。

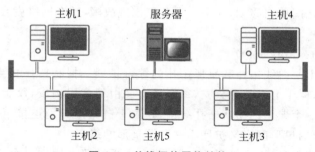

图 6.4 总线拓扑网络结构

总线结构有以下几个特点。

(1)总线拓扑连接方式决定了在同一时刻总线上只能有一台计算机发送信息,否则会造成混乱。

（2）在总线结构网络中，一旦总线损坏，整个网络将瘫痪，这就如同交通道路一样，假如有一条道路是所有车辆的必经之地，那么一旦这条道路损坏，所有车辆都将无法正常通行。

（3）总线结构要求总线两端必须要有终结器以终结到达总线末端的信号，否则信号会从总线反射回来影响信号传输的正确率。

2）星形拓扑（star topology）

图 6.5 给出了一个星形拓扑结构。在星形拓扑中，网络中的组件都物理连接到中心节点（如路由器、集线器或交换机等），中心节点类似于服务器，其他节点类似于客户端，当中心节点接收到来自连接节点的数据包时，它可以将数据包传递给网络中的其他节点。星形拓扑的优点在于任何设备与中心点的连接失败都不会影响其他节点和中心点的连接，除非中心点设备故障。其缺点是资源共享能力差，通信线路利用率不高。此外，星形网络中的中心点一旦损坏，网络就陷入瘫痪。

3）环形拓扑（ring topology）

环形拓扑结构如图 6.6 所示，网络中的节点连接成一个圆形（或环形）。在环形拓扑中，由于每个设备只与两侧的设备相连，因此在传输数据时，数据包沿环的一个或两个方向穿过每个中间节点，直到它们到达目的地。

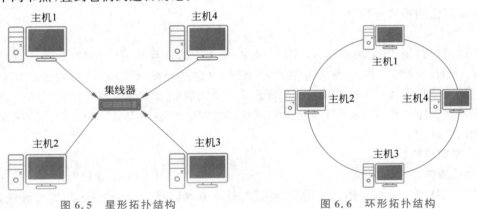

图 6.5 星形拓扑结构   图 6.6 环形拓扑结构

环形拓扑网络的优点是所用电缆较少，易于安装也容易排除故障。缺点是数据传输流沿着环在每个节点之间单向移动，如果一个节点出现故障，整个网络就会瘫痪。这种拓扑目前很少使用。

4）树状拓扑（tree topology）

树状拓扑本质上是总线拓扑和星形拓扑的综合扩展。树状拓扑相当于一棵倒立的树，其树干相当于总线，树干上有很多分支，每个分支又由很多层构成，每层相当于一个星形网络。图 6.7 给出了一个典型的树状拓扑结构，其主干链路上分别连接了一台服务器和两个星形网络，其中左边的星形网络又扩展出一个子星形网络。

树状拓扑结构非常灵活，可扩展性强，只要在主干链路上增加一个链接，就可以在此分支中扩展出一个以星形方式连接的网络。此外，树状拓扑网络将整个网络划分为段（星形网络），便于管理和维护，但树状拓扑结构跟总线拓扑结构一样，严重依赖主干总线电缆，如果主干总线断了，整个网络就会瘫痪，但如果只是某个分段网络出现故障，其他段不受影响。

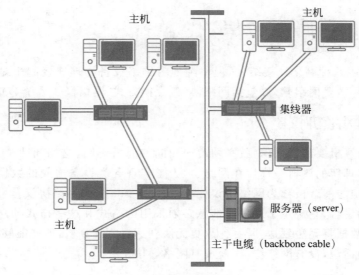

图 6.7 树状拓扑结构

5）网状拓扑（mess topology）

在网状拓扑中，网络上的每台计算机都与网络上的其他计算机相连，每对节点之间通过网络创建了多条路由，因此，即使有一个连接或多个连接失败，节点之间仍然能够通信。这种拓扑结构可以很好地处理故障，提高了节点故障或连接故障时网络的恢复能力。然而，由于必须使用大量的电缆和网卡，导致网状拓扑比较昂贵，因此很少在局域网或城域网中使用。它们主要用于广域网，例如互联网就是网状拓扑的一个很好的例子。在因特网中，世界各地的路由器相互连接，两个节点之间存在多个可达路径，因此，即使网络中的几台路由器出现故障，也可以通过其他的路由将数据传递到目的地。

图 6.8 给出了 6 台主机构成的网状拓扑结构，图中每台主机都和其他的 5 台主机相连，即使断开主机 1 和主机 6 之间的链路，主机 1 和主机 6 仍然可以通过其他的通路进行通信。

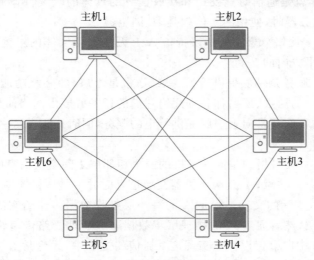

图 6.8 网状拓扑结构

6.2 计算机网络分层

6.1节介绍了几种网络连接结构,但单纯地将网络设备物理连接起来是无法完成通信的,要实现通信还需要网络软件(包括网络协议、交换方式、网络操作系统等)的配合。

6.2.1 网络协议

网络中的计算机要进行通信,就必须遵守相同的通信规则,这如同两个人要交流,就需要使用双方能够理解的语言一样。在网络中,为了实现各类设备之间的数据交换而建立的规则、标准或约定的集合被称为**网络协议**(network protocol)。网络协议是网络上所有设备之间通信规则的集合,它规定了通信时信息必须采用的格式和这些格式的意义。没有网络协议,计算机的数据将无法发送到网络上,更无法到达对方计算机,即使能够到达,对方也未必能读懂。换句话说,没有网络协议,就没有网络通信。

6.2.2 网络分层思想

视频讲解

网络中的两台计算机建立连接以进行通信和共享信息的过程是非常复杂的,如果用一个单一的协议来描述所有的通信规则,那么这个协议的设计和实现将是非常复杂的。为了降低协议设计和实现的复杂度,通常的做法是采用结构化的分层思想将网络通信问题分解为若干相关的子任务,并为每个子任务设计一个单独的协议,然后再进行解决。

网络分层模型就是基于以上结构化的分层思想,将网络的整体功能按任务分解为一个一个的功能层,每一层都在下一层的服务之上完成特定的任务,不同机器的同等功能层遵循相同的协议标准,同一主机的相邻两层之间通过所谓的"接口"进行交互。

理解网络分层模型,需要重点理解以下几个要素。

实体(entity):每一层的活动元素称为实体,不同机器上构成相应层次的实体称为**对等体**(peer)。这些实体就是通信时能发送和接收信息的具体的软硬件设施。例如,当客户机用户访问 WWW 服务器时,使用的实体就是 IE 浏览器。

协议(protocol):网络分层中的协议特指 A、B 两个通信实体的对等层之间要遵循的交换规则。协议是水平方向的。

服务(service):服务是一层提供给另一层(通常是上层)的一组功能。服务是垂直方向的。网络分层模型中的层数、层名称和分配给它们的任务可能因网络而异,但是对于所有的网络来说,每一层的目的都是向上一层提供特定的服务,同时把实现这些服务的细节对上层加以屏蔽。

接口(interface):接口指的是同一主机的两个相邻层之间交换信息的连接点,低层通过接口向高层提供服务。注意,A、B 两台机器交换信息时并不是从机器 A 的第 n 层直接传递到机器 B 的第 n 层,实际的交换过程是 A 的每一层都将数据传递给它的下一层,直到数据到达最底层的物理层,然后通过 A 的物理层将数据通过物理线路传递给 B,数据到达 B 的物理层之后,再在 B 中向上传递。在实现这个通信的过程中,无论是上层还是下层,都需要通过相应的接口完成相邻层之间的信息传递。接口定义了下层为上层提供哪些原语操作和服务,只要接口条件不变,低层功能的具体实现方法不影响整个系统的工作。

图 6.9 示出了一个 5 层的网络分层结构,其中对等层之间遵循相应的层协议,上层与下层之间通过层间接口连接,实现下层为上层的服务。从图 6.9 中可以看出,整个通信过程中,只有最底层的通信是物理通信,其余各层之间的通信均属于逻辑通信。

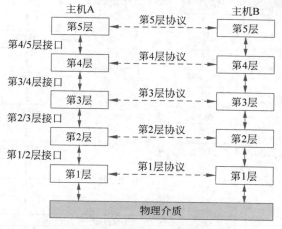

图 6.9　分层、协议和接口

网络分层最重要的就是如何分层,因为不同的分层决定了每层的功能、协议和层与层之间的接口,而这些最终决定了网络的具体实现。一般来说,分层应该遵守以下几个原则。

- 各分层之间,相互独立,每层只有一个独立功能。
- 每层之间界限清晰,层级之间的交流尽量减少。
- 每层都采用合适的技术实现,每层的结构要分开。
- 下层对上层是独立的,上层需要使用下层提供的服务。
- 分层的结构有利于促进标准化工作。

6.2.3　OSI 参考模型

OSI(Open System Interconnection,开放系统互连)参考模型是一个由国际标准化组织(International Organization for Standardization,ISO)提出的试图使各种计算机在世界范围内互连的标准框架。它描述了信息如何从一台计算机中的软件应用程序通过物理介质移动到另一台计算机中的软件应用程序。

图 6.10 给出了 OSI 参考模型。该模型将网络结构从底层到高层依次划分为 7 层:物理层、数据链路层、网络层、传输层、会话层、表示层和应用层,每一层执行特定的网络功能,且每层都是自包含的,能独立完成该层的子任务。

下面从最底层开始,依次讨论模型中每一层的功能。

1. 物理层

物理层是直接面向比特流的传输,负责网络节点之间的物理连接,处理不同设备之间的比特级传输,并支持连接到物理介质的电气或机械接口以进行同步通信。其目的是屏蔽掉具体传输介质和物理设备的差异,使其上面的数据链路层不必考虑网络的具体传输介质是什么。该层的数据传送单元为**比特(bit)**。

2. 数据链路层

数据链路层负责在两个相邻节点间的线路上无差错地传输以"**帧**"为单位的数据,其目

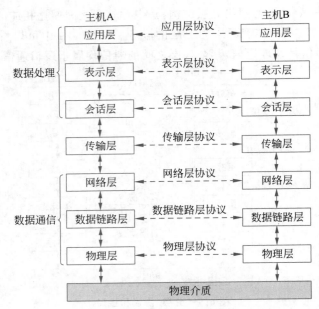

图 6.10　OSI 参考模型

的是把一条可能出错的物理链路变成让网络层看起来不会出错的数据链路。在发送方,数据链路层协议将网络层交下来的数据(在因特网中,网络层的数据单元被称为数据包或 IP 数据报)封装成帧,并交由物理链路发送出去;在接收方,数据链路层协议对物理链路传输过来的信息进行校验,以确保接收到的帧是完整的、无差错的,然后从收到的帧中提取数据上交给上面的网络层。该层的数据传送单元是**帧**(frame)。

3. 网络层

网络层的目标是如何将源端传输层送来的分组一路送到接收端。网络层与数据链路层的功能不同,数据链路层的目的是解决同一网络内相邻节点之间的通信,而网络层主要解决不同子网间的通信。因此,为了准确无误地将分组送到接收端,可能沿途要经过很多中间路由器,这就需要网络层协议提供路由选择功能以保证源端和目标端之间以最短路径传输数据。除了路由选择,网络层还包括建立逻辑链接、转发数据和传递错误报告等功能。该层的数据传送单元为**报文分组**或**数据包**(packet)。

4. 传输层

OSI 的低三层面向数据通信,它们共同实现了主机到主机的通信,其功能通常由网络设备与协议实现。OSI 的高三层面向数据处理,其功能由本地主机的操作系统及其协议实现。传输层是 OSI 模型的第四层,它在 OSI 模型中起承上启下的作用,其代码运行在本地主机上,主要作用是直接向运行在不同主机上的应用程序提供通信服务。

如图 6.11 所示,传输层在网络层提供的服务之上,将数据的传递服务从两台主机之间的通信(也称点对点通信(Peer to Peer,P2P))扩展到了两台计算机应用程序的进程之间的通信(也称为**端对端**(End to End,E2E))。

端对端通信是指数据传输路径中最两端的两台网络设备之间的通信(中间可能经过很多节点),它不仅指一根网线两端的两台计算机之间的通信,它更是逻辑的,可能是跨地域的。例如,A 在上海,B 在北京,上海的 A 要给北京的 B 发送一个文件,这时它们之间要建

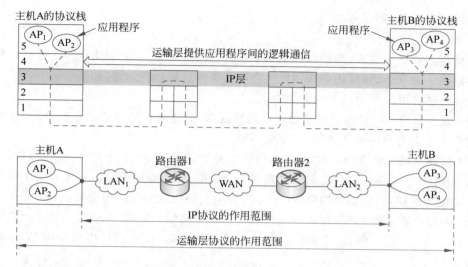

图 6.11 传输层的端对端逻辑通信

立一个连接(如 QQ 或者微信)。在通信过程中虽然经过了中国电信、中国网通等互联网服务提供商,但对于 A、B 两个用户来讲,中间过程是透明的。传输层的作用就是屏蔽了数据在端对端传输前经过的各种物理链路和设备,在两端设备间建立一个逻辑连接,就像它们直接相连一样。链路建立后,发送端就可以发送数据,直至数据发送完毕,接收端确认接收成功。具体地,传输层的功能就是接收来自上一层(会话层)的数据,将其拆分为更小的单元段(segment),然后将这些数据单元传递到网络层,并确保所有数据单元正确到达另一端。

实际上,网络层和传输层的服务在很多方面都很相似,比如在面向连接的传输服务时,两者都要经历连接建立、数据传输和连接释放三个阶段,而且这两层在寻址和流量控制上也非常相似,既然相似,为什么还要独立设计传输层呢? 这主要是因为传输层的代码完全运行在用户的机器上,而网络层代码主要运行在运营商操作的路由器上。在这种情况下,如果网络层提供的服务质量太差(如频繁地丢失数据等),由于用户对网络层没有控制权,所以就无法解决服务太差的问题。但在网络层之上加了传输层之后,用户就可以通过传输层提高服务的质量。例如在无连接网络中,若数据包丢失或发生错误,传输层就可以检测到这个问题,并通过重传来弥补错误。

传输层的主要功能包括如下几方面。

创建端到端的连接:传输层在传输数据之前,需要在两台主机之间创建端到端的连接。在使用可靠传输方式传输数据时,数据传输前 TCP 会先通过 3 个数据包确认通信双方都是正常的,这个过程也叫三次握手。当双方都确认建立这个连接之后才开始传递数据。

数据包分段和重组:在可靠传输中,在三次握手时,会协商双方之间的最大报文长度,然后在传输之前发送方要根据这个长度对报文进行分段。对接收端而言,在接收到几个分段后,需要对几个分段按照数据范围的标记进行解封,然后排序、重组构成一个完整的数据。

流量控制:当用户 B 从多个用户接收数据时,TCP 会通知对方,用户 B 能从对方接收多大的数据。

数据确认和重传:A、B 双方通信时,如果 A 收到 B 传送的数据,则返回确认信息,否则,用户 B 在等待一个传输超时时间后,会将缓冲的数据重传,直到用户 A 确认,如果一直没有确认,则 B 可以断开连接。

5. 会话层

会话层主要用于建立、维护和同步通信设备之间的交互,组织和协调两个会话进程之间的会话连接。建立会话时,用户必须提供它们想要连接的远程地址(如域名)。

OSI 会话层可细分为以下三大功能。

(1) **建立会话**:A、B 两台网络设备之间要通信,需建立一条会话供它们使用,在建立会话的过程中也会有身份验证、权限鉴定等环节。

(2) **保持会话**:通信会话建立后,通信双方开始传递数据(由传输层完成),当数据传递完成后,OSI 会话层不一定会立刻将这条通信会话断开,它会根据应用程序和应用层的设置对该会话进行维护,在会话维持期间,A、B 可以随时使用这条会话传输数据。

(3) **断开会话**:当应用程序或应用层规定的超时时间到期后,OSI 会话层才会释放这条会话。或者 A、B 重启、关机、手动执行断开连接的操作时,OSI 会话层也会将 A、B 之间的会话断开。

下面通过一个例子来加深对会话层的理解。

假定用户 A 向用户 B 提供了文件共享服务,那么在完成共享的过程中,会话层需要完成以下功能。

(1) **建立会话**:用户 B 选择“开始”→“运行”,会出现如图 6.12 所示的窗口,在运行框中输入用户 A 的 IP 地址,然后会弹出一个会话框,要求输入 A 用户的账号和密码,输入确认之后就可以看到 A 的共享文件夹(注意,因为 Windows 系统中文件共享采用的是会话层协议 SMB(Server Message Block),浏览器不支持该协议,所以打不开)。

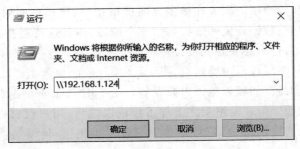

图 6.12　建立会话时的运行窗口界面

(2) **保持会话**:假设系统中设置的 SMB 的会话断开时间为 30min,用户 B 从用户 A 共享的文件夹里复制文件只花了 10min,然后就关闭了 A 的共享窗口(这时 B 关闭的是一个进程,而不是这条会话)。5min 后,B 再次访问 A 的共享文件夹时,可以直接进入访问,而不需要重新输入 A 的账号和密码,这是因为这条会话还在保持,所以之前的身份和权限验证就直接省略了。

(3) **断开连接**:当 A 重启或连接已经超过系统设定的 30min 时间时,A、B 之间就会释放这条会话连接。之后如果 B 要进入 A 的共享文件夹,就必须重新建立会话连接,即重新访问 A 的 IP 地址,并进行身份验证。

6. 表示层

不同计算机的应用层使用的数据表示方法不同,为了完成不同设备应用层之间的数据交换,表示层在接收应用层数据之后,需要对其进行转换以保证源端数据在目的端同样能够识别。表示层除了数据转换功能之外,还可以对数据进行压缩和解压缩、加密和解密。同样地,在接收端,表示层在收到传输层的数据之后,要根据应用层的特征进行处理,只有这样才能将转格式编译后的数据呈现在应用程序中,让用户能够看懂。例如,主机 A 浏览一个音乐网站时,如果主机 A 里没有安装播放 mp3 的解码器,那么在主机 A 打开 B 网站的 mp3 文件时,会出现"缺少解码器"等相应的提示,这是因为 A 的表示层无法完成格式转换而导致的。

7. 应用层

应用层的主要功能是直接向用户提供服务,完成用户希望在网络上完成的各种工作。它在其他 6 层工作的基础上,负责完成网络中应用程序与网络操作系统之间的联系,建立与结束使用者之间的联系,并为应用层提供各种各样的应用层协议,这些协议嵌入各种应用程序中,为用户与网络之间提供一个打交道的接口。人们平时使用的各种网络应用程序都是基于相应的应用层协议而开发的。

举个例子,如果要浏览网页,可以打开 IE 浏览器,输入一个网址,即可进入相应的网站。这里的 IE 浏览器就是一个用于浏览网页的应用程序,它是基于 HTTP 开发的。同样地,若要发一封 E-mail,就需要在计算机上装一个 Foxmail、Outlook 等邮件客户端软件,然后编辑邮件,发送给相应的人。这里 Outlook、Foxmail 是应用程序,它们是基于 SMTP 和 POP3 协议开发的。也就是说,人们平时使用的网络软件是应用程序,而这些应用软件只是一个壳,其中嵌套的协议才是真正的应用层内容,使用网络程序需要集成协议才可以正常使用。

前面分别介绍了 OSI 各层的功能和作用。为了便于读者直观地理解各层之间的关系,我们用图 6.13 示出了通信过程中数据的流动方向以及流动过程中各层数据之间的关系。从图 6.13 可以看出,数据发送过程中,发送端会从高层到低层依次对数据进行封装,然后在到达物理层后通过物理介质传输给接收端,接收端在接收到数据之后从低层到高层按协议规则依次进行解包后得到发送端发送的原始数据。

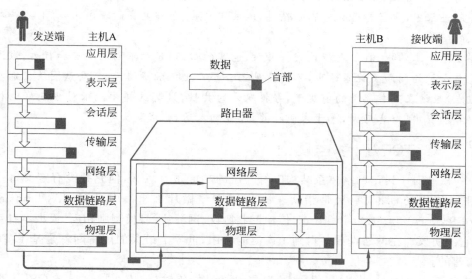

图 6.13　OSI 模型中各层数据之间的关系

【思政 6-1】 从网络体系结构的制定看"求同存异"的包容精神

20 世纪 70 年代,计算机网络技术和理论日渐成熟,为了满足复杂网络的需求,各大网络产品厂商开始制定自己的网络技术标准,如 IBM 公司为了使自己公司生产的计算机之间易于联网,于 1974 年首先提出了一套计算机网络体系标准,即 SNA(System Network Architecture,系统网络体系结构)标准,并以此标准建立了 SNA 网。为了竞争计算机市场,DEC 公司、Univac 公司、Burroughs 公司相继公布了自己的网络体系结构,然而,这些网络体系结构只支持同一公司网络产品之间的互联,与其他公司的网络产品互不兼容,无法进行通信。这种各自为政的状况既不利于各厂商之间的公平竞争,也使用户在投资方向上无所适从,于是统一技术标准的呼声越来越高。基于这一需求,ISO 和 CCITT(International Telegraph and Telephone Consultative Committee,国际电报电话咨询委员会)两个小组开始独立工作,并开发出了相应的网络模型。1983 年,两个组织决定将两个模型合并,形成了我们熟知的网络模型,即开放系统互连(OSI)模型。

虽然 OSI 是 ISO 联合 CCITT 推出的,但该模型实际上是集 ARPANET(Advanced Research Projects Agency Network,阿帕网)、英国 NPLNET(National Physical Laboratory Network,国家物理实验室网络)和法国的 CYCLADES 等多家著名网络公司的技术优势和实践经验求同存异发展而来的。OSI 中的"Open"一词指,只要一台主机遵循 OSI 标准,那么它就可以和世界上任何一个同样遵循这个标准的主机通信。OSI 标准既追求可通信范围内的共同点,又尊重各厂商与机构的创新与不同,充分体现了兼容并包、求同存异、创新发展的哲学智慧。

"求同存异"自古印在中华文化里,早在《礼记·乐礼》中就有相关表述:"乐者为同,礼者为异。同则相亲,异则相敬,乐胜则流,礼胜则离。"意指"同"能让彼此亲近,"异"使人互相尊重,但过分强调共性则会让关系变得随意、失去界限,相反,过于强调不同则容易使关系变得疏离、不和谐,这段话很好地道出了"求同""存异"的辩证关系。换句话说,我们在求同存异的过程中,要坚持开放包容的精神,以共同发展、合作共赢的理念为基础,"寻求共同点,保留争议点"。

在生活和工作中,我们也应该秉持开放、包容的心态,容纳不同的观点和行为,做到求同存异。与人讨论问题要就事论事,不因意见不合而产生抵触情绪,也不要试图改变别人的想法和观点,应该在互相尊重的前提下,寻找双方的共性,只有这样才能跟对方友好地相处和合作。海纳百川,有容乃大,善于求同存异,才能助人达己,成就大事。

6.2.4 TCP/IP 参考模型

OSI 模型对于讨论网络体系结构中每一层的功能很有意义,但它并没有定义每一层的服务和所使用的标准,它只是指明了每一层应该做什么事。而 TCP/IP(Transmission Control Protocol/Internet Protocol,传输控制协议/网际协议)模型则相反,模型本身意义不大,但它的协议却在网络世界中得到了广泛的应用,世界上最大的因特网就是基于 TCP/IP 模型构建的。

TCP/IP 模型由 4 层组成:网络接口层、网络层、传输层、应用层。它与 OSI 模型的关系如图 6.14 所示。

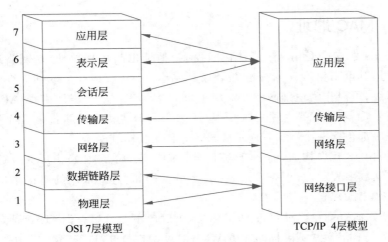

图 6.14　OSI 和 TCP/IP 分层模型的关系

1. 网络接口层

网络接口层相当于 OSI 模型中的数据链路层和物理层的组合,该层主要负责一个网络上两个设备之间数据传输,功能主要是把来自网络层的 IP 数据报封装成帧,并将 IP 地址映射到物理地址。该层使用的协议有以太网、令牌环、FDDI、X. 25、帧中继等。

2. 网络层

网络层主要负责从网络发送数据包,并通过合适的路由算法找一条合适的路径将其传送到目的地。同 OSI 的网络层类似,TCP/IP 的网络层也不负责数据传输的可靠性,可靠性由网络主机中的传输层来保障。

网络层包含 4 个协议:ARP(Address Resolution Protocol,地址解析协议)、IP(Internet Protocol,网际协议)、ICMP(Internet Control Message Protocol,Internet 控制报文协议)、IGMP(Internet Group Management Protocol,网络群组管理协议)。ARP 为 IP 提供服务,IP 为 ICMP 提供服务,而 ICMP 为 IGMP 提供服务。

3. 传输层

传输层的逻辑连接是端对端的,主要负责通过网络发送的数据的可靠性、流量控制和纠错等。传输层通常使用两种协议:用户数据报协议(UDP)和传输控制协议(TCP)。

4. 应用层

应用层的逻辑连接也是端对端的,TCP/IP 模型中的应用层涵盖 OSI 模型中的表示层、会话层和应用层三层的功能,负责完成两个进程之间(该层正在运行的两个程序之间)的通信。

这里需要指出,在实际应用中,大部分综合了 OSI 和 TCP/IP 模型,使用 5 层模型结构,即物理层、数据链路层、网络层、传输层和应用层。

6.3　网络寻址

讨论了网络的物理连接、协议和规则,下一步要解决的问题就是寻址问题。这就好比人们共处在一个社会大网络,要想从甲方快递东西给乙方,就必须知道对方的地址。同样地,处在网络中的两台设备之间若要通信,就必须有一个地址以便双方能够建立连接完成通信。下面讨论网络中涉及的两类地址及它们之间的关系。

视频讲解

6.3.1 MAC 地址

MAC(Media Access Control,媒体访问控制)地址也叫物理地址,是网络适配器(一般指网卡)的编号,其值由生产厂家分配并烧录到网卡芯片中,具有全球唯一性。MAC 地址如同网卡的指纹,可以作为识别网卡及对应主机的重要信息。严格地讲,MAC 地址是识别网卡的唯一编号,而不是识别主机的唯一编号,因为一台主机里面可能有几个网卡。例如,现在的主机一般都包含两个网卡:有线局域网卡和无线局域网卡。

MAC 地址由 48 比特构成,前 24 比特区分不同厂家,后 24 比特由厂家自行分配。通常用 6 组十六进制数字表示,每组 1 字节,共 6 字节。例如,这里采用的笔记本电脑 MAC 地址为 48-2A-E3-48-DD-75。

那么,读者如何查询自己计算机的 MAC 地址呢? 下面给出查询 MAC 地址的步骤。

第一步:在"开始"菜单或者同时按下 Win+R 快捷键打开"运行"窗口,如图 6.15 所示。

图 6.15 Windows 运行窗口

第二步:在运行窗口中输入"cmd"命令,单击"确定"之后就会出现如图 6.16 所示的 Windows 系统命令行程序。

图 6.16 Windows 系统命令行程序界面

第三步:在光标处输入"ipconfig/all"命令,按 Enter 键之后就能看到网卡的全部信息,其中就包括主机的 MAC 地址。图 6.17 给出了计算机 MAC 地址的查询结果,其中物理地

图 6.17 MAC 地址的查询结果

址所指示的内容就是该计算机的 MAC 地址,其值为 48-2A-E3-48-DD-75,每个分组显示为 2 位十六进制数,6 个分组组合起来就是 12 位十六进制数,即 48bit。

6.3.2 IP 地址

视频讲解

网络通信中,除了 MAC 地址外,还需要有网络层地址。当前的主流网络主要采用 TCP/IP,其对应的网络层地址被称为 IP 地址,也称作互联网协议地址,或网际协议地址。 IP 地址是 IP 规定的一种地址格式,互联网上每台主机的每个网络接口都有一个逻辑地址, 即 IP 地址,以此来屏蔽物理地址的差异。

1. 两个疑问

疑问 1:既然 MAC 地址能够唯一标识网络设备,为什么还需要为每台主机分配一个唯一的 IP 地址?

设备的 MAC 地址类似于人的身份证,身份证关联的是人出生的城市、生日等信息,但不反映人当前所在的地理位置,同样地,MAC 地址关联的是网卡制造商信息、生产批次、日期等信息,它不反映该网卡所在的网络位置,因为设备是可以在网络间移动的。如果两台主机在同一个网络,那么它们之间就可以直接通过 MAC 地址进行通信,这就如同一个办公室的同事之间说话可以直接喊名字一样。但如果两台主机在不同的网络中,那么两台主机通信的时候,源主机需要先确定目标 MAC 地址属于哪个网络,如果直接使用 MAC 地址进行通信,那么路由器就需要维护一张很大的表来记录所有 MAC 地址所在的子网信息,并以此来确定到达目标 MAC 要经过的下一跳,这个查找过程开销巨大,且效率低下。但使用了 IP 地址以后,路由器只需要记录网络地址就可以进行转发,大幅提高了转发效率。

疑问 2:既然每台主机都有唯一的 IP 地址,为什么还需要 MAC 地址?

因为 IP 地址工作在网络层,MAC 地址工作在数据链路层,网络层要想通信还需要经过数据链路层,而数据链路层的通信需要 MAC 地址。如果双方在一个局域网内,可以直接使用 MAC 地址传递信息,但如果双方处在不同的子网中,那么两台主机是不可能直接连接起来的,因此,数据包在传递时必然要经过许多中间节点(如路由器、服务器等)才能到达对方, 这意味着在通信时既要知道目的主机的 IP 地址,还要知道为了到达目的地而必须经过的下一跳路由器的 IP 地址。在当前主机与下一跳路由器通信之前,需要使用地址解析协议 (ARP)将下一跳的 IP 地址转换为 MAC 地址,并将此 MAC 地址放到数据链路层的 MAC 帧中,由该 MAC 地址找到下一跳路由器,然后通过物理链路将数据转发给下一跳路由器。 在数据中转过程中,数据包携带的目标 IP 地址始终不变,每次中转只需变换下一跳的 MAC 地址即可。这就是为什么有了 IP 地址,还要用 MAC 地址的原因。

举个例子,假设网络中位于上海的一台主机 A(其 IP 为 IP_a,MAC 地址为 MAC_a)要将一个数据包(PAC)发往北京的一台主机 B(其 IP 为 IP_b,MAC 地址为 MAC_b),这两台主机之间是不可能直接连接起来的,因而数据包 PAC 在传递时必然要经过许多中间节点。假定在传输过程中要经过 R1、R2、R3(其 MAC 地址分别为 MAC_{R1}、MAC_{R2}、MAC_{R3})三个节点。主机 A 在将数据包 PAC 发出之前,先发送一个 ARP 请求,找到其要到达 IP_b 所必须经历的第一个中间节点 R1 的 MAC 地址 MAC_{R1},然后在其数据包中封装地址 IP_a、IP_b、 MAC_a 和 MAC_{R1}。当 PAC 传到 R1 后,再由 ARP 根据其目的 IP 地址 IP_b,找到其要经历的第二个中间节点 R2 的 MAC 地址 MAC_{R2},然后再将带有 MAC_{R2} 的数据包传送到 R2。 以此类推,直到找到 B 主机的地址 MAC_b,最终把数据包传送给主机 B。在传输过程中,

IP$_a$、MAC$_a$(源地址)和 IP$_b$(目标 IP 地址)的值不发生变化,而中间节点的 MAC 地址通过 ARP 在不断改变,直到找到目的 IP 地址对应的 MAC 地址 MAC$_b$ 为止。如果没有 MAC 地址,就无法确定数据包是否到达目标节点。形象地说,IP 地址就如同人的地址,MAC 地址则像人的姓名,在 A 向 B 寄送包裹的过程中,中转快递员只需要知道目标地址就可以转发,但最后的交接和确认需要人的姓名。

2. 地址构成及分类

传统的 IP 地址指的是 IPv4(网际协议版本 4)使用的地址,IPv4 规定 IP 地址由 **32 比特**构成。每个 IP 地址包含两个标志码 ID:网络 ID(也称为前缀)和主机 ID(也称为后缀)。对于 32 位的 IP 地址,一般高位用于表示网络 ID(其长度可变),低位用于表示主机 ID,这意味着,同一个物理网络上的所有主机都使用同一个网络 ID。

由于二进制位不方便记忆,实际中常用**点分十进制方法**来表示,即把 32 比特的 IP 地址按 8 比特分组,每组用对应的十进制表示,组和组之间用小数点隔开。有时也用十六进制表示。图 6.18 给出了 IP 地址的构成及 3 种标记方法。

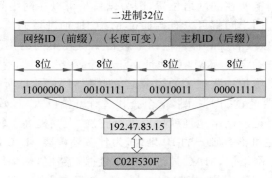

图 6.18　IP 地址的构成及表示

网络 ID 和主机 ID 的含义如下。

网络 ID:用于标识主机所在的网络,其位数决定了可以分配的网络数量。

主机 ID:用于标识该网络中的主机,其位数决定了该网络能包含的最大的主机数量。

网络大小不同,32 比特的 IP 地址中需要表示主机 ID 的位数也会不同。为了满足不同场景的需要,方便对 IP 地址进行管理,将 IP 地址分为 A、B、C、D、E 5 个类别,各类 IP 地址的结构如图 6.19 所示。

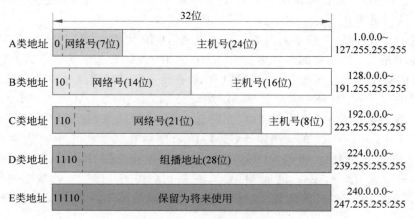

图 6.19　各类 IP 地址的结构

A 类地址：前 8 比特表示网络 ID(其中最高位为类别标识,固定为 0),后 24 位表示主机 ID。A 类地址可指派的网络数为 126 个,即(2^7-2)个。减 2 的原因是 IP 地址中网络号为全 0(0000 0000)和网络号为 127(1111 1111)的地址为特殊 IP 地址。A 类地址的主机号为 24 比特,除去特殊用途的全 0 和全 1 编号,A 类地址可指派的主机号为($2^{24}-2$)个。

B 类地址：前 16 位表示网络 ID(其中高两位为类别标识,固定为 10),后 16 位表示主机 ID。B 类地址可指派的网络数为 $2^{14}-1$(其中 128.0.0.0 不指派)。B 类地址的主机号为 16 比特,除去特殊用途的全 0 和全 1 编号,B 类地址可指派的主机数为($2^{16}-2$)个。

C 类地址：前 24 位表示网络 ID(其中前 3 位为类别标识,固定为 110),后 8 位表示主机 ID。C 类地址可指派的网络数为 $2^{21}-1$(其中 192.0.0.0 不指派)。C 类地址的主机号为 8 比特,除去特殊用途的全 0 和全 1 编号,C 类地址可指派的主机数为(2^8-2)个。

D 类地址：前 4 位为 1110,不分网络 ID 和主机 ID,该地址用于组播。

E 类地址：前 5 位为 11110,不分网络 ID 和主机 ID,该地址保留为将来使用。

3. 子网掩码

网络中两台主机之间通信的情况可以分为两种：两台通信主机处于同一网段,它们可以直接通信；两台主机处于不同网段,通信时需要将数据发给网关,由网关进行转发。这里**同一网段**意指两台主机 IP 地址的网络 ID 部分相同。

举个例子,假设两台主机的 IP 地址分别是 192.183.25.1 和 192.183.25.3,且已知它们都是 C 类 IP 地址,那么这两台主机 IP 地址的网络 ID 均为 192.183.25,所以它们处于同一网段。图 6.20 示出了 3 个网段,每个网段内部主机的 IP 地址的网络 ID 都相同。

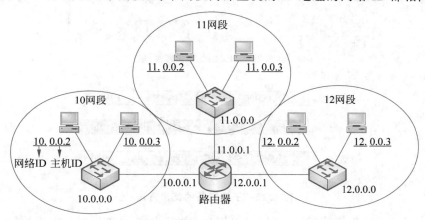

图 6.20　网段

那么,在计算机网络中,对一台主机来说,它在和某台主机通信前,是如何判断该远程主机是否和自己处于同一网段呢？这个问题的解决依赖于子网掩码。

子网掩码(也称为网络掩码、地址掩码)是一种位掩码,用于指明一个 IP 地址的哪些位标识的是主机所在的网段,哪些位标识的是主机号。它通过对子网掩码和主机的 IP 地址相"与"来获得主机的网络 ID。通信前,可以使用子网掩码分别求得本主机与目标主机的网络 ID,然后通过比较来判断两个通信的主机是否在同一个网段内。

如图 6.21 所示,某计算机的 IP 地址为 192.168.1.65(对应的二进制值为 11000000 10101000 00000001 01000001),子网掩码是 255.255.255.0(二进制值为 11111111 1111111

11111111 00000000),那么该主机所在网段的网络 ID 计算过程如图 6.22 所示,将 IP 地址和子网掩码对应的二进制按位相与可得 11000000 10101000 00000001 00000000,即 192.168.1.0,其中 192.168.1 就是该网段对应的网络 ID。

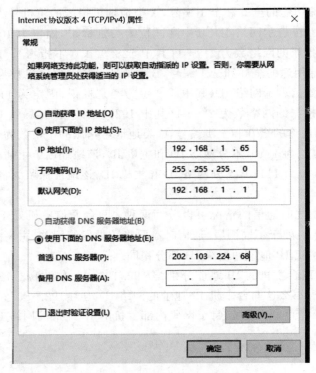

图 6.21　IP 地址及子网掩码

	192	168	1	65
IP地址	11000000	10101000	00000001	01000001
&	255	255	255	0
子网掩码	11111111	11111111	11111111	00000000
		网络ID		
网段地址	11000000	10101000	00000001	00000000
	192	168	1	0

图 6.22　子网掩码的使用方法

当该计算机与远程计算机通信时,可以用自己的子网掩码和远程计算机的 IP 地址进行"与"运算,然后将得到的网络 ID 与该计算机所在网段的网络 ID 进行比较。如果相同,则直接使用目标 IP 地址对应的 MAC 地址封装帧,然后直接把 MAC 帧发给目标 IP;如果不同,则说明两台主机不在同一个网段,这种情况就需要使用网关 IP 地址对应的 MAC 地址将数据包转到网关,再由网关转给路由的下一跳。

注意,这里的网关是指该网段内主机到其他网段的出口,即路由器接口。路由器接口使用的 IP 地址可以是本网段中的任何一个地址,但通常使用该网段的第一个可用地址或最后一个可用地址。例如,在图 6.21 中,IP 地址为 192.168.1.65 的主机所在网段的网关地址是 192.168.1.1。

6.3.3 域名

1. 域名的定义

网络中有很多主机,为了能够识别主机,IP 协议提供了一种统一的地址格式,为互联网上的每个网络和每台主机分配了一个唯一的 IP 地址,以保证用户在联网时,能够高效地从千千万万台计算机中选出用户所需的主机。然而,在计算机系统中,IP 地址通常以 4 个点分十进制形式给出,这类数字很难记忆,因此人们给 IP 地址取了一个英文名字即域名来表示 IP 地址,从而使人能更方便地访问互联网。

例如,当前,百度服务器的 IP 地址是 36.152.44.95,但人们访问百度时一般不用 IP 地址,而是使用 www.baidu.com 来访问百度首页,这个 www.baidu.com 就是 IP 地址为 36.152.44.95 的百度服务器对应的域名(domain name)。

2. 域名结构

全世界有很多的域名,域名的最高管理机构是一个叫作 ICANN (Internet Corporation for Assigned Names and Numbers,互联网名称与数字地址分配机构)的组织,总部在美国加州。ICANN 负责管理全世界域名系统的运作。

因特网的域名结构使用树状分层结构,最上层是根,根下面一级的节点被称作顶级域名,顶级域名往下划分,依次为二级域名、三级域名等。图 6.23 示出了一个域名空间结构的例子。通常顶级域名包括国家顶级域名和通用顶级域名,图中顶级域名 cn 为中国域名,org 为非营利性组织。每个国家或企业域名可以往下划分为子域,如 cn 下面的第二级域名有 bj、edu 等,以此类推,最后一级的树叶就是单台计算机的域名。

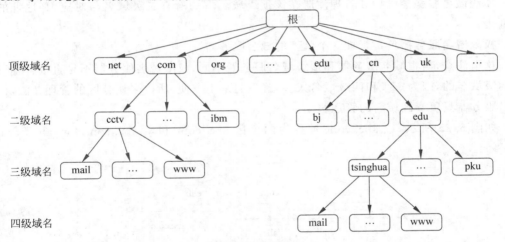

图 6.23　域名结构

对每台计算机来说,它的域名格式由计算机名到顶级域名的序列组成,如图 6.23 中 tsinghua 域名下命名为 www 的计算机的域名为 www.tsinghua.edu.cn。

需要注意,CCTV 和 tsinghua 域名下都有一个域名为 www 的计算机,但它们的域名并不一样,前者的域名为 www.cctv.com,而后者为 www.tsinghua.edu.cn,这保证了因特网域名的唯一性。另外,需要特别指出,域名的唯一性是指一个域名只能对应一个唯一的 IP 地址,并不是指域名和 IP 地址是一对一关系。实际上,IP 地址和域名之间是一对多的关系,也就是说一个 IP 地址可以对应多个域名,但一个域名只能对应一个 IP 地址。

　　3. 域名服务器

　　域名服务器是将域名转换为 IP 地址的服务器。全世界域名数量庞大,所有域名都由一台服务器管理是不现实的。实际上,域名服务采用分层管理方式,每个域名服务器负责管理所在分层的域的相关信息。图 6.24 给出了域名服务器的分层关系,其中三类域名服务器的主要功能如下:

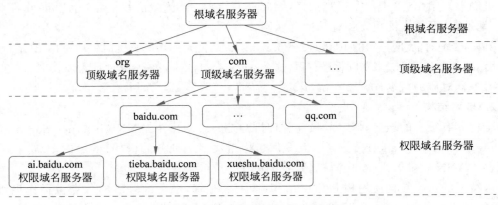

图 6.24　域名服务器的分层关系图

　　根域名服务器负责维护和保存根域名列表,列表里面记录所有顶级域名服务器与对应 IP 地址的关系。

　　顶级域名服务器维护和管理注册在该顶级域名下的所有二级域名与对应 IP 地址的关系列表。

　　权限域名服务器负责管理一个"区"的域名服务器。

　　这里注意,与根域名服务器和顶级域名服务器不同,权限域名服务器不是直接管理三级和四级域名的,因为三级和四级域名太多,管理起来不方便,所以采用分区的管理办法,权限域名服务器只负责区域名的管理。

　　如图 6.25 所示,域 abc.com 被分为两个区 abc.com 和 y.abc.com。w.abc.com 和

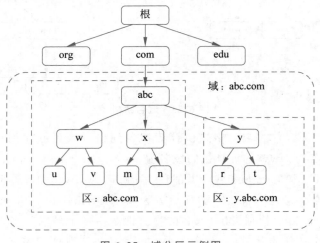

图 6.25　域分区示例图

x.abc.com 放到权限域名服务器 abc.com,而 y.abc.com 放到 y.abc.com 权限域名服务器,这样 abc.com 权限域名服务器和 y.abc.com 权限域名服务器相对于顶级域名服务器来说地位是同等的。

另外,还有一个域名服务器叫本地域名服务器,它不属于域名层次结构,但它在域名解析中很重要。**本地域名服务器**是指主机域名解析时所用的默认域名服务器,人们可以在图 6.21 所示的选项卡中对首选和备选的 DNS(Domain Name System,域名系统) 服务器进行设置。

4. 域名解析

域名只是 IP 地址的一个别称,在实际通信时需要将域名转换为对应的 IP 地址,这个转换过程叫作域名解析。域名到 IP 地址的解析通常由分布在因特网上的许多**域名服务器程序**来完成。当某个应用进程需要把主机名解析为 IP 地址时,该应用进程就调用解析程序,并成为 DNS 的一个客户,把待解析的域名放在 DNS 请求报文中,以 UDP 用户数据报方式发给本地域名服务器。本地域名服务器在查找域名后,把对应的 IP 地址放在应答报文中返回。应用进程获得目的主机的 IP 地址后即可进行通信。图 6.26 示出了域名解析的基本步骤。

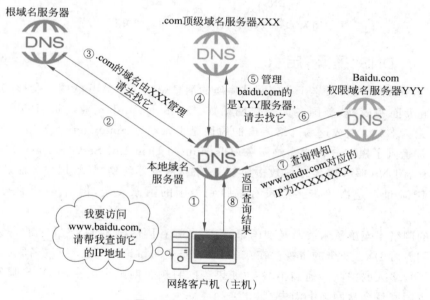

图 6.26　域名解析的基本步骤

① 首先,主机将域名发送给本地域名服务器,本地域名服务器查询自己的 DNS 缓存,如果查找成功则返回结果;否则转到第②步。

② 本地域名服务器向**根域名服务器**发起请求。

③ 根域名服务器查询到该域名对应的**顶级域名服务器地址**,并将其地址返回给本地域名服务器,该操作相当于给本地域名服务器指明一条道路,让它去那里寻找答案。

④ 本地域名服务器再根据拿到的**顶级域名服务器**地址,向其发起请求。

⑤ 顶级域名服务器进行查询,获取**权限域名服务器**的地址,并将其返回给本地域名服务器。

⑥ 本地域名服务器再根据拿到的**权限域名服务器**地址,向其发起请求。

⑦ 权限域名服务器进行查询,最终**获得该域名对应的 IP 地址**,并将其返回给本地域名服务器。

⑧ 本地域名服务器将最终得到的 IP 地址返回给主机。

6.3.4 MAC 地址、IP 地址和域名的关系

前面几节分别探讨了 MAC 地址、IP 地址和域名的相关内容。下面用图 6.27 给出它们之间的关系,以加深读者对三者关系的理解。从图 6.27 可以看出,域名属于应用层,IP 地址属于网络层,MAC 地址属于数据链路层。应用层协议使用 DNS 协议将域名解析为 IP 地址,而 IP 地址需要通过地址解析协议(ARP)和反向地址转换协议(RARP)将 IP 地址转换为 MAC 地址,以实现物理链路上的实际通信。

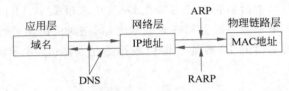

图 6.27 域名、IP 地址、MAC 地址的关系

6.3.5 DNS"瘫痪"启示

2016 年 10 月 21 日,大半个美国网站瘫痪的消息震惊了全球互联网。受影响地区的互联网在周五大面积瘫痪,美国各大著名网站如 Twitter、Tumblr、亚马逊、Reddit、Airbnb、PayPal 等无一幸免。造成这场网络瘫痪的原因是 Dyn(Dynamic Network Service)公司的 DNS 服务器遭到了黑客分布式拒绝服务(Distributed Denial of Service,DDoS)攻击。Dyn 是美国主要的 DNS 服务商,DDoS 攻击使 DNS 解析服务器瘫痪,导致用户无法获得正确的目标网站 IP 地址。这次攻击虽然没有威胁到美国的国家安全,但造成的经济损失是巨大的。

这次的网络瘫痪虽然未波及其他国家,但为世界各国敲响了 DNS 安全的警钟,引起了各国互联网界对 DNS 安全的重视。在众多 DNS 安全的讨论中,关于根域名服务器安全的问题引起了很多人的关注。他们担心:"如果美国封锁了对某个国家的 DNS 服务,是不是意味着这个国家就会从网络上消失?"。

为什么会有这样的担心呢?因为互联网技术发展的历史原因,所有 IPv4 根服务器均由美国政府授权的互联网域名与号码分配机构(ICANN)统一管理,目前全球 IPv4 根域名服务器共有 13 台(这里的 13 台是逻辑上的,不是物理上的。实际上,目前全球共有超过 1000 个根服务器节点,但是这些根服务器节点共享 13 个名称),其中 10 台在美国(1 台为主根服务器,9 台为辅根服务器),其他 3 台辅根服务器有 2 台分别在英国和瑞典,1 台在日本。虽然 ICANN 是非营利机构,已经从美国政府脱离,但它仍是受美国法律约束的组织。抛开其他因素不说,单从技术层面上看,一旦美国的一个根服务器停止对某个国家的 DNS 服务,那么这个国家的域名就无法被正确解析,这也就意味着这个国家的网站从互联网消失,因此人们的担心不是没有道理的。

当然,全球互联网组织也考虑到了这种风险,在各个国家设立了相应的根镜像服务器,但根镜像服务器不等同于根服务器,它只是根服务器的副本。如果一个国家的 DNS 根域名解析被封锁,虽然可以使用根镜像服务器提供的域名解析服务保证国内网络不受影响,但其他国家是无法访问被封国家的网站的。另外,一旦主根服务器被切断,那么该国的镜像服务器也将无法获取更新信息,这样,切断之后新增的域名和 IP 信息,将不能被复制过来,这意味着这个国家无法访问这些新增网站。毫无疑问,这种影响不能说是无足轻重的,需要采取一些措施预防这种风险发生,或当风险发生时尽可能降低损失。

针对这些风险,我国一直在探索各种应对措施。早在 2013 年的时候,我国抓住 IPv4 向 IPv6 升级的契机联合日本和美国相关运营机构和专业人士发起"雪人计划",提出以 IPv6 为基础、面向新兴应用、自主可控的一整套根服务器解决方案和技术体系。截至 2017 年 11 月底,全球已经部署 IPv6 根服务器 25 个,其中有 4 个在中国。我国下一代互联网中心主任、"雪人计划"首席执行官刘东认为,该计划将打破服务器困局,全球互联网有望实现多边共治。

可以看出,无论是镜像服务器还是 IPv6 根服务器,都从技术上为全球互联网的正常运行,提供了更多保障。但实现自主可控依然任重道远,我们需要不断地学习、创新、赶超,最终做到技术领先,才能不受制于人。

6.4 常用网络协议

视频讲解

网络分层模型定义了每层需要完成的功能,但这并不意味着每层就只对应一个协议。实际上,为了简化问题,每层的功能也可以被分解成不同的小任务来完成,因此每层可能会关联几个协议。图 6.28 给出了 TCP/IP 分层模型与常用网络协议之间的关系。下面重点对几个常用的协议进行介绍。

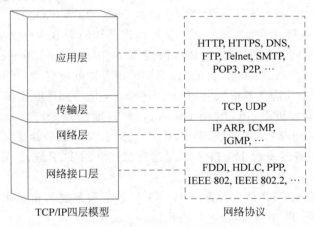

图 6.28 分层模型和常用网络协议关系图

6.4.1 应用层协议

应用层包含很多协议,每个协议都是为了解决某一类应用问题而设计的,而解决这些问题往往需要通过位于不同主机中的多个应用进程之间的通信来完成,所以应用层协议的具体内容就是规定应用进程在通信时所遵循的规则。

1. DNS 协议

DNS 协议的作用是将域名转换为 IP 地址。其解析过程参见 6.3.3 节的内容,这里不再赘述。

2. HTTP

HTTP 是超文本传输协议(Hyper Text Transfer Protocol)的缩写。虽然名字叫传输协议,但它属于应用层协议,它规定了客户端与服务器端之间进行网页内容传输时必须遵守的规则。

HTTP 工作在客户端-服务器(Client/Server,C/S)架构之上,浏览器作为 HTTP 客户端通过统一资源定位器(Uniform Resource Locator,URL)系统向 HTTP 服务器发送请求,Web 服务器根据收到的请求向客户端发送响应信息。

这里所说的"URL"是万维网服务程序上用于指定信息资源位置的方法。这些信息资源可以是互联网上允许被访问的任何对象,如文件夹、文件等。通俗地讲,URL 就是网页的地址,它相当于文件名及所在路径在网络范围上的扩展,因此,一个 URL 应该包含该文件在本机上的路径、端口、主机号以及所使用的协议,其格式为

<协议>:/<主机号或域名>:<端口>/<路径>

例如,百度主页的 URL 为 http://www.baidu.com,其中 http 表示所用的协议,www.baidu.com 表示主机域名,其他的省略。

URL https://cloud.tencent.com/developer/article/1023700 表示腾讯云开发者社区页面发布的一篇编号为 1023700 的文章,且使用的协议为 HTTPS。

使用 HTTP 通信时,客户端通过客户端应用程序(主要是 Web 浏览器,如 Firefox、Internet Explorer、Google Chrome 等)以 HTTP 要求的格式把访问文本或图像等资源的请求提交给服务器端,而服务器端(一般指 Web 服务器,如 Apache、Nginx 、IIS 等)则按 HTTP 规定的格式把客户端要求的内容响应给客户端。那么,当用户在浏览器地址栏中输入一个 URL 时,具体发生了哪些事件呢? 下面给出具体的请求和响应步骤。

(1) 浏览器对输入地址栏中的 URL(假定为 https://cloud.tencent.com/developer/article/1023700)进行分析,提取要访问页面所在的服务器的域名为 cloud.tencent.com。

(2) 浏览器向 DNS 请求解析域名 cloud.tencent.com 的 IP 地址。

(3) DNS 服务器解析出 cloud.tencent.com 的 IP 地址为 223.109.113.157。

(4) 客户端连接到 Web 服务器:HTTP 客户端与 Web 服务器建立一个 TCP 连接。

(5) 客户端向服务器发起 HTTP 请求:通过已建立的 TCP 连接,客户端向服务器发送一个请求报文。

(6) 服务器接收 HTTP 请求并返回 HTTP 响应:服务器解析请求,定位请求资源,服务器将资源副本写到 TCP 连接,由客户端读取。

(7) 释放 TCP 连接:若 connection 模式为 close,则服务器主动关闭 TCP 连接,客户端被动关闭连接,释放 TCP 连接;若 connection 模式为 keepalive,则该连接会保持一段时间,在连接保持的这段时间内可以继续接收请求。

(8) 客户端浏览器解析 HTML 内容:客户端将服务器响应的 HTML 文本解析并显示。

3. FTP

FTP 是文件传输协议(File Transfer Protocol)的简称,它是基于客户端/服务器架构设计的,是一个用于计算机网络上客户端和服务器之间进行文件传输的应用层协议。它允许用户以远程访问的方式实现文件互传,而且这种通信不受双方操作系统类型的限制,非常适合异构网络中计算机之间的数据传送。

FTP 像 HTTP 一样运行在 TCP 之上。为了传输文件,FTP 并行使用两个 TCP 连接:**数据连接和控制连接**,其中数据连接使用 TCP 端口中的 20 端口,控制连接使用 21 端口。

在客户端远程访问资源之前,需要与服务器通过 21 端口建立一条 TCP 连接,即控制连接。通过该连接,客户端获得授权,并发送文件传输命令给服务器,当服务器收到传送命令后,主动打开到客户端的一个 TCP 连接,即数据连接,待传输完成后,关闭数据连接。之后,如果需要传送第二个文件,服务器会再开启一个数据连接来传送第二个文件。使用 FTP 时,一个数据连接只能发送一个文件,但控制连接在整个用户会话期间保持活动状态。

需要进行远程文件传输的计算机通常可以采用以下几种方式访问 FTP 服务器。

(1) 安装和运行专门的 FTP 客户程序,如 CuteFTP、IDM UltraFTP 等。

(2) 在 IE 浏览器中输入 FTP 服务器的 URL 进行访问,URL 格式为

```
ftp://[用户名:口令@]ftp服务器 域名:[ 端口号]
```

(3) 在 cmd 命令行下输入 ftp 后按 Enter 键,然后输入"open [IP 地址]"来建立一个 FTP 连接。

4. Telnet 协议

FTP 允许 FTP 客户端访问 FTP 服务器以存储或获取服务器站点的文件,但 FTP 客户端不能使用服务器端的程序。Telnet 协议则是一种允许用户连接到远程计算机程序并使用它的协议。通过使用 Telnet 程序,客户端可以像使用本地计算机一样方便地使用服务器控制台,从而实现用本地计算机远程控制服务器计算机完成工作的目的。

Telnet 也是基于客户端/服务器架构的一种应用层协议,因此远程登录需要客户端安装和运行 Telnet 客户端程序,并知道服务器的 IP 地址或域名,以及口令,同时服务器端也必须使用 Telnet 服务器程序以响应客户端的请求。

图 6.29 给出了 Telnet 的登录过程。当本地用户需要访问远程服务器的应用程序或者

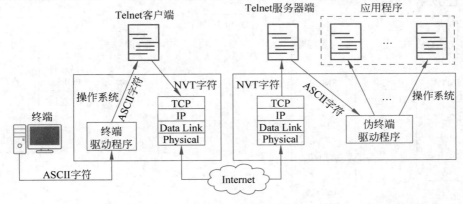

图 6.29 Telnet 远程登录

工具时,首先需要本地主机和远程主机分别运行 Telnet 客户端和服务器端程序,然后客户端主机传送击键(ASCII 字符命令)给终端驱动程序,接着 Telnet 客户端将 ASCII 字符转换为网络上各种异构系统主机都能识别的统一标准字符格式——NVT(Network Virtual Terminal,网络虚拟终端)字符,再经网络以 TCP 数据报的方式将其传送到远程服务器。服务器在接收到该数据报后将其中的 NVT 字符还原成 ASCII 字符,并将其传送到服务器的伪终端驱动程序中,控制服务器中的应用程序完成相应的工作。

注意,这个过程中,为什么要将 ASCII 字符转换为 NVT 格式呢?因为网络中所使用的计算机及操作系统各不相同,如果不考虑系统间的差异,那么在本地发出的字符及命令,传送到远程主机并被远程系统解释后可能会出现错误,因此,为了使不同平台和系统能交互操作,Telnet 协议定义了网络虚拟终端(NVT),即数据和命令序列在 Internet 上传输的标准表示方式,为远程主机之间的通信搭建了沟通桥梁。

5. SMTP 和 POP3 协议

SMTP(Simple Mail Transfer Protocol,简单邮件传输协议)是一个用于发送和接收电子邮件的应用层协议。由于该协议在接收端对消息进行排队的能力有限,因此通常与 POP3(Post Office Protocol-Version 3,邮局协议版本 3)或 IMAP(Internet Message Access Protocol,Internet,消息访问协议)一起使用,让用户将消息保存在服务器邮箱并定期从服务器下载它们。换句话说,发送电子邮件通常使用 SMTP,而接收邮件则使用 POP3 或 IMAP。

SMTP 的工作包含以下三个基本步骤。

(1)电子邮件服务器使用 SMTP 将电子邮件(消息)从 Gmail、Outlook 等电子邮件客户端发送到电子邮件服务器。

(2)使用 SMTP 的电子邮件服务器将电子邮件发送到接收端服务器。

(3)接收端服务器使用电子邮件客户端 POP3 或 IMAP 下载收到的邮件并将其放入收件人的收件箱中。

图 6.30 给出了电子邮件发送和接收的过程,其中用户代理(User Agent,UA)又称为电子邮件客户端软件,是用户与电子邮件系统的接口,用于提供友好的界面给用户发送和接收邮件,如 Outlook Express、Foxmail 等。

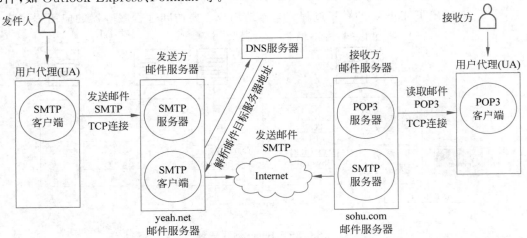

图 6.30 SMTP 邮件发送和接收过程

举个例子,假设用户 A 和用户 B 申请了网易邮箱地址 userA@yeah.com 和搜狐邮箱地址 userB@sohu.com,则用户 A 向用户 B 发送电子邮件的过程可以描述如下。

(1) 发件人使用本机的用户代理软件撰写、编辑邮件并指定接收邮件的电子邮箱地址。

(2) 单击"发送"按钮,发送邮件的工作就交给了用户代理软件。用户代理软件使用 SMTP 客户端把电子邮件通过 TCP 链接发送给发送方邮件服务器 yeah.net。

(3) SMTP 服务器接收到用户代理发来的邮件后,把邮件放在缓存队列,等待发送。

(4) 邮件服务器上的 SMTP 客户端通过 DNS 解析出邮件的目标服务器地址 sohu.com。

(5) yeah.net 邮件服务器的 SMTP 客户端与接收方服务器的 SMTP 服务器建立 TCP 链接,然后把缓存队列中的邮件依次发送出去。

(6) 接收方服务器 sohu.com 中的 SMTP 服务器接收邮件后,把邮件放入收件人邮箱,等待取走。

(7) 收件人通过用户代理软件,使用 POP3 读取邮件。

6.4.2 传输层协议

应用程序通信发送的报文想要完整地传送到目的主机,就需要在通信双方之间制定可靠的传输机制。可靠传输协议 TCP(Transmission Control Protocol,传输控制协议)就是为此目的而设计的。当然,如果有些应用不需要可靠传输,就可以使用不可靠传输协议 UDP(User Datagram Protocol,用户数据报协议)。那么什么时候该使用 TCP,什么时候该使用 UDP 呢? 通常情况下,如果应用程序发送的数据通过一个数据包就能发送完全部内容,在传输层不需要分段,不需要编号,也不需要在发送消息前建立连接,则传输层一般使用 UDP,否则用 TCP。比如 QQ 聊天使用的就是 UDP,而 QQ 文件传输使用的是 TCP。

1. TCP

TCP 是一种面向连接的协议,因此使用基于 TCP 的应用程序在通信前必须建立 TCP 连接。

TCP 的主要功能是从应用层获取数据,然后将数据分成几个数据包并依次编号,最后将这些编号的数据包依序传输到目的地。在接收端,TCP 还需重新组装数据包并将它们传输到应用层。

TCP 通信包含三个阶段:TCP 连接的建立、数据传输、TCP 连接的释放三个阶段。

1) TCP 连接的建立

TCP 连接通过三次握手来完成。图 6.31 给出了 TCP 连接的建立过程。如图所示,在 TCP 连接建立之前,客户端和服务器端的 TCP 进程均处于关闭状态,同时服务器在没有接收到客户端发起的连接请求之前,一直处于监听状态。接下来的连接建立步骤如下。

第一步:客户端主动打开 TCP 连接,发送带有同步标识位 SYN=1 和确认标识位 ACK=0 的连接请求给服务器。

第二步:服务器收到客户端的 TCP 连接请求后,发送带有 SYN=1 和 ACK=1 的报文确认连接请求报文给客户端。

第三步:客户端再回发一个带有 ACK=1 的报文给服务器,服务器收到确认报文后就将其状态变为 ESTABLISHED,接下来双方就可以进行通信了。

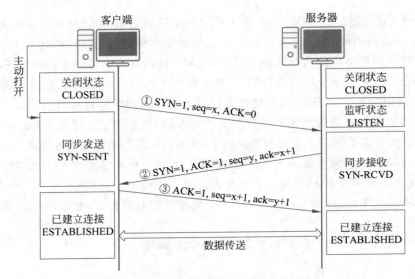

图 6.31　TCP 连接的建立过程

2）TCP 数据传输

第一步：服务器向客户端发送一个数据包。

第二步：客户端收到该数据包之后向服务器发送一个确认数据包。

3）TCP 连接的释放

建立一个 TCP 连接需要 3 步，也称为三次握手，但关闭一个连接需要经过 4 步，被称为四次挥手。

数据传输结束后，TCP 连接的释放可以由通信双方中的任何一方首先发起。假设释放连接首先由客户端发起，那么释放过程如图 6.32 所示。

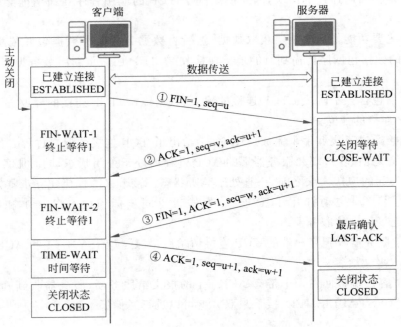

图 6.32　TCP 连接的释放过程

第一步：客户端发起释放连接请求报文。报文中 FIN 是请求释放连接标识位。seq 为数据包编号。随后客户端进入 FIN-WAIT-1 状态，等待服务器确认。

第二步：服务器发送确认报文。当服务器收到客户端发来的 FIN 位段时，服务器立即向客户端发送带有"ACK＝1,seq＝u,ack＝u＋1"的确认报文。客户端收到服务器的确认报文后进入 FIN-WAIT-2 状态，等待来自服务器的连接释放请求。

第三步：服务器端发送连接释放请求。在服务器发送完确认报文，并等待一段时间后，再发送包含 FIN 位段的连接释放请求报文给客户端。

第四步：客户端发送确认报文。当客户端从服务器接收到 FIN 位段时，客户端确认服务器的 FIN 段并进入 TIME-WAIT 状态，在等待一段后，正式关闭连接，客户端的所有资源被释放。

2. UDP

UDP 是一种无连接的、不可靠的消息服务。它不提供流量控制、可靠性或错误恢复功能。与 TCP 相比，UDP 具有以下几个特点。

(1) 无连接：UDP 是一种无连接协议，它在进行数据传输之前不需要先建立连接。

(2) 不保证数据的有序交付：在使用 UDP 的情况下，用户数据报没有编号，因此不能保证按某种顺序发送的用户数据报以相同的顺序接收。

(3) 更快的传输：UDP 支持更快的传输，因为它在传输数据前不需要建立连接，也不需要确认和重传。

(4) 没有确认机制：UDP 没有提供确认机制，这意味着接收方不发送对接收到的用户数据报的确认，发送方也不会等待已发送用户数据报的确认。

(5) 段是独立处理的：每个 UDP 段都单独处理，且通过不同的路径到达目的地，因此在传送过程中可能存在数据丢失或乱序接收的问题。

(6) 无状态：UDP 是一种无状态协议，也就是说它不记录诸如数据发送了没有、发送到哪个段了、有没有接收、有没有出错等状态信息，它只负责把数据发出去。

基于以上特点，UDP 一般用于多播和广播连接。

6.4.3 网络层协议

1. IP

IP(Internet Protocol,互联网协议)是网络层最重要的协议，它为传输层提供服务，所有的 TCP、UDP 等数据的传输都靠 IP 来完成，它的目的就是将一个 IP 地址设备上的数据发送到另外一个 IP 地址所指向的设备，这两个 IP 地址有可能隶属同一个网段，也有可能隶属不同的网段。IP 是多方协议，包括发送端、接收端及沿途的所有路由器，这些设备都需要按照 IP 的规定来转发数据报。

IP 是一个不可靠的、无连接的协议。不可靠是指它不保证 IP 数据报能成功地到达目的地。IP 仅提供最好的传输服务，可靠性由传输层负责。无连接意味着正在通信的端点之间没有持续的连接，通过互联网传输的每个数据报都被视为一个独立的数据单元通过各自的路径独立发送，因此，源主机向同一个目标主机连续发送的两个数据报 A 和 B(A 在先,B 在后)，可能由于在传递的时候选择了不同的路由而最终导致 B 先于 A 到达目标主机。因此，IP 不保证数据报的正确重组，重组的工作由 TCP 完成。

1) IP 数据报构成

在 TCP/IP 模型中,网络层的数据包就是 IP 数据包或 IP 数据报,其格式如图 6.33 所示,由**首部**和**数据**两部分组成。

4位版本	4位首部长度	8位服务类型（ToS）	16位总长度（字节数）	
16位标识			3位标志	13位片偏移量
8位生存时间（TTL）		8位协议	16位首部校验和	
32位源IP地址				
32位目的IP地址				
选项（如果有）				
数据				

图 6.33　IP 数据报格式

IP 数据报首部包含的信息如下。

IP 版本信息:用于区分 IPv4 和 IPv6。

4 位首部长度:用于指定 IP 数据报的首部长度,最大为 15 字节。

服务类型:只有在区分服务时才使用,目前一直没有被使用。

16 位总长度:用于指定 IP 数据报首部+数据的总长度,最大为 65 535 字节。由于数据链路层数据帧的内容一般不超过 1500 字节,所以网络层需要将 IP 数据报分片之后再传输。

16 位标识:用于标识当前的 IP 数据报。当数据报被分片时,同一个数据报的分片具有相同的标识,具有相同标识的分片报文会在接收端被重新组合成原来的 IP 数据报。

3 位标志:第 1 位未使用;第 2 位称为 DF,标志 IP 报文是否分片,DF=1,标识不允许分片,DF=0,标识允许分片;第 3 位称为 MF,MF=1 表示还有分片正在传输,MF=0 表示没有更多分片需要传输,或数据报没有分片。

13 位片偏移量:标识 IP 数据的某个分片在原分组中的相对位置,即相对用户数据字段的起点,该片从何处开始。片偏移以 8 字节(64 位)为偏移单位,除了最后一个分片,每个分片的长度一定是 8 字节(64 位)的整数倍。

8 位生存时间(TTL):表示数据报文在网络中的寿命。每经过一个设备,TTL 减 1,当 TTL=0 时,网络设备必须丢弃该报文。

8 位协议:表示该 IP 数据报携带的数据是基于哪一类传输层协议的。该字段方便目的主机的 IP 层知道按什么协议来处理 IP 数据报中的数据部分:如果数据是基于 TCP 的,那么该值为 6;如果是基于 UDP 的,则该值为 17。

16 位首部校验和:用于校验 IP 首部是否出错。数据报每经过一台路由器,首部都要发生变化,所以需要重新校验,但数据部分不发生变化,所以不用校验。

32 位源 IP 地址:指明 IP 数据报的源 IP 地址。

32 位目的 IP 地址:指明 IP 数据报的目的 IP 地址。

可选字段：用于测试,安全等目的。

填充：该字段长度不固定,使用若干的 0 填充该字段可以保证报头的长度是 32 位的整数倍。

2)IP 数据报的发送和转发

IP 数据报的发送和转发过程包括以下两部分。

(1)主机发送 IP 数据报：主机发送 IP 数据报前,需要对源地址和目标地址进行子网掩码操作,如果两者的网络地址一致,则直接交付,否则,需要通过路由器转发,即间接交付。那么,在间接交付时,主机如何知道路由器的存在呢?通常在搭建网络时会对处于同一网络内的主机设置网关,只要发送的目的地址和源地址不在同一个网络,就直接把 IP 数据报发送给网关,然后由网关根据路由表再进行转发。

这里的路由表是一个存储在路由器或联网计算机中的电子表格或类数据库,它存储着指向特定网络地址的路径信息。假定图 6.34 是某台路由器的路由表信息。由该路由表可知,如果转发的 IP 数据报目的地址是 IP1,则本路由器应该将该 IP 数据报转发给 IP4;如

目的地址	下一跳IP地址
IP1	IP4
IP2	IP5
IP3	IP6

图 6.34　路由表

果目的地址是 IP2,则路由器应该将该 IP 数据报转发给 IP5。

(2)路由器转发 IP 数据报：当路由器收到转发来的 IP 数据报后,首先检查 IP 数据报的首部是否出错；如果出错,则直接丢弃该 IP 数据报,同时通知源主机；如果没有出错,则根据 IP 数据报的目的地址在路由表中查找匹配的条目,如果找到匹配的条目,则根据条目中指示的下一跳 IP 地址进行转发,否则直接丢弃该 IP 数据报并通知源主机。

2. ARP 和 RARP

网络层通过路由表知道下一跳的 IP 地址,但是该数据报在数据链路层传输时需要知道下一跳的 MAC 地址,那么如何获取下一跳的 MAC 地址呢,这就需要用到 ARP。

ARP(Address Resolution Protocol,地址解析协议)用于实现从 IP 地址到 MAC 地址的映射。反过来,在接收端,要将数据链路层数据递交给网络层时,又需要将 MAC 地址映射成对应的 IP 地址,这个映射被称为 **RARP**(Reverse Address Resolution Protocol,逆地址解析协议)。不过,现在使用的 **DHCP**(Dynamic Host Configuration Protocol,动态主机配置协议)已经包含了 RARP,因此,这里重点介绍 ARP 的工作过程。

与数据链路层的 MAC 地址表、网络层的路由表类似,ARP 也有一张表,名为 ARP 缓存表,表里面放置了 IP 和 MAC 地址的映射信息,通过 IP 地址就能找到对应的 MAC 地址。

下面以主机 A 和主机 B(假定两者的 IP 地址分别为 IPa 和 IPb)的通信为例说明 ARP 的工作过程。

(1)在通信前,主机 A 要先检查 ARP 缓存中是否存在 IPb 地址对应的 MAC 地址,如果没有,就启动一个 ARP 广播帧,请求解析 IPb 的 MAC 地址。

(2)交换机将 ARP 广播帧转发到同一个网络中的所有接口,正常情况下主机 B 收到 ARP 请求后,会发送 ARP 应答消息,告诉主机 A 要找的主机 B 的 MAC 地址。

(3)主机 A 将解析的结果保存在 ARP 缓存表,以备后续查询使用。

ARP 是建立在网络中各主机互相信任的基础上的,如果在第(2)步时,有其他主机应答主机 A 发送的 ARP 请求,但告诉主机 A 一个错误的 MAC 地址,由于 ARP 没有检测该报

文真实性的功能,故它会将此错误的 MAC 地址计入 ARP 缓存,最终导致后续通信的安全隐患。如图 6.35 所示,在 Windows 系统中,可以在 cmd 界面使用"arp -a"命令查看本机的 ARP 缓存表。

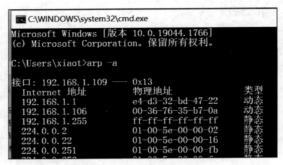

图 6.35 ARP 缓存表

6.4.4 网络接口层协议

网络接口层协议有 Ethernet、IEEE 802.3、PPP 和 HDLC 等。最常用的两种局域网协议是 Ethernet 和 IEEE 802.3。点对点协议(Point to Point Protocol,PPP)和高级数据链路控制协议(High-Level Data Link Control,HDLC)是广域网中经常使用的两种典型的串口协议。

1. Ethernet 以太网协议

Ethernet 是用于实现数据链路层数据传输和地址封装的数据链路层协议。

以太网数据帧的封装格式如图 6.36 所示,每个帧由 5 个字段构成:前两个字段分别为目标 MAC 地址和源 MAC 地址,各占 6 字节;接下来的 2 字节用于标识上一层使用的协议类型,以便把 MAC 帧的数据交给上层对应的协议;第四个字段是数据;最后一个字段为帧校验字段 FCS(Frame Check Sequence),占 4 字节,用于保存 CRC(循环冗余码)校验值。

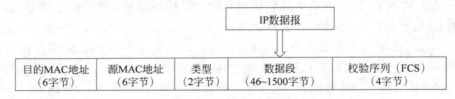

图 6.36 以太网 MAC 帧格式

2. IEEE 802.3 协议

IEEE 802.3 是以太网协议,它是 IEEE 为推进所有网络设备所用协议的标准化而制定的。IEEE 802.3 标准的帧数据格式如图 6.37 所示。

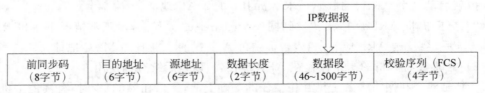

图 6.37 IEEE 802.3 MAC 帧格式

IEEE 802.3 的帧格式和 Ethernet 的帧格式类似,但 IEEE 802.3 多了一个前同步码和帧开始符,且原来 Ethernet 中的"类型"字段在 IEEE 802.3 中用来表示"长度"字段。

在实际环境中,大多 TCP/IP 设备默认的封装格式是 Ethernet 格式,IEEE 802.3 格式用得很少。

3. PPP

PPP 点对点协议跟 Ethernet 和 IEEE 802.3 一样,都属于数据链路层协议,但 PPP 是专门针对点对点通信而设计的。

点对点通信是指两个通信主机之间有一条专用的通信链路,两个系统独占此线路进行通信,其他的系统不能通过此链路发送和接收信息。也就是说,基于 PPP 通信的一条链路上只有一个发送者和一个接收者。例如串口连接的路由器之间,以及通过电话连接的家庭用调制解调器和 ISP(Internet Server Provider,因特网服务提供方)之间都采用点对点通信。

点对点通信是相对于广播式通信而言的。在广播式通信中,网络中的主机通常共享一条单一的通信信道,即多台主机连接到一条通信线路的不同分支点上,任意一个节点发出的数据包都能被其他节点接收。为了让数据包到达真正的目的节点,报文中会包含目的主机的 MAC 地址,所有的主机在接收到数据包后,会将自己的 MAC 地址和收到的数据包的 MAC 地址进行比较,如果相同就接收,如果不相同就丢弃。而点对点通信时,因为两台主机之间有专门的链路,因此可以不用指定对方的 MAC 地址,而直接传送数据包给对方。

PPP 帧格式如图 6.38 所示,包括首部、信息部分和尾部。

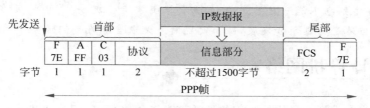

图 6.38 PPP 帧格式

首部:首部包含 4 个字段,第 1 个字段为标志字段 F(Flag),表示一帧的开始,其值固定为 0x7E;第 2 个字段为地址字段 A(Address),其值固定为 0xFF;第 3 个字段为控制字段 C(Control),其值固定为 0x03,表明为无序号帧,PPP 默认不采用序列号和确认应答来实现可靠传输;第 4 个字段为协议字段 P(Protocol),用于表明 PPP 数据帧所含的上层数据的类型。

信息部分:封装的上层数据,最大不能超过 1500 字节。

尾部:尾部包含两个字段,其中 FCS 用于帧校验,占 2 字节;标志字段 F(Flag)规定为 0x7E,表示一个帧的结束。

本节介绍的网络协议只是一些常用的协议,实际的网络中还会涉及很多其他的协议,例如保护网络传输安全的协议 SSL/TLS、HTTPS、IPSec,网关路由选择协议 RIP、OSPF、BGP,与 TCP 可靠传输相关的停止等待协议、GBN 协议、选择重传协议等,这里不再一一列举。

【思政 6-2】 没有规矩,不成方圆

网络协议定义了网络中所有设备之间通信时需要遵守的规则和标准。可以说,没有协

议就没有计算机网络。换句话说,如果某台设备想和别的设备进行通信,就必须遵循它们之间的通信协议,否则就无法实现通信。

网络世界需要规则,我们的现实生活亦是如此。人们做任何事情都必须合法合规。俗话说,国有国法,家有家规,没有规则,不成方圆。大千世界,天地万物,都有各自的规律。人在社会中,要想和大众和谐共处,就不能为所欲为,想干什么就干什么,而应该对规则心存敬畏,把它当作一面镜子来照见自己,帮助自己端正自己的行为,方正自己的内心,彰显自己的人格。

敬畏规则是一种原则,更是一种格局、一种教养。历史上有很多关于遵守规则的故事,比如黄祁羊任人唯贤,推荐仇人为官的故事,列宁排队理发,周恩来北戴河借书的故事,这几个故事不仅体现出这些伟大人物对待规矩的认真态度,更体现了他们的胸怀和修养。再如,瑞典乒乓球名将瓦尔德内尔,在一次重要的赛事中与我国选手竞争冠军之位。在比赛收尾阶段,双方打得难舍难分,各不相让,对方的每一次失误都可能给自己带来胜算。在最后的决胜时刻,我国选手在回防中以追风逐电之势将球打到了桌沿外,由于动作太快,很多人都以为我国选手失误,开始为瓦尔德内尔鼓掌。然而,在沸腾的赛场上,瓦尔德内尔却举起手示意裁判:中国选手打的是擦边球,他才是真正的赢家。后来有人采访瓦尔德内尔,问他为什么那么做,他说:"规则,让我别无选择!"。这种心胸坦荡、恪守规则、坚持公平的品德受到大众的极高赞誉,非常值得我们每个人学习。

未来的社会是规则性的社会,我们每个人都应该重视规则、遵守规则,否则会被社会淘汰。当然,有些规则也不能一直墨守,我们需要根据实际情况研究规则,并在不损害全局利益的情况下适当地进行创新和发展,从而使规则最大限度地为我们服务。

6.5 计算机网络安全

计算机网络的发展和应用给人们的生活带来了很多便利,但这个庞大的网络及其相关技术也给人们的生活带来了越来越多的安全威胁。近年来,全球重大网络安全事件频发,勒索软件、数据泄露、黑客攻击等层出不穷,网络安全问题日益突出。习近平主席强调,没有网络安全就没有国家安全。本节对计算机网络安全问题的基本概念和相关技术进行简单介绍。

6.5.1 网络安全的概念

网络安全是一个广泛的术语,涵盖多种技术、设备和流程。综合讲,网络安全是一组规则和配置,旨在使用软件和硬件技术保护计算机网络和数据的完整性、机密性和可访问性。网络安全的主要目标是确保经过网络传送的信息在到达目标站点时没有任何增加、删除、更改或读取操作。每个组织,无论规模、行业或基础设施如何,都需要一定程度的网络安全解决方案,以保护其免受当今不断增长的网络安全威胁的影响。

6.5.2 常见的网络安全威胁

(1) 计算机病毒:计算机病毒是指恶意攻击者在正常计算机程序中人为插入的对计算机信息或系统起破坏作用的,并能自我复制的一组计算机指令或程序代码。计算机病毒一般隐蔽在可执行文件或 Word 文档中,不容易被发现,但当被感染的程序运行时,它可以通过自我复制感染其他可执行文件或文档。当这些被感染的文件被复制到其他主机时,病毒也会随之感染其他主机。因此在使用 USB 复制文件或通过网络传递文件时都要通过防毒软件对待接收的文件进行检查,以确保接收的文件未感染病毒。

(2) 蠕虫:通常指一种能够利用系统漏洞通过网络进行自我传播的恶意程序。蠕虫类似于病毒,但它无须借助宿主就能完成自我复制和传播。一旦蠕虫通过网络连接侵入系统,它就会自行复制,创建多个副本,并通过互联网连接感染网络上任何没有得到充分保护的计算机,同时它的每个副本也可以通过相同的方式进行自我复制,当这种传播达到一定的速度和规模时,会严重消耗网络资源,导致网络大面积拥塞甚至瘫痪。

(3) 木马:木马也是一种计算机病毒,但与一般的病毒不同,它不会自我繁殖,也并不"刻意"地去感染其他文件,它以虚假名称伪装自己并误导用户下载,并作为合法且有用的软件安装到系统上。该程序可以向黑客提供未经授权的访问和控制,从而对被控计算机实施监控、资料修改等非法操作。木马具有很强的隐蔽性,可以根据黑客意图突然发起攻击。病毒和蠕虫一般以大量传播为目标,通常不针对特定的计算机,而木马则通常以侵入特定计算机并获取权限为目的。Rootkit 和 Beast 是两种常见的木马。

(4) 网络窃听:它使用监听工具(如网络嗅探器)捕获流经网络的数据包,阅读其中的数据内容,搜寻诸如保密字、会话令牌或其他种类的秘密信息。

(5) 僵尸网络:是指攻击者采用多种传播手段,将实现恶意控制功能的"僵尸程序"(bot 程序)植入大量的计算机中,被植入 bot 程序的众多主机在不知不觉中如同僵尸群一样被人控制和指挥,从而在控制者和被感染主机之间形成一个一对多控制的网络,如发送垃圾邮件。

(6) 拒绝服务攻击:拒绝服务(Denial-of-Service,DoS)攻击是一种旨在关闭机器或网络,使其目标用户无法访问的攻击。DoS 攻击通过向目标充斥流量或请求使系统资源被频繁使用而导致系统超载,最终剥夺合法用户(即员工、成员或账户持有人)所期望的服务或资源(如网络卡顿、网络无法访问或连接异常断开等)。DoS 攻击的受害者通常以银行、商业、媒体公司、政府和贸易组织等知名组织的 Web 服务器为目标。尽管 DoS 攻击通常不会导致重要信息或其他资产的盗窃或丢失,但受害者可能需要花费大量时间和金钱来处理它们。

(7) 分布式拒绝服务攻击:分布式拒绝服务(Distributed Denial-of-Service,DDoS)攻击是指处于不同位置的多个攻击者同时向一个或数个目标发动攻击,或者一个攻击者控制了位于不同位置的多台机器并利用这些机器对受害者同时实施攻击。由于攻击的发出点是分布在不同地方的,故这类攻击称为分布式拒绝服务攻击。DDoS 攻击比来自单台主机的 DoS 攻击更难检测和防御。

(8) 中间人攻击:中间人(Man-in-the-Middle,MitM)攻击指攻击者将自己控制的主机虚拟放置在两台网络连接主机中间,通过窃听或冒充其中一方,使双方信息交换的过程在表面上看起来像正常,但实际双方的通信信息已经被中间人窃取。中间人攻击的目标是窃取个人信息,如登录凭据、账户详细信息和信用卡号等。目标通常是金融应用程序、电子商务网站和其他需要登录的网站的用户。

(9) 盗取密钥攻击:密钥是保障信息安全所必需的密码或数字。尽管获取密钥对于攻击者来说是一个困难且耗费资源的过程,但这是可能的。在获得密钥后,攻击者可以使用获得的密钥来获得对安全通信的访问权限,而发送者或接收者却并不知道。

(10) 网络钓鱼:通过发送声称来自信誉良好的公司的电子邮件以诱使个人泄露个人信息(如密码和信用卡号)的欺诈行为。

(11) DNS 欺骗:DNS 欺骗也称为 DNS 缓存中毒,是一种计算机安全黑客攻击形式,这种攻击通过破坏域名系统数据,导致 DNS 解析返回错误的 IP 地址(如攻击者主机的 IP),从而导致用户无法正常访问想要访问的主页。

(12) 勒索软件:在勒索软件攻击中,受害者的计算机通常通过加密被锁定,这使受害者无法使用存储在其上的设备或数据。为了重新获得对设备或数据的访问权,受害者必须向黑客支付赎金,通常是以比特币等虚拟货币支付。勒索软件可以通过恶意电子邮件附件、受感染的软件应用程序、受感染的外部存储设备或受感染的网站进行传播。

(13) 漏洞利用工具包:任何一个系统都不可能是完美无缺的,总会存在一些大大小小的缺陷,这种缺陷可能是硬件缺陷,也可能是软件、协议的具体实现上的缺陷或系统安全策略存在的缺陷,人们把这些缺陷统称为漏洞。漏洞就像计算机系统中的一个洞,恶意软件可以利用它来进入你的设备,并利用这些漏洞绕过计算机的安全保护措施来感染你的设备。漏洞利用通常是大型攻击的第一部分,黑客会先扫描包含关键漏洞的过时系统,然后通过部署目标恶意软件来利用这些漏洞。

(14) 高级持续性威胁:高级持续性威胁(Advanced Persistent Threat,APT)是对计算机网络的秘密网络攻击,攻击者获得并保持对目标网络的未经授权的访问,并且在很长一段时间内未被发现。在感染和修复之间的这段时间内,黑客通常会监视、拦截中继信息和敏感数据。APT 的目的是泄露或窃取数据,而不是导致网络中断、拒绝服务或用恶意软件感染系统。其通常是出于商业或政治动机而针对特定组织或国家实施的长时间、持续性的、高隐蔽的攻击。很多实体都可以从成功的高级持续性威胁中获得利益。

(15) 恶意广告:恶意广告(malicious advertisement)就是互联网上用流氓软件感染用户计算机的广告,据说它是当今犯罪组织首选的计算机劫持技术。恶意广告通过将恶意代码注入合法在线广告网络和网页,从而使用户重定向到恶意网站,或在其计算机或移动设备上安装恶意软件来达到入侵的目的。

(16) 内部威胁:内部威胁(insider threat)是指组织内部的个人通过滥用其网络访问权限、盗窃敏感数据等行为对组织造成财产及声誉方面的损害。相对于外部威胁,内部威胁具有更大的破坏力。2020 年,香港一名电信技术员因利用工作之便,非法获取超过 20 万公众人物、警员及家属的信息而被起诉。2018 年,特斯拉前员工因黑进公司内部生产系统盗取并泄露机密数据而被起诉。

6.5.3　网络安全防护措施

网络安全措施是指用于防止和监控未经授权访问计算机及其网络的策略和实践。它结合了实现安全策略和控制的多方面防护措施,确保只有授权用户才能访问网络资源。每个企业和组织,无论其规模和行业如何,都需要一定程度的网络安全措施来保护其免受可能发生的网络攻击。目前广泛运用的、比较成熟的网络安全防范技术和措施主要包括以下几方面。

1. 防火墙技术

"防火墙"(firewall)一词来源于古代建筑中为了防止火灾蔓延而建造的用于保护房屋免受火灾的耐燃性或不燃性墙体。这里所说的"防火墙"不同于建筑中的物理防火墙,它是指隔离本地网络与外界网络之间的一道虚拟防御系统,它根据预设的安全参数监控网络流量以识别和阻止潜在威胁,仅允许非威胁性流量进入,阻止威胁性流量进入,从而保护本地网络不被外部非授权用户使用和攻击。

防火墙是保护网络安全主要的手段之一,防火墙可以是硬件、软件或两者兼而有之。

软件防火墙是安装在计算机或服务器上用来完成防火墙功能的软件系统,它与各种其他技术安全解决方案一起使用,为各种规模的企业提供更强大的安全性。当软件防火墙安装在服务器上时,它会像保护伞一样打开,保护连接到网络的所有其他计算机。它能够监控传入和传出流量的潜在风险或可疑用户行为,还可以更轻松、更快速、更灵活地设置安全策略。流行的软件防火墙有 Kaspersky Anti-hacker、Bitdefender Total Security、ZoneAlarm Pro、Outpost Filewall Pro 等。

硬件防火墙是物理硬件,是指把防火墙程序做到芯片里面,由硬件执行这些功能,从而减少 CPU 的负担,使路由更稳定。与软件防火墙相比,硬件防火墙的安全性相对更高,因此常用于需要为所有用户和设备提供更高级别安全性的企业。例如,著名的 Netscreen 防火墙就是一种高性能的硬件防火墙,与基于 PC 架构的防火墙不同,Netscreen 防火墙是由 ASIC 芯片来执行防火墙的策略和数据加/解密的,因此速度比其他防火墙要快得多。

2. 数据加密技术

网络上传输的数据如果不经过加密,在传输过程中就可能被第三方截取、篡改或删除,因此无法保证信息的保密性。为了解决这个问题,一般在数据传输之前需要使用数据加密技术对其进行加密,然后将加密的数据传输给对方,对方在接收到数据后再进行解密获得明文。在这个过程中,只有发送方和接收方能解读传输的数据,第三方看到的都是密文。

数据加密技术包括数据加密和解密。数据加密就是将一个信息(也称明文)经过密钥和复杂的数学变换后,转换成看起来无意义的密文,从而使得截获它的人无法识别其真正的含义。数据解密就是合法的接收者根据特定的密钥和转换函数将密文还原成明文的过程。

根据密钥的类型,数据加密体制可以分对称密码体制(私钥密码体制)和非对称密码体制(公钥密码体制)。

1) 对称密码体制

对称密码体制(symmetric cryptosystem)是指加密密钥与解密密钥相同,通信双方必须拥有同一个密钥并保持其机密性。发送信息时,发送方用自己的密钥进行加密,而接收方收到数据后,用相同的密钥进行解密。对称密码加/解密模型如图 6.39 所示。

图 6.39 对称密码加/解密模型

　　对称密码体制的优点是加密算法比较简单,加/解密高效快速,适合大数据量加/解密。但对称密钥存在很大的局限性,它要求在加密和解密时采用相同的密钥,而且加密算法公开,这样,一旦攻击者获得了一份密钥备份,数据安全就不复存在。此外,在大型网络通信系统中,每两个通信方之间都必须共享一对密钥,这使得密钥的管理变得极其复杂,同时也给通信带来了一些安全隐患。

　　目前,国际上主流的对称密码算法有 DES、3DES、AES、IDEA 及 RC2、RC4、RC5 等,其中 AES 是目前安全性较高且应用较为广泛的对称密码算法。我国也有自己的自主化国标对称密码 SM 系列(SM1、SM2、SM4、SM7)和 ZUC(祖冲之算法),这里的 SM 代表商业密码,是指用于商业的、不涉及国家秘密的密码技术。目前国标密码已在国内广泛推行。

　　2) 非对称密码体制

　　非对称密码体制(asymmetric cryptosystem)的基本思想是用户用一个密钥 Ke 控制加密,而用另外一个不同的但与加密密钥相关的密钥 Kd 控制解密,同时由算法的计算复杂性确保解密密钥 Kd 和加密密钥 Ke 不能互相导出。这样,即使公开 Ke 也不会暴露 Kd 而损害密钥的安全。因此,用户可以公开自己的加密密钥 Ke(公钥),而只对解密密钥 Kd(私钥)保密,这样,在多方通信时,任何人都可以给该用户发送保密信息,但只有拥有私钥的用户才能对其解密。非对称密码加/解密模型如图 6.40 所示。

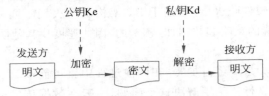

图 6.40　非对称密码加/解密模型

　　非对称密码体制解决了大型网络通信中密钥分配和管理困难的问题,安全保密性较好,可方便地实现数字签名和验证,提供了通信的可鉴别性。但非对称密钥加密算法复杂,加密速度要比对称密钥加密的速度慢几个数量级。因此在很多应用中,都是将对称加密和非对称加密结合使用。例如,在 SSL 中非对称密码加密用于协商通信密钥,而对称密码加密则用于真正的数据传输加密。

　　自非对称密码加密问世以来,学者们提出了许多种非对称密码算法,目前比较安全和有效的算法包括 RSA、ECC 和 DSA 算法等,它们的安全性都是基于复杂的数学难题。我国国标的非对称密码算法有 SM2 和 SM9,它们与 ECC 和 DSA 类似,都是基于离散对数难题构造的。

　　3. 数字签名

　　在实际生活中,经常有一些法律、金融或其他方面的文档需要手写签名,以证明文件的真实性。但是在利用计算机网络传送文件时,显然不能用手写。为了使计算机网络传送的文件能够代替纸质手签文档,必须找到一种方法能对文档进行签名,且文档的签名不可被伪造,这就是所谓的数字签名(digital signature)。

　　为了能够替代传统的手写签名,数字签名必须满足以下 4 个条件。

　　(1) 接收方可以验证发送方的身份:例如,用户 A 给用户 B 发送了一个带数字签名的文件 F,那么 B 在收到这个文件后,就必须通过某种方法确认这个文件确实来自 A,而不是来自其他人。

（2）发送方事后不能抵赖他对该消息的签名：同上，假定 B 收到了经过 A 签名的消息，但事后 A 否认他发送过这个消息给 B。为了解决这个问题，数字签名系统必须保证 A 不能抵赖他曾经对消息 F 签过名。

（3）接收方不能伪造签名：假定 B 没有收到 A 的消息，但 B 伪造了一个 A 签名的消息，并谎称该消息是 A 发送给他的。数字签名必须保证 B 不能伪造签名。

（4）接收方不能否认或篡改收到的消息：假定 B 收到了 A 签名的消息 F，但 B 否认他收到过这个消息，或否认他收到的消息是 F。数字签名必须保证接收方不能否认他收到过消息。

完美的数字签名方案应该同时满足以上 4 个条件，但实际使用中数字签名方案可以根据不同的要求对以上 4 个条件进行取舍。这里主要介绍两类有代表性的方案。

为了简化下文描述，这里假定用户 A 和用户 B 要进行通信，A 为发送方，B 为接收方；A 的对称加密密钥为 Ka；A 的非对称加密密钥对为 A_Kp（公钥）、A_Ks（私钥）；B 的非对称加密密钥对为 B_Kp（公钥）、B_Ks（私钥）；加密的信息简称 m。

1）基于对称密码和非对称密码的数字签名方案

这类方案需要同时使用对称加密和非对称加密，具体过程描述如下。

（1）A 对消息 m 进行三次加密，然后将其发送给 B。具体步骤：①A 用随机产生的对称密钥 Ka 对信息 m 使用对称加密方法进行加密得到 E(Ka,m)；②A 用自己的私钥 A_Ks 对 E(Ka,m)使用非对称加密算法进行加密（数字签名），记为 E_1(A_Ks,E(Ka,m))；③A 再用接收方 B 的公钥 B_Kp 对 E_1(A_Ks,E(Ka,m))加密，加密结果记为 E_2(B_Kp,E_1(A_Ks,E(Ka,m)))，最后将其发送给接收方。

（2）B 依次使用 B 的私钥 B_Ks 和 A 的公钥 A_Kp 对 E_2(B_Kp,E_1(A_Ks,E(Ka,m)))进行两次解密得到 E(Ka,m)（这一步确认发送方不可抵赖）。

（3）B 依次使用 B 的私钥 B_Ks 和 A 的公钥 A_Kp 对 E(Ka,m)进行两次加密，得到 E_2(A_Kp,E_1(B_Ks,E(Ka,m)))，并将其发送给 A（这个过程确定接收方不可抵赖）。

（4）A 对 B 发送过来的消息依次使用 A 的私钥和 B 的公钥进行解密，得到 E(Ka,m)。

（5）A 依次使用 A 的私钥和 B 的公钥对 A 的对称密钥 Ka 进行加密，并把加密结果发送给 B（这一步的作用是发送对称密钥 Ka 给 B）。

（6）B 依次使用 B 的私钥和 A 的公钥对 A 发送过来的信息进行解密，得到对称密钥 Ka（B 获得了 Ka）。

（7）B 使用 Ka 对 E(Ka,m)进行解密就可以得到 m。

从以上过程可以看出，这个签名方案不需要第三方机构参与，能对消息进行加密，同时能对消息进行签名认证，还具备双方不可抵赖的功能，是一种功能比较全面的数字签名方案。但该方案在数据传输过程中要多次使用对称和非对称加密，速度很慢。

2）基于散列函数的数字签名方案

在基于对称密码和非对称密码的方案中，数字签名过程需要对整个消息进行加密，加密过程需要花费很多时间，在有些实际应用中可能不需要对消息进行保密，只需要签名认证即可。基于散列函数的数字签名方案正是针对这类问题而设计的。

散列函数也称 Hash 函数，是一类能将任意长度的输入变换成固定长度输出的压缩函数,也可以说是一种将任意长度的消息压缩到某一固定长度的消息摘要的函数。散列函数有两个主要特点:①输入的任何微小变化都会导致输出发生巨大变化;②由输入很容易计算得到输出结果,但由输出结果很难推导得到输入。典型的 Hash 算法有 MD5、SHA-1、SHA-2 等。

在基于散列函数的数字签名方案中不是对消息本身加密,而对散列函数生成的消息摘要进行加密,具体步骤描述如下。

(1) 发送方 A 使用 MD5 或 SHA-1 等 Hash 算法计算消息 m 的摘要值,记为 H(m)。

(2) A 用私钥对 H(m)进行非对称密码加密,得到 E(A_Ks,H(m)),形成一个发送方的数字签名,然后 A 将消息 m 及其对应的签名 E(A_Ks,H(m))一起发送给接收方 B。

(3) B 在收到消息后,分别提取 m 和 E(A_Ks,H(m)),然后使用相同的 Hash 算法计算 m 的消息摘要 H(m),同时使用 A 的公钥 A_Kp 解密 E(A_Ks,H(m))得到 H(m),如果得到的两个 H(m)一致,则表明 B 接收的消息 m 是 A 发送的,且消息未被篡改。

4. 访问控制技术

访问控制是指主体依据某些控制策略或者权限对客体本身或其资源进行不同授权的访问。它是保护网络安全的关键技术之一。它是一种针对越权使用系统资源行为的防御措施,它通过限制对关键资源的访问,防止系统因为非法用户的侵入或合法用户的不当操作而被破坏。

访问控制的三个要素分别为主体、客体(资源)、控制策略。

主体:资源访问请求的发起者,但不一定是执行者,它可以是某一用户、进程、服务或设备等。

客体:指被访问的资源,可以是信息、文件、记录等集合体,也可以是网络上的硬件设施等。

控制策略:主体对客体的访问规则集合。

要实现访问控制,首先要做的就是身份认证,其次是控制策略的选择与实现,最后还需要对非法用户或合法用户的越权操作进行监控。因此,访问控制的内容包括认证、控制策略实现和安全审计。

常见的访问控制策略包括以下几种。

(1) 入网访问控制:入网访问控制是网络访问的第一层安全机制。它控制哪些用户能够登录到服务器并使用相关网络资源,控制准许用户入网的时间,控制用户经由哪个工作站入网。

(2) 网络操作权限控制:操作权限控制主要是为了防止入网用户进行非法操作而设置的。入网的用户或用户组被赋予一定的权限,通过权限控制用户可以访问某些目录、文件等资源,可以对这些资源进行一些操作。

(3) 目录级访问权限控制:目录级安全控制主要控制用户对目录、文件、设备的访问。用户在目录一级指定的权限对所有文件和子目录有效,还可进一步指定对目录下的子目录和文件的权限。对目录和文件的访问权限一般有 8 种:系统管理员权限、读权限、写权限、创建权限、删除权限、修改权限、文件查找权限、存取控制权限。网络管理员应当为用户设置适当的操作权限,操作权限的有效组合可以让用户有效地完成工作,同时又能有效地控制用户对网络资源的访问。

（4）属性安全控制：属性安全控制是权限安全基础上的进一步控制，控制用户对目录及文件属性的修改。属性安全控制级别高于用户操作权限设置级别。属性设置控制权限一般包括文件或目录写入、文件复制、目录或文件删除、查看目录或文件、执行文件、隐含文件、共享文件或目录等。允许网络管理员控制文件或目录等的访问属性，可以保护网络系统中重要的目录和文件，维持系统对普通用户的控制权，防止用户对目录和文件的误删除等操作。

（5）网络服务器安全控制：网络服务器安全控制是针对网络服务器的访问安全而做的控制。它控制可以在网络服务器控制台上执行的操作，例如设定口令控制用户对控制台的使用，设置权限控制用户是否可以通过控制台加载和卸载系统模块、是否可以安装和删除软件等。

（6）网络检测和锁定控制：网络管理员应能够对网络实施监控。对非法访问进行报警或者通过控制非法访问次数锁定该用户账号，以减少网络安全风险。

（7）网络端口和节点的安全控制：对网络端口和节点的接入、操作信息的传输进行加密和认证，以保证合法用户接入网络。例如，可以为网络设备上的端口设置特定 MAC 地址及 IP 地址来对该端口的数据报文进行控制。配置了安全地址的端口将只转发源地址为安全地址的数据包，其他非安全地址的数据包将不再转发。此外，也可以设置端口所能包含的安全地址的最大个数，当安全地址个数到达上限之后，安全端口将丢弃包含未知地址的数据包。

5．入侵检测技术

入侵检测技术（intrusion detection technology），顾名思义，是一种通过某种方式对入侵行为进行检测，以保护自己免受攻击的安全技术。入侵检测的基本方法是从计算机网络或计算机系统中的若干关键点收集信息并对其进行分析，从而识别网络或系统中存在的恶意行为或攻击。具体功能包括：

- 检测分析用户和系统的活动；
- 检查系统配置和漏洞；
- 识别系统攻击行为；
- 统计分析异常访问行为；
- 对发现的攻击行为做出适当的反应等。

实现入侵检测既需要硬件也需要软件，通常把进行入侵检测所需硬件和软件的组合称为入侵检测系统（intrusion detection system）。典型的入侵检测系统通常包含以下三部分。

（1）信息采集。获取被监控系统或者网络的原始数据，并对其进行预处理（如数据清洗、规范化、特征降维等），以便进行下一步的入侵检测分析。

（2）信息分析。通过采集的信息对入侵事件进行分析。如入侵行为认定、攻击原因和趋势分析以及攻击场景构建等。

（3）结果处理。对系统异常、威胁及入侵事件进行处理，以减弱或排除入侵行为对系统带来的损害。

入侵检测系统根据其信息来源可以分为以下三类。

（1）网络入侵检测系统：网络入侵检测系统（Network Intrusion Detection System，NIDS）设置在网络内的计划节点上，以检查来自网络上所有设备的流量。它对整个子网上的传递流量进行观察,并将子网上传递的流量与已知攻击的集合相匹配。一旦识别出攻击或观察到异常行为,就可以将警报发送给管理员。例如,安装在防火墙所在子网上的网络入侵检测系统可以检测是否有人试图突破防火墙访问子网。

(2) 主机入侵检测系统:主机入侵检测系统(Host Intrusion Detection System,HIDS)在网络上的独立主机或设备上运行。该系统仅监控来自设备的传入和传出数据包,并在检测到可疑或恶意活动时向管理员发出警报。它获取现有系统文件的快照并将其与之前的快照进行比较,一旦发现系统文件被编辑或删除,就会向管理员发送警报以进行调查。

(3) 混合入侵检测系统:混合入侵检测系统是由网络入侵检测系统(NIDS)和主机入侵检测系统(HIDS)组合而成。在混合入侵检测系统中,主机代理或系统数据与网络信息相结合,形成一个完整的网络系统视图。与其他入侵检测系统相比,混合入侵检测系统更有效。著名的 Prelude IDS 就是混合型 IDS 架构。

6.5.4　漫话密码学

谈起"密码学",很多人脑海里闪现的画面可能是 Windows 及各类系统的登录画面、谍战片里秘密发电报的场景或高深莫测的黑客,与之关联的词可能包括密码、秘密、间谍、摩斯电码、电文破译、入侵攻击、计算机高手等。总之,密码学给大部分人的第一印象都是"神秘的""高深莫测的""常人难以理解的"。人们很难想象谍战片中的电文是如何被破译专家"猜"到的? 为什么一幅精美的图片经过加密以后就变成了乱码,而一堆乱码在解密后又能恢复成原来的精美图片呢? 造成这种印象和疑问主要是因为密码学是一个小众学科。2021年之前,我国的密码学一直被划分在军事学门类学科下,主要服务于军事通信,所以很多人对密码学了解不深,不清楚密码学的基本原理,觉得比较神秘。实际上,密码学是数学科学的一个分支,其涉及的数学知识如初等数论、代数学、组合数学和概率论等对很多非数学专业的人来说可能有点复杂,但谈不上"神秘"。

根据密码学的发展过程,密码学可以分为古典密码学和现代密码学。

古典密码以替换法(依次将明文中的字符替换为另一个字符形成密文)和置换法(将明文中字符的顺序打乱重排后构成密文)为基础,主要用于文字信息的保密书写、秘密传递及信息的破译。古典密码算法大都非常简单,一般使用人工或机械操作完成加密和解密,并不需要太多的数学知识。密码的破译工作一般由语言分析学家或纵横字谜高手完成,所需的知识对现代人来说非常容易。例如,古老的恺撒密码就是一种替换密码,其规则是将英文字母表中的 26 个字母按序排列起来构成一个环(字母 Z 的后面是 A),在加密时,将明文中的字母用它前面或后面的第 K 个字母代替即可生成密文,解密则使用逆过程完成。这里假定明文字母的位置用 C 表示,密文字母的位置用 D 表示,加密规则是用明文字母后面的第 K个字母代替明文,则加密的过程可以用数学公式 $D=(C+K) \bmod 26$ 表示,而解密过程就用 $C=(D-K) \bmod 26$ 表示。假定 $K=3$,明文"TAIWAN IS A PART OF CHINA",则加密后的密文为"WDLZDQ IV D SDUW RI FKLQD"。然后,发送方将加密的信息发送给接收方,如果接收方知道解密规则,他就能将信息还原;否则,即使拿到密文,也无法还原出原来的信息,这样就达到了保密传递的效果。但有一种可能存在,就是接收方虽然不知道加密规则,但因为恺撒密码的转换公式(算法)只有 25 种可能,因此,他可以将 25 种可能全部测试一遍,从而破解这段密文,这个破解的过程也叫作密码分析。从这个例子可以看出,恺撒密码的加密、解密及破解方法都是非常简单的，也很容易理解，它并不像人们想象的那么"神秘"。

与古典密码学相比，现代密码学关注的内容更加广泛（除了信息加密之外，还包括数字签名、数据完整性、身份认证等内容），使用的数学知识更加复杂，信息的处理不再依赖手工而依赖于计算机。二者最重要的区别在于古典密码的安全性依赖于加密算法的设计和保密，而现代密码学的加密算法是公开的，其安全性主要依赖于密钥的保密。这种复杂性多多少少给密码学披上了一层"神秘"的面纱。不过，当你从数学的角度看它的时候，它其实并不神秘，因为密码学的核心技术是密码算法，而密码算法本质上就是重复运用替代和置换方法对信息进行数学变换的过程。只不过这种变换过程使明文中的某一位可能影响密文中的多位，同时也使密文和密钥之间的统计关系变得更加复杂，从而使破解过程变得非常困难。因此有点让人"望而却步"。的确，一个人要理解密码算法及其破解方法就需要非常扎实的数学功底，这也是为什么虽然密码学已经被划分到计算机类学科，但相比计算机类学科的其他分支，密码学的某些研究方向对数学要求比较高的原因。但俗话说，世上无难事，只怕有心人，只要一个人目标坚定，脚踏实地地去钻研，就一定能深入进去，慢慢解开谜团。

我国的密码学起步较晚，很多标准和算法都依赖于发达国家。然而，密码算法是信息安全的核心技术，过分依赖国外的标准和算法会对我国信息安全造成很大的隐患。因此我国自主研发了一套具有自主知识产权的数据加密算法，即国密算法，其中公开的国产商用密码算法包括 SM1、SM2、SM3、SM4、SM7、SM9 及祖冲之密码算法（ZUC）。另外，我国在密码分析方面也取得了很多成就，比如我国密码专家王小云就在 2004 年、2005 年分别破译了两大世界顶级密码 MD5 和 SHA-1。除了在传统密码方面取得的成就，我国在量子密码研究方面一直处于国际领先地位，这些成绩都是非常值得我们骄傲的。

然而，客观讲，我国当前的密码技术虽然近年来有了较大的发展，但与信息技术高速发展的需求相比，无论是密码产品数量还是质量都存在很多短板，我们需要更多的企业和科研机构能够培养密码学技术人才以推动我国密码技术和产品的自主化进程，提升我国密码产品的规模和质量，降低对国外技术和产品的依赖，从而为我国信息安全保驾护航，以免将来受制于人。

第7章 计算机科学新技术及应用

[导语]

随着我国社会经济、科学技术的不断发展,计算机逐渐成为各个领域必不可少的组成部分,计算机科学技术的应用不仅提高了人们的精神文化和社会生活水平,还推进了计算机科学和技术的创新。特别是衍生的云计算、大数据、人工智能技术丰富了计算机科学与技术的内涵,使得计算机科学与技术正逐步走向智能化、网络化。因此,本章结合当前计算机科学的发展,通过案例形式对新技术的应用做了阐述,让读者切身体会新技术带来的科技感和便捷性。

[教学建议]

教学要点	建议课时	呼应的思政元素
近期热点研究	1	感受科技带来的大国自信
图像识别应用案例	2	体验国内的人脸识别产品,增强民族自豪感
大数据应用案例	1	新冠疫情期间,通过大数据助力防控,培养面对困难、勇于担当的魄力
无人驾驶案例	1	打造科技强国,坚定学生的理想信念,激发使命担当
区块链应用案例	1	认识我国在信息领域的探索已经走在世界前列,增强大国自信和发展底气

7.1 近期热点研究

中国电子技术标准化研究院发布的《人工智能标准化白皮书(2018 版)》中给出了人工智能的定义:"人工智能是利用数字计算机或者由数字计算机控制的机器,模拟、延伸和扩展人类的智能,感知环境、获取知识并使用知识获得最佳结果的理论、方法、技术和应用系统。"图像识别、语音识别、自然语言是人工智能技术在视觉、语音、文本三方面的典型应用,本章选用百度智能云提供的智能识别 SDK(Software Development Kit)、API(Application Programming Interface)开发一些应用,体验各类智能识别技术。

7.1.1　自然语言处理

自然语言处理是计算机科学领域与人工智能领域中的一个重要研究方向,它的目标是让计算机能准确地理解人类语言,并进行有效通信,其核心问题是如何将人类真实的自然语言转换为计算机可以处理的形式,称为文本表示。文本表示分为离散表示和连续表示,离散表示是将文本抽象成字、词、词组或者句子、段落等,并将这些对象作为离散的特征进行数值化。离散表示的典型代表是词袋模型,其中最简单的形式是"独热"(one-hot)表示,One-hot表示是将词数字化为一个向量,每个词用维度为词典长度的向量表示,向量中只有该词对应的位置是1,其余位置为0。One-hot编码不考虑词与词之间的顺序问题,因此得到的特征是离散的、稀疏的。词嵌入(word embedding)模型的出现弥补了这些缺点,词嵌入是基于神经网络的语言模型,其中最有代表性的 Word2Vec 模型,通过浅层神经网络模型训练,把词映射为低维实数向量,属于分布式连续表示。相较于词袋模型得到的词的向量表示,以 Word2Vec 为代表的基于神经网络模型训练出来的词向量低维、稠密,利用了词的上下文信息,语义信息更加丰富。

自然语言处理主要应用于机器翻译、舆情监测、自动摘要、文本分类、问答系统、语音识别等方面。随着技术的日益成熟,用科技提高工作效率已经慢慢进入日常生活。例如,腾讯会议中的自动会议纪要功能,能将语音自动转成文本,也能够根据文本自动追踪视频内容,帮助用户解放大脑和双手。又如科大讯飞为《2020 知识春晚》提供的实时字幕服务,该服务将电视直播画面中的语音实时转换为文字字幕条,它将看似"触不可及"的 AI 技术拉到数亿观众面前,让每个家庭"彼此倾听、达成共识"的同时,也给那些听不见声音的人们带去福音。将先进的 AI 技术搬上电视,是新媒体潮流下的一次创新尝试,更可造福全国数千万的听障人士,促成大众信息无障碍沟通。

7.1.2　计算机视觉

计算机视觉是人工智能领域的一个重要分支,解决的问题是让计算机看懂图像或者视频里的内容,最终目标是使计算机能像人那样学会观察和理解图像,从一堆数字中读取到有意义的视觉线索。图像分类、目标检测、图像分割、目标追踪是计算机视觉的典型任务。图像分类的主要任务是将输入的图像识别为某一类别,它是计算机视觉的核心,同时也是物体检测、图像分割、物体跟踪、行为分析、人脸识别等其他高层次视觉任务的基础。图像分类在许多领域都有着广泛的应用,例如,安防领域的人脸识别和智能视频分析等,停车场、收费站的车牌识别,交通领域的交通场景识别,互联网领域基于内容的图像检索和相册自动归类,支付宝的人脸活体认证等。图像分类任务关心整体,给出的是整张图片的内容描述,而目标检测则关注特定的物体目标,要求同时获得这一目标的类别信息和位置信息。目标检测具有巨大的应用价值和应用前景,常见的人脸检测、行人检测、车辆检测、卫星图像中的道路检测、车载摄像机图像中的障碍物检测、医学影像的病灶检测等,在医学场景、安防领域和自动驾驶领域有较广泛的应用。图像分割是对图像的像素级描述,它赋予每个像素类别意义,适用于理解要求较高的场景,如无人驾驶中对道路和非道路的分割。目标追踪是给定一个或多个目标,追踪这个目标的位置。目前广泛应用在体育赛事转播、安防监控和无人机、无人车、机器人等领域。

7.1.3　无人驾驶

早在 20 世纪 70 年代,美国和欧洲一些国家就开始了无人驾驶的研究。美国国防高级研究计划局自 2004 年开始,举办智能车挑战赛,促进了麻省理工、卡耐基梅隆大学等对无人驾驶智能车的研究。Google 在 2009 年正式启动无人驾驶项目,2011 年发布无人驾驶智能车平台,2016 年谷歌无人驾驶项目独立为谷歌母公司 Alphabet 旗下子公司 Waymo,Waymo 使用机器学习和其他先进的工程技术开发和改进了软件,这套软件由很多不同的部分组成,主要包括三大组件:感知、行为预测和规划器。日本的 Autoware 是世界上第一个用于自动驾驶技术的"多合一"开源软件,已成为公认的开源项目。我国在 20 世纪 80 年代也开始对无人驾驶智能车进行研究,2003 年无人驾驶技术运用到红旗汽车上,这在国内算是首例。国内的各大重点高校,如上海交通大学、浙江大学、军事交通学院等,以及国内的很多互联网公司和汽车制造公司,如国内的百度、滴滴、乐视、阿里巴巴、上海一汽、上海汽车等也逐步开始了自己的无人驾驶智能车的研究。

无人驾驶领域最有名的软件架构就是机器人操作系统(Robot Operating System,ROS),ROS 提供一些标准操作系统服务,例如硬件抽象、底层设备控制、常用功能实现、进程间消息以及数据包管理等,基于一种图状架构,不同节点的进程能接收、发布、聚合各种信息(如传感、控制、状态、规划等)。ROS 可以分成两层,低层是上面描述的操作系统层,高层则是广大用户群贡献的实现不同功能的各种软件包,例如定位绘图、行动规划、感知、模拟等。百度公司研发的阿波罗(Apollo)系统,从 Apollo 3.5 开始,彻底摒弃 ROS,改用自研的 cyber 作为底层通信机制,目前 Apollo 系统已经升级到 7.0 版本,其包含 Apollo 开放平台和 Apollo 企业版两部分。Apollo 开放平台重点升级了 17 项能力,开放数据流水线,向开发者开放包括智能数据采集器、开放合成数据集、大规模云端训练、自定义仿真验证器、开放数据应用集以及与 Apollo 开源平台无缝兼容结合在内的 6 大数据能力,打通了数据采集、训练、验证和整体发布流程,开发者通过云端 30min 即可完成自动驾驶车的动力学标定。

无人驾驶仿真技术的出现给无人驾驶算法的研发提供了极大便利,它可以提供不同的场景(如园区、办公区等)、不同的天气(如雨天、雾天、晴天),可以模拟白天和夜晚对各传感器的影响,还可在仿真环境中添加移动的障碍物。这不仅降低了等待不同天气、寻找不同场景的时间成本,而且减少了实体材料损耗的金钱成本。目前主流的自动驾驶仿真平台有 Microsoft Robotic Studio、Webots、Udacity、AirSim、Prescan、Gazebo 等,此外还有一些大型科技公司内部自研的测试平台。Microsoft Robotic Studio 是微软开发的一款用于机器人的软件开发包,它包括可视化编程、机器人服务、机器人仿真三部分。Webots 机器人仿真平台是 Cyberboyics 公司开发的便携式跨平台仿真平台,可以轻松构建机器人模型。Udacity 是一款基于 Unity 的自动驾驶仿真器,其功能单一。AirSim 是基于 UE4 引擎的一款仿真平台,它还可以利用 UE4 引擎完成更真实的渲染。Prescan 是一款基于 ADAS 的仿真平台,拥有较为准确的动力学模型,但渲染效果不足。Gazebo 是一款基于 ROS 的在动力模型、传感器仿真和物理仿真上有较高准确度的仿真平台。

7.1.4　大数据技术

随着 Web 2.0 和移动设备的快速发展,不仅计算机、手机可以接入网络,同时各类摄像头、传感器、家用电器等各种设备也可以加入互联网,人们可以随心所欲、随时随地发布微信、微博、视频、音频等各类信息。这些每日产生的数据不仅数量巨大、数据类型复杂多样,且数据也以惊人的速度增长,但是因为数据分散且冗余等原因,导致数据价值密度低。例如,交通监控系统会不间断地记录路上交通情况,这些记录一般都是没价值的,当发生意外时,只有记录了事件过程的那段视频是有价值的,但是必须投入大量的监控设备、网络设备和存储空间,保存摄像头传过来的视频数据。

为了挖掘大数据中隐藏的信息,大数据分析和处理技术应运而生,包括大数据的采集、预处理、存储、分析、可视化和应用等相关技术。大数据技术的出现不仅给人们的生活带来了一系列的便利,在应对各类突发状况方面也发挥了积极作用。例如,2020年爆发的新冠疫情具有突发性高、传染性强、扩散性广、风险性大的特点,防控工作任务艰巨、时间紧迫。在这期间,大数据、云计算、人工智能等快速发展的新一代信息通信技术加速与交通、医疗、教育等领域深度融合,让对新冠疫情防控的组织和执行更加高效,在监测分析、病毒溯源、防控救治、资源调配、复工复产等方面发挥了重要作用。

7.2　图像识别应用案例——新生智能报到系统

视频讲解

7.2.1　案例简介

2018年4月教育部印发《教育信息化2.0行动计划》,提出信息化与高校管理相结合,加快智慧校园建设,促进信息技术深度融入教育教学和管理服务全过程,综合运用大数据、人工智能等手段推进学校管理方式变革,提升管理效能和水平。新生入学是学校每年的重大工作之一,新生凭纸质报到单报到,一是报到手续比较烦琐,导致新生等待时间过长;二是缺乏新生大数据分析,统计数据不仅滞后且不太准确;三是近两年由于新冠疫情等特殊情况,需要核验康健码、行程码等信息。新生智能报到小程序实现新生无接触自助式报到,把报到流程信息化,减轻管理人员的负担,降低管理部门的工作量。

系统的用户主要有学生、学院和学校管理员三类角色,作品包括前端微信小程序和后台管理系统。微信小程序主要是面向学生用户的,学生可以提前线上完成健康码、行程码等相关的健康证明材料的提交和审查工作,报到时采用人脸身份识别、录取通知书识别等AI算法帮助新生快速、准确地完成线上报到,同时帮助刚进入学校的新生迅速熟悉校园环境,另外新生还可以利用校园导航寻找到自己的宿舍。后台管理系统主要是面向学院和学校用户提供批量导入、导出新生信息,查看报到情况的功能。

7.2.2　系统功能结构图

本系统包括小程序和PC端的后台管理模块,小程序主要包括报到管理、导航功能、个人信息。报到管理包括身份证识别、录取通知书识别、健康申报和人脸识别。导航功能调用高德地图API进行导航。个人信息包含基本信息和校园卡信息。PC端主要分为学院管理员和学校管理员。学院管理员功能包括新生管理、报到管理、个人信息管理。学校管理员功能包括用户管理、学院管理、报到统计管理和个人信息管理。后端的PyEcharts组件主要用于绘制各类统计图。系统功能结构图如图7.1所示。

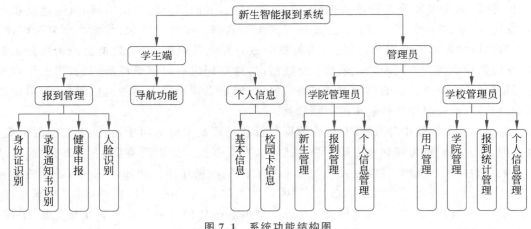

图 7.1 系统功能结构图

7.2.3 系统设计

1. 微信小程序

小程序主要有主页、导航页、个人页。主页有身份证识别、录取通知书识别、健康申报、人脸识别;导航页主要实现导航功能;个人页包含基本信息、电子校园卡查看功能。具体界面如图 7.2~图 7.4 所示。

图 7.2 主页图

图 7.3 导航页图

图 7.4 个人页面

2. 后台管理系统

后台管理系统主要包括新生管理、可视化大屏、学院管理。新生管理实现学生信息的增、删、改、查等功能。可视化大屏主要显示学院生源统计图、学院男女比例图、学院报到情况统计和各专业报到情况统计图。学院管理主要实现对学院信息的增、删、改、查操作,具体界面设计如图7.5和图7.6所示。

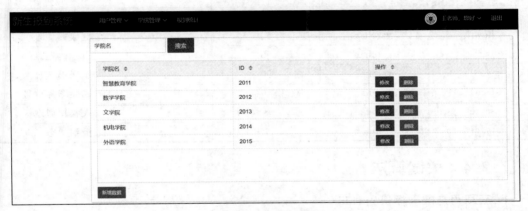

图 7.5 新生管理界面

图 7.6 学院管理界面

3. 数据库设计

数据库的表设计如表7.1～表7.3所示。

表 7.1 学院管理员信息表

字 段 名	数 据 类 型	长 度	是 主 键 否	描 述
ID	varchar	11	是	用户 ID
tname	varchar	50		姓名
tpsw	varchar	50		职称
tsex	varchar	50		性别
tdept	varchar	50		学院
type	varchar	1		用户类型

表 7.2 学院登录信息表

字 段 名	数 据 类 型	长 度	是 主 键 否	描 述
id	varchar	11	是	序号
sdept	varchar	50		学院名称
code	varchar	50		学院编码

表 7.3　新生信息表

字　段　名	数据类型	长　度	是主键否	描　　述
ID	varchar	11	是	用户 ID
sname	varchar	50		姓名
sid	varchar	50		身份证号
ssex	varchar	50		性别
sdept	varchar	50		学院
smajor	varchar	1		专业
sno	varchar	50		校园卡号
snation	varchar	50		民族
birth	varchar	50		出生日期
saddress	varchar	50		家庭地址
sdorm	varchar	50		宿舍地址
shealth	varchar	50		健康码地址
strip	varchar	50		行程码地址
sword	varchar	50		承诺书地址
sface	varchar	50		人脸图片地址
ssame	int	8		人脸相似度
stade	int	1		报到状态

7.2.4　关键算法

1. 获取用户唯一标识 openid

```
//调用云函数获取用户唯一标识 openid
wx.cloud.callFunction({
    name: 'getopenid',
    complete: res => {
        var openid = res.result.OPENID
    console.log(openid)
    this.setData({
      openid:openid
    })
    }
})
```

2. 调用百度云 API 获取信息

```
//选择图片上传并发送请求调用百度云 API 获得信息并显示
chooseImage: function () {
    var that = this;
    wx.chooseImage({
```

```
        count: 1,
        sizeType: ["original", "compressed"],
        sourceType: ["album", "camera"],
        success(res) {
          const tempPath = res.tempFilePaths[0];
          var base64 = wx.getFileSystemManager().readFileSync(tempPath, "base64");
          Var access_token = "你申请的 token";
          var request_url = "https://aip.baidubce.com/rest/2.0/ocr/v1/idcard";
          request_url = request_url + "?access_token = " + access_token;
          //开始请求百度的卡证识别接口
          wx.request({
            url: request_url,
            data: {
              "id_card_side": "front",
              "image": base64
            },
            method: "POST",
            header: {
              "content - type": "application/x - www - form - urlencoded"
            },
            success: function (res) {
              console.log(res);
            if (res.statusCode == 200) {
                that.setData({
                  img: tempPath,
                  isFlag:true
                });
              }else {
                wx.showToast({
                  title: "检测失败" + res.data.error_msg,
                  duration: 5000
                });
              }
            }
          })
      }
```

3. 调用高德地图 API 导航

```
//获取当前位置
    wx.getLocation({
    isHighAccuracy: true,
    type: 'gcj02',
    success: (res) => {
      console.log(res);
        }
    })
myAmap.getInputtips({
      keywords:keywords,
      location:'',
      success:function(res){
      console.log(res);
```

```
        }
    })
        wx.openLocation({
            latitude:latitude,
            longitude:longitude,
        })
```

4. 数据导入

```
#HTML 关键代码:
< input type = "file" name = "my_file">
< input type = "submit" name = "提交">
views 关键代码:
"""导入 Excel 表数据"""
        file_obj = request.FILES.get('my_file')
        type_excel = file_obj.name.split('.')[1]
    if type_excel in ['xlsx','xls']:
        wb = xlrd.open_workbook(filename = None,
            file_contents = file_obj.read())
        table = wb.sheets()[0]
        nrows = table.nrows #行数
        try:
                with transaction.atomic():
                for i in range(0, nrows):
                        row_value = table.row_values(i)
                        sinformation = Sinformation()
                        sinformation.number = row_value[0]
                        sinformation.sname = row_value[1]
                        sinformation.sno = row_value[2]
                        sinformation.ssex = row_value[3]
                        sinformation.sdept = row_value[4]
                        sinformation.smajor = row_value[5]
                        sinformation.sid = row_value[6]
                        sinformation.saddress = row_value[7]
                        sinformation.save()
        except Exception as e:
            return HttpResponse('出现错误... % s' % e)
        return HttpResponse("上传成功")
```

5. 数据导出

```
"""导出 Excel 表格"""
        list_obj = Sno.objects.all()
        if list_obj:
            #创建工作簿
            ws = xlwt.Workbook(encoding = "UTF - 8")
            w = ws.add_sheet(u'未报到新生信息')
            w.write(0, 0, u'序号')
            w.write(0, 1, u'姓名')
            w.write(0, 2, u'学号')
            w.write(0, 3, u'性别')
            w.write(0, 4, u'学院')
            w.write(0, 5, u'专业')
```

```
            w.write(0, 6, u'身份证')
            #写入数据
            excel_row = 1
            for obj in list_obj:
                data_number = obj.number
                data_sname = obj.sname
                data_sno = obj.sno
                data_ssex = obj.ssex
                data_sdept = obj.sdept
                data_smajor = obj.smajor
                data_sid = obj.sid
                w.write(excel_row, 0, data_number)
                w.write(excel_row, 1, data_sname)
                w.write(excel_row, 2, data_sno)
                w.write(excel_row, 3, data_ssex)
                w.write(excel_row, 4, data_sdept)
                w.write(excel_row, 5, data_smajor)
                w.write(excel_row, 6, data_sid)
                excel_row += 1
            ws.save(r'D:/新生报到系统/TS/static/未报到.xlsx')
```

6. 新生生源地统计

```
#获取表里的省份字段
data_sin = Sinformation.objects.values('saddress')
a = [] #不同省份名
count = [] #省份数目
        for i in data_sin:
            a.append(i["saddress"])
        a.sort()
        t = a[-1]
        for i in range(len(a) - 2, -1, -1):
            if t == a[i]:
                a.remove(a[i])
            else:
                t = a[i]
#统计相同省份数目
        for j in a:
count.append(Sinformation.objects.filter(saddress = j).count())
#将省份及其对应数目合并成一个列表,前端地图 option 才可正常显示出数据
data = []
        for i in range(0,len(a)):
            data.append({'name':a[i],'value':count[i]})
```

7.2.5 运行结果

1. 小程序运行结果

（1）在主页上单击"身份证识别"按钮进入身份证识别页面,单击"上传"按钮即可上传相应图片,单击"健康申报"按钮进入健康申报页面,再单击"＋"上传本人今日的健康码、行程码,单击"上传承诺书"按钮上传文件。若上传的健康码、行程码不是本人的或不是当日的,会出现警示提醒"需本人今日信息"。成功完成所有报到流程后在主页会提示"恭喜你成功完成新生报到任务!"。效果如图7.7～图7.12所示。

图 7.7 身份证识别功能页

图 7.8 录取通知书识别功能页

图 7.9 人脸识别功能页

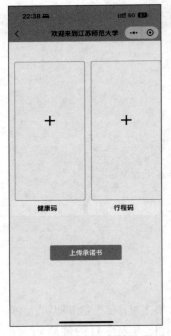

图 7.10 健康申报功能页

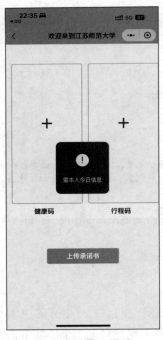

图 7.11 警示提醒

图 7.12 完成报到提示

(2) 导航页通过在地图上单击或输入关键字的方式确定终点,单击"开始导航"按钮进入微信内置地图,再单击指南针按钮会显示手机内已有导航 App,选择一个跳转到第三方导航 App。效果如图 7.13 所示。

（3）单击个人页的"个人基本信息"，新生可查看本人基本信息。单击个人页的"电子校园卡"，新生可查看本人校园卡信息，效果如图 7.14 和图 7.15 所示。

图 7.13 导航页面

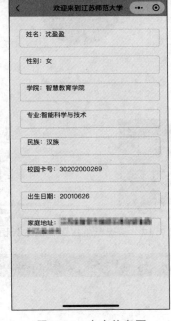

图 7.14 个人信息页

图 7.15 电子校园卡页

2. 后台管理系统运行结果

（1）学院管理员：学院管理员登录后可查看并修改个人信息，单击"新生管理"可进入管理新生信息界面，通过单击"选择文件"可批量导入新生信息，并可修改、删除新生信息，如图 7.16 所示。单击"报到管理"可查看新生报到情况的统计结果，如图 7.17 所示。

图 7.16 新生信息界面

（2）学校管理员：校级管理员登录后除了可查看个人信息之外，单击"用户管理"可进入用户管理界面，如图 7.18 所示，管理员可以进行搜索、修改、删除操作。若单击"学院管理"可进入学院管理页面，进行搜索、增加、删除或修改操作，如图 7.19 所示。单击"报到统计"可查看各学院新生报到情况统计图，效果图如图 7.20 所示。

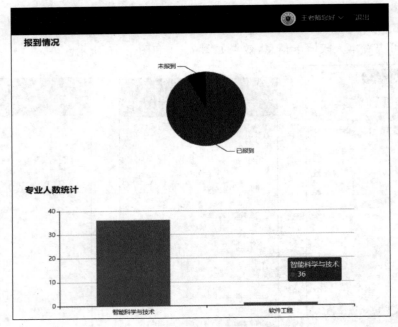

图 7.17　学院新生报到情况统计图

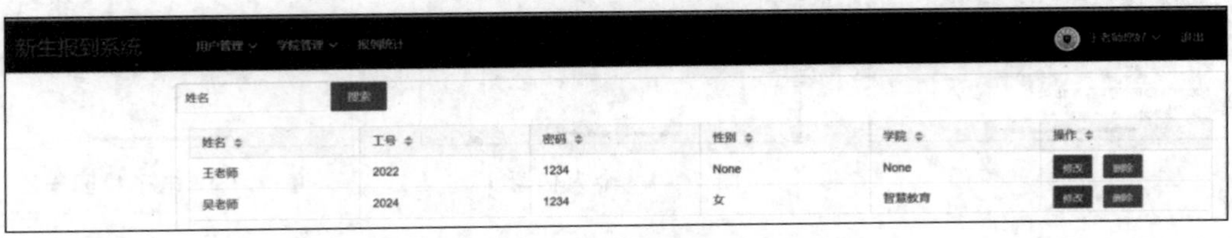

姓名 ⇕	工号 ⇕	密码 ⇕	性别 ⇕	学院 ⇕	操作 ⇕
王老师	2022	1234	None	None	修改 删除
吴老师	2024	1234	女	智慧教育	修改 删除

图 7.18　用户管理界面

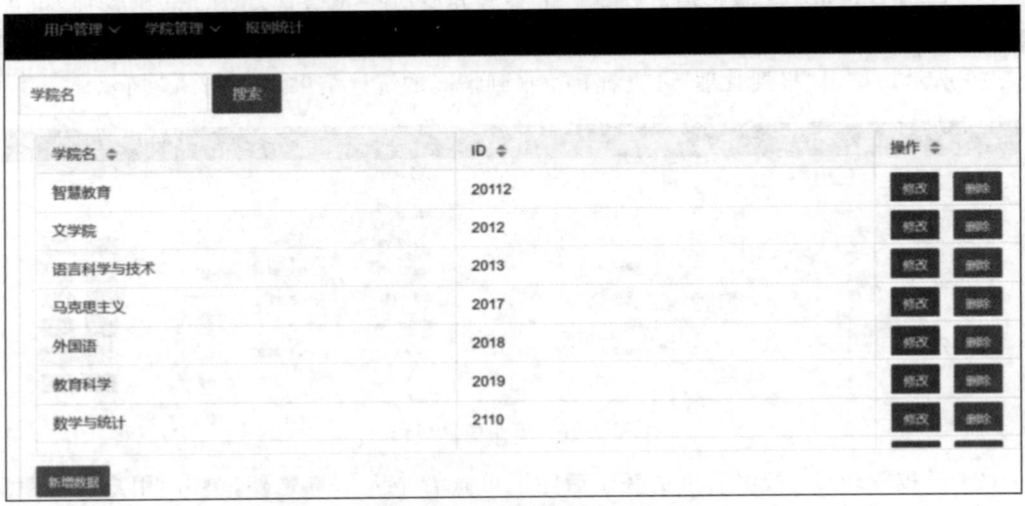

学院名 ⇕	ID ⇕	操作 ⇕
智慧教育	20112	修改 删除
文学院	2012	修改 删除
语言科学与技术	2013	修改 删除
马克思主义	2017	修改 删除
外国语	2018	修改 删除
教育科学	2019	修改 删除
数学与统计	2110	修改 删除

图 7.19　学院管理界面

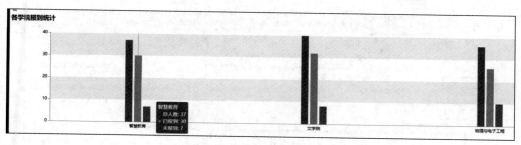

图 7.20 各学院新生报到情况统计图

7.3 大数据应用案例——新冠疫情数据爬取与可视化

7.3.1 案例简介

爬取腾讯国内新冠疫情的数据,进行数据清洗、数据存储、数据分析和可视化等。任务可分为两个阶段:数据爬取阶段和 Web 可视化阶段。系统开发环境为 Python 3.7、MySQL 8.0.17、Flask 1.1.1。

7.3.2 数据爬取

1. 数据源分析

可以到全国各地的卫健委网站上爬取数据,也可以到百度的新冠疫情实时大数据报告平台、腾讯的新冠疫情最新动态频道直接爬取当前最新数据,本系统以腾讯平台数据爬取为例进行介绍。

1) URL 分析和获取

(1) 打开要爬取的腾讯平台,按 F12 键,打开开发者工具选择 Network 选项,从中找到真正的 URL,如图 7.21 所示。

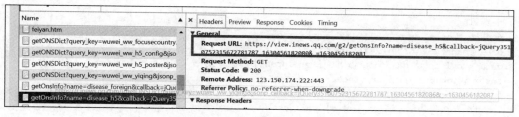

图 7.21 开发者工具

(2) 单击开发者工具的 Console,查看具体数据信息,如图 7.22 所示。

2) 编写程序爬取实时数据

```
def get_tencent_data():
        url1 = "https://view.inews.qq.com/g2/getOnsInfo name = disease_h5"
        headers = {
            'user – agent': 'Mozilla/5.0 (Windows NT 10.0; Win64; x64) AppleWebKit/537.36
(KHTML, like Gecko) Chrome/78.0.3904.70 Safari/537.36'
        }
```

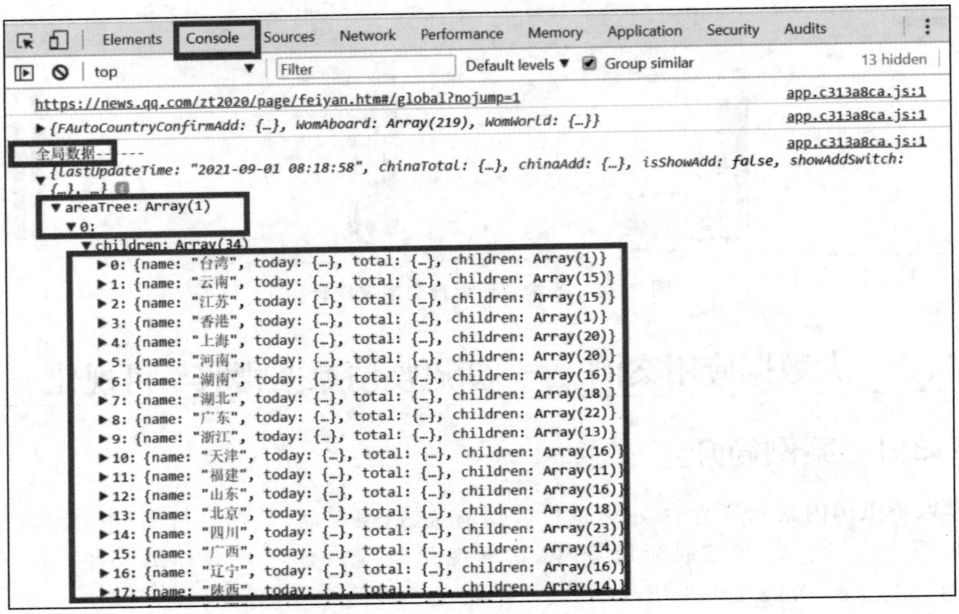

图 7.22 查看数据

```
        r1 = requests.get(url1, headers)
        res1 = json.loads(r1.text)
        print(res1)
        data_all1 = json.loads(res1["data"])
        return data_all1
if __name__ == '__main__':
    day = get_tencent_data()
    print(day)
```

3）数据解析

```
details = []
update_time = data_all1["lastUpdateTime"]
data_country = data_all1["areaTree"]
data_province = data_country[0]["children"]
for pro_infos in data_province:
    province = pro_infos["name"]
    for city_infos in pro_infos["children"]:
        city = city_infos["name"]
        confirm = city_infos["total"]["confirm"]
        confirm_add = city_infos["today"]["confirm"]
        heal = city_infos["total"]["heal"]
        dead = city_infos["total"]["dead"]
        details.append([update_time, province, city, confirm, confirm_add, heal, dead])
```

2. 数据库设计

1）新建数据库和数据表

新冠疫情详细数据信息如表 7.4 所示，新建数据库 COVID 和数据表 details。

表 7.4 details 数据表

字 段 名	数据类型	长 度	是主键否	描 述
id	bigint	20	是	ID
update_time	datetime	0		更新时间
province	varchar	50		省份
city	varchar	50		城市
confirm	int	11		确诊人数
confirm_add	int	11		新增确诊人数
heal	int	11		治愈人数
dead	int	11		死亡人数

```
CREATETABLE`details`(
`id`int(11)NOTNULLAUTO_INCREMENT,
`update_time`datetimeDEFAULTNULLCOMMENT'数据最后更新时间',
`province`varchar(50)DEFAULTNULLCOMMENT'省',
`city`varchar(50)DEFAULTNULLCOMMENT'市',
`confirm`int(11)DEFAULTNULLCOMMENT'累计确诊',
`confirm_add`int(11)DEFAULTNULLCOMMENT'新增确诊人数',
`heal`int(11)DEFAULTNULLCOMMENT'累计治愈',
`dead`int(11)DEFAULTNULLCOMMENT'累计死亡',
PRIMARYKEY(`id`)
)ENGINE = InnoDBDEFAULTCHARSET = utf8mb4;
```

2) 把详细数据写入数据库

(1) 建立连接。

```
conn = pymysql.connect(host = "127.0.0.1", user = "root", password = "123456", db = "covid", charset = "utf8")
```

(2) 创建游标。

```
cursor = conn.cursor()
```

(3) 执行操作。

```
sql = "insertintodetails(update_time, province, city, confirm, confirm_add, heal, dead)values(%s, %s, %s, %s, %s, %s, %s)"
foriteminli:
    cursor.execute(sql, item)
conn.commit()
```

(4) 关闭连接。

```
close_conn(conn, cursor)
```

(5) 具体代码。

```
def get_conn():
    #建立连接
    conn = pymysql.connect(host = "127.0.0.1", user = 用户名, password = 密码, db = 数据库名, charset = "utf8")
```

```python
    #创建游标
    cursor = conn.cursor()
    return conn,cursor
def close_conn(conn,cursor):
    if cursor:
        cursor.close()
    if conn:
        conn.close()
#插入 details 数据
def update_details():
    cursor = None
    conn = None
    try:
        li = get_tencent_data()
        conn,cursor = get_conn()
        sql = "insert into details(update_time, province, city, confirm, confirm_add, heal,
dead) values(%s,%s,%s,%s,%s,%s,%s)"
        sql_query = "select %s = (select update_time from details order by id desc limit 1)"
        cursor.execute(sql_query,li[0][0])
        if not cursor.fetchone()[0]:
            print(f"{time.asctime()}开始更新数据")
            for item in li:
                cursor.execute(sql,item)
            conn.commit()
            print(f"{time.asctime()}更新到最新数据")
        else:
            print(f"{time.asctime()}已是最新数据!")
    except:
        traceback.print_exc()
    finally:
        close_conn(conn,cursor)
```

3) 爬取数据并写入数据库

```python
import requests
from bs4 import BeautifulSoup
def get_weibo_hot():
    hot_url = 'https://s.weibo.com/top/summary/'
    header = {
        'user-agent': 'Mozilla/5.0(Windows NT 10.0; Win64; x64) AppleWebKit/537.36 (KHTML,
like Gecko) Chrome/92.0.4515.107 Safari/537.36'
    }
    r = requests.get(hot_url, headers = header)
    soup = BeautifulSoup(r.text)
urls_titles = soup.select('#pl_top_realtimehot > table > tbody > tr > td.td-02 ')content =
[i.text for i in urls_titles]
    data = []
    for i in content:
        x = i.strip().replace('\n', '')
        data.append(x)
    return data

def update_hotsearch():
```

```
        cursor = None
        conn = None
        try:
            context = get_weibo_hot()
            print(f"{time.asctime()}开始更新数据")
            conn, cursor = get_conn()
            sql = "insert into hotsearch(dt,content) values( % s, % s)"
            ts = time.strftime(" % Y - % m - % d % X")
            for i in context:
                cursor.execute(sql, (ts, i))
            conn.commit()
            print(f"{time.asctime()}数据更新完毕")
        except:
            traceback.print_exc()
        finally:
            close_conn(conn, cursor)
update_hotsearch()
```

7.3.3 Web 可视化界面

可视化大屏如图 7.23 所示,共分为标题区、时间区、累计曲线图(l1)、新增曲线图(l2)、数字区(c1)、各省统计饼图(c2)、城市状态图(r1)、词云(r2)8 个区域。

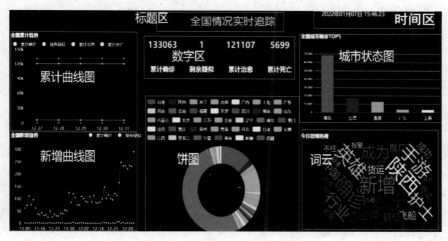

图 7.23 可视化大屏

1. 主页面布局和样式

```
<! DOCTYPE html >
< html lang = "en">
< head >
    < meta charset = "UTF - 8">
</head >
< body >
    < div id = "title">全国情况实时追踪</div >
    < div id = "time">时间</div >
    < div id = "l1">左 1 </div >
```

```
    < div id = "l2">左 2 </div >
    < div id = "c1">中 1 < div >
    < div id = "c2">中 2 </div >
    < div id = "r1">右 1 </div >
    < div id = "r2">右 2 </div >
</body >
</html >
```

新建 main. css,并引入主页面中:

```
< link href = "static/css/main.css" rel = "stylesheet"/>
body{
    margin: 0;
    background: #000;
}
body{
    margin: 0;
    background: #000;
    color: white;
}
#title
{
    position: absolute;
    width: 40%;
    height: 10%;
    left: 30%;
    top: 0;
    color: white;
    font - size: 30px;
    display: flex;
    align - items: center;
    justify - content: center;
}
#time
{
    position: absolute;
    width: 30%;
    height: 10%;
    top: 0%;
    right: 0%
}
#l1
{
    position: absolute;
    width: 30%;
    height: 45%;
    top: 10%;
    left: 0%;
}
#l2
{
    position: absolute;
    width: 30%;
```

```
        height: 45 % ;
        top: 55 % ;
        left: 0 % ;
}
# c1
{
        position: absolute;
        width: 40 % ;
        height: 30 % ;
        top: 10 % ;
        left: 30 % ;
}
# c2
{
        position: absolute;
        width: 40 % ;
        height: 60 % ;
        top: 40 % ;
        left: 30 % ;
}
# r1
{
        position: absolute;
        width: 30 % ;
        height: 45 % ;
        top: 10 % ;
        right: 0 % ;
}
# r2
{
        position: absolute;
        width: 30 % ;
        height: 45 % ;
        top: 55 % ;
        right: 0 % ;
}
```

2. c1 布局和样式

```
< div class = "num"> < h1 > 123 </h1 > </div >
< div class = "num"> < h1 > 123 </h1 > </div >
< div class = "num"> < h1 > 123 </h1 > </div >
< div class = "num"> < h1 > 123 </h1 > </div >
< div class = "txt"> < h2 > 累计确诊</h2 > </div >
< div class = "txt"> < h2 > 剩余疑似</h2 > </div >
< div class = "txt"> < h2 > 累计治愈</h2 > </div >
< div class = "txt"> < h2 > 累计死亡</h2 > </div >
```

c1 的 css 样式：

```
.num{
        width: 25 % ;
        float: left;
```

```
    display: flex;
    color: gold;
    align - items: center;
    justify - content: center;
}
.txt{
    width: 25 % ;
    float: left;
    font - family: "幼圆";
    display: flex;
    align - items: center;
    justify - content: center;
}
```

3. 绘制全国累计趋势图

全国累计趋势采用百度提供的 Echarts 组件,详细内容和配置请参考 Echarts 官网的帮助文档。此处以累计曲线图(l1)部分为例,介绍如何绘制全国累计趋势图。

```
< script >
    var charts_l1_dom = document.getElementById('l1');         //l1 容器
    var charts_l1 = echarts.init(charts_l1_dom, 'black');
    var option;
    option = {
        title: {
            text: "全国累计趋势",
            textStyle: {
                color: '#fff',
                fontSize: 14,
            }
        },
        xAxis: {
            type: 'category',
            data: ['Mon','Tue', 'Wed','Thu','Fri','Sat','Sun'],
            axisLabel: {
                color: '#fff'
            }
        },
        yAxis: {
            type: 'value',
            axisLabel: {
                color: '#fff'
            }
        },
        series: [{
            name: "累计确诊",
            type: 'line',
            smooth: true,
            data: [260, 406, 529]
        }, {
            name: "现有疑似",
            type: 'line',
            smooth: true,
```

```
                data: [54, 37, 3935]
            },
            {
                name: "累计治愈",
                type: 'line',
                smooth: true,
                data: [25, 25, 25]
            }, {
                name: "累计死亡",
                type: 'line',
                smooth: true,
                data: [6, 9, 17]
            }],
//图例样式设置
            legend: {
                orient: 'horizontal',
                top: 25,
                left: 'center',
                textStyle: {
                    color: '#fff'
                }
            },
            tooltip: {
                trigger: 'axis',
            },
            grid: {
                left: '3%',
                right: '4%',
                bottom: '3%',
                containLabel: true
            }            };
        option && charts_l1.setOption(option);
```

4. API 接口开发

1) Flask 框架

API 接口开发采用 Python 的 Flask 框架，它是一个用 Python 语言编写的轻量级 Web 应用框架，可以快速实现一个网站或 Web 服务，使用 pip 命令安装 Flask 框架。

```
pip install flask
```

启动 Flask 之后，如果安装成功，则信息显示如图 7.24 所示。在浏览器输入 http://localhost:5000/或 http://127.0.0.1:5000 打开主页面。

```
PS D:\课程资料\2020级人工智能\疫情案例>  & 'C:\Program Files\Python37\python.exe' 'c:\Users\xcl\.vscode
sions\ms-python.python-2021.9.1230869389\pythonFiles\lib\python\debugpy\launcher' '50944' '--' '-m' 'f
run' '--no-debugger'
 * Serving Flask app 'app.py' (lazy loading)
 * Environment: development
 * Debug mode: on
 * Restarting with stat
 * Running on http://127.0.0.1:5000/ (Press CTRL+C to quit)
127.0.0.1 - - [16/Sep/2021 09:03:03] "GET / HTTP/1.1" 200 -
127.0.0.1 - - [16/Sep/2021 09:03:03] "GET /favicon.ico HTTP/1.1" 404 -
```

图 7.24　安装成功的信息

编写程序,启动主页面。

```
app = Flask(__name__)
CORS(app, supports_credentials = True)

@app.route("/")
def hello_word():
  return render_template("main.html")
```

注意:Flask 项目根目录下创建 templates 目录(用来存放 HTML 文件)。render_template 从 templates 目录读取 HTML 文件。

2) 从数据库中读取数据

```
#编写工具类 utils 从数据库中获取数据
import time
import pymysql
def get_time():
    time_str =  time.strftime("%Y{}%m{}%d{} %X")
    return time_str.format("年","月","日")
def get_conn():
    #建立连接
    conn = pymysql.connect(host = "127.0.0.1", user = "root", password = "123456", db =
"covid", charset = "utf8")
    #创建游标
    cursor = conn.cursor()
    return conn,cursor
def close_conn(conn, cursor):
    cursor.close()
    conn.close()
def query(sql, *args):
    conn, cursor = get_conn()
    cursor.execute(sql,args)
    res = cursor.fetchall()
    close_conn(conn, cursor)
    return res
def get_l1_data():
    sql = "Select * from (select ds,confirm,suspect,heal,dead from history order by ds desc
LIMIT 5) temp order by ds"
    res = query(sql)
    return res
def get_l2_data():
    sql = "select ds,confirm_add,suspect_add from history"
    res = query(sql)
    return res
def get_r1_data():
    sql = '''SELECT city,confirm FROM
        (select city,confirm from details
        where update_time = (select update_time from details order by update_time desc limit 1)
        and province not in("湖北","北京","上海","天津","重庆")
        union all
        select province as city, sum(confirm) as confirm from details
        where update_time = (select update_time from details order by update_time desc limit 1)
```

```
       and province in("北京","上海","天津","重庆") group by province) as a
       ORDER BY confirm DESC LIMIT 5'''
    res = query(sql)
    return res
def get_r2_data():
    sql = 'select content from hotsearch order by id desc limit 20'
    res = query(sql)
    return res
def get_c1_data():
    ♯因为会更新多次数据,取时间戳最新的那组数据
    sql = "select sum(confirm)," \
          "(select suspect from history order by ds desc limit 1),"\
          "sum(heal)," \
          "sum(dead) " \
          "from details " \
          "where update_time = (select update_time from details order by update_time desc
limit 1) "
    res = query(sql)
    return res[0]

♯返回各省数据
def get_c2_data():
       ♯因为会更新多次数据,取时间戳最新的那组数据
    sql = "select province,sum(confirm) from details " \
          "where update_time = (select update_time from details " \
          "order by update_time desc limit 1) " \
          "group by province"
    res = query(sql)
    return res
```

5. 发送 ajax 请求,动态显示数据

下面以累计曲线图(l1)和数字区(c1)部分为例进行介绍,其他部分请读者自己实现。

```
<!-- 访问时间接口,获取当前时间 -->
<script>
    $.ajax({
    url:"http://localhost:5000/time",          //请求地址
    timeout:10000,                             //超时时间设置为 10s
    success:function(data){
        $("#time").html(data)                  //请求成功的回调函数,data 为返回数据
    }
})
</script>
<!-- 发送 ajax 请求,获取 l1 的数据 -->
<script>
    $.ajax({
        url: "http://localhost:5000/l1",
        success: function (data1) {
            charts_l1_Option.xAxis.data = data1.day
            charts_l1_Option.series[0].data = data1.confirm
            charts_l1_Option.series[1].data = data1.suspect
            charts_l1_Option.series[2].data = data1.heal
```

```
                        charts_l1_Option.series[3].data = data1.dead
                        charts_l1.setOption(charts_l1_Option)
                },
                error: function (xhr, type, errorThrown) {
                }
        })
    </script>
```

c1 数字部分请求:

```
< script >
    $ .ajax({
        url:"http://localhost:5000/c1",
        success:function(data){
            $ (".num h2").eq(0).text(data.confirm);
            $ (".num h2").eq(1).text(data.suspect);
            $ (".num h2").eq(2).text(data.heal);
            $ (".num h2").eq(3).text(data.dead);
        },
        error:function(xhr,type,errorThrown){ }
    })
</script >
```

6. 代码整理

1) 请求封装到 contoller.js 文件

```
function get_time(){
    $ .ajax({
        url:"http://127.0.0.1:5000/time",
        timeout:10000,                          //超时时间设置为 10s
        success:function(data){
            console.log(data)
            $ ("#time").html(data)
        },
    });
}

function get_c1_data(){
    $ .ajax({
        url:"http://localhost:5000/c1",
        success:function(data){
            $ (".num h2").eq(0).text(data.confirm);
            $ (".num h2").eq(1).text(data.suspect);
            $ (".num h2").eq(2).text(data.heal);
            $ (".num h2").eq(3).text(data.dead);
        },
        error:function(xhr,type,errorThrown){
        }
    })
}
function get_l1_data(){
    $ .ajax({
```

```
        url: "http://localhost:5000/l1",
        success: function (data1) {
            charts_l1_Option.xAxis.data = data1.day
            charts_l1_Option.series[0].data = data1.confirm
            charts_l1_Option.series[1].data = data1.suspect
            charts_l1_Option.series[2].data = data1.heal
            charts_l1_Option.series[3].data = data1.dead
            charts_l1.setOption(charts_l1_Option)
        },
        error: function (xhr, type, errorThrown) {
        }
    })
}
```

2）主页面 main.html 中调用接口函数

```
    < script >
        get_time()
        get_l1_data()
        get_c1_data()
</script >
```

7.4　无人驾驶应用案例——办公楼仿真系统

7.4.1　案例简介

本案例主要完成汽车机器人的仿真模型,在仿真场景中实现无人行驶、自主导航的过程。基于机器人操作系统(ROS)和 Gazebo 仿真器,在 Gazebo 中搭建了一个楼层仿真场景,在其中引入汽车模型,并完成键盘控制移动、雷达建图和自主导航、自动行驶的功能。

7.4.2　基于 ROS 的仿真平台相关技术

1. ROS 机器人操作系统

ROS 机器人操作系统是一款用于编写机器人软件的框架,它的核心为分布式网络,以每个进程为一个节点的设计方式,通过 TCP 或 UDP 通信方式实现不同节点之间信息的传递。从系统实现角度来说,ROS 被分为三个层次:文件系统级、计算图级和 ROS 开源社区级。

1）文件系统级

文件系统级结构如图 7.25 所示。

2）计算图级

ROS 创建一个连接到所有进程的网络。在 ROS 中,任意节点都可以连接到这个网络,把自身数据发送到这个网络上,提供给其他节点获取,或者从这个网络上获取其他节点发送的数据。这样就实现了各节点间的信息交互。计算图级主要包括节点、节点管理器、参数服务器、消息、服务、主题和消息记录包,它们各自通过不同的方式提供数据给计算图级,结构如图 7.26 所示。

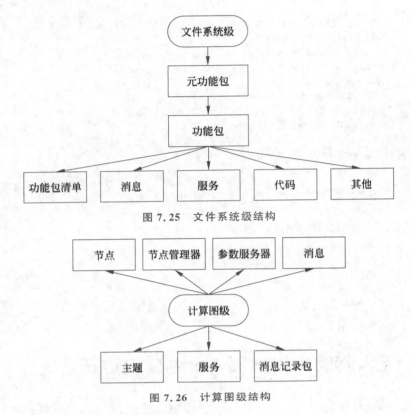

图 7.25 文件系统级结构

图 7.26 计算图级结构

3)ROS 开源社区级

ROS 开源社区级的概念主要是 ROS 资源,通过网络社区完成软件和知识的分享。

2. ROS 架构

ROS 整体架构可以分为 OS 层、中间层和应用层三个层次。ROS 不能直接运行在硬件上,需要依托于 Linux 操作系统。中间层主要实现了 TCP/UDP 的通信系统,实现各节点之间信息的交互。应用层包含了大量的功能包,每个模块是一个节点,在 ROS 主节点的管理下有序运行。

3. URDF 统一机器人描述格式

URDF 是 ROS 中的可扩展标记语言(XML)格式的描述机器人模型的 3D 文件。一个 URDF 文件由多个标签元素组成,如< robot >、< link >、< joint >、< visual >、< parent >等。通过这些标签元素,可以描述机器人各部件之间的关联、颜色、大小、质量、惯性等物理量。

机器人各部件由连杆和关节组成,每个部件属于一个连杆,部件与部件之间的关系为关节。如图 7.27 所示为两个部件的拓扑结构图,其"子连杆"连接在"父连杆"上,两者之间的连接关系由"关节"定义。同时"关节"还连接了两个部件的坐标系,它记录了两者坐标系的相对位置,且子连杆的坐标系等于"关节"的坐标系。

对于任一个"子连杆"而言,它可以在另一个结构中作为"父连杆",当多个连杆以这种方式进行连接后,便形成了一个拓扑结构,如图 7.28 所示。这样,对于一个机器人来说,任意两个部件之间的关系以及相对位置都可以通过这种拓扑结构计算得到。

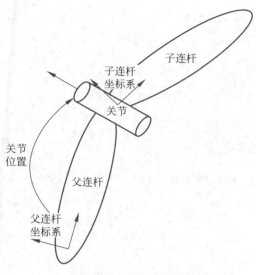

图 7.27 关节结构图

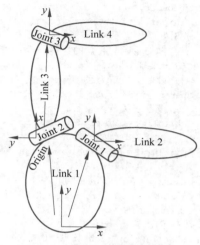

图 7.28 URDF 拓扑结构图

4. XACRO

XACRO 格式文件在 URDF 格式文件的基础上添加了宏定义的概念,可以声明变量来定义常量、变量或模块化的相似代码,还可以进行数学计算。通过编写 XACRO 文件可以将模型代码中相似部件代码模块化,大幅提升了代码的简洁性和可维护性。

如下为轮胎的 URDF 格式的代码与 XACRO 格式模块化的代码,可以看到该 XACRO 代码中包含了几个宏变量:PI_T、wheel_h 等,还有一个模块化的代码 wheel,最后两行语句分别定义了左右轮胎。而 URDF 格式的代码中,我们可以看到左右两个轮胎需要各自编写 <link> 和 <joint>,且各参数皆为常量,不像 XACRO 格式的代码定义了多个变量。对于 XACRO 格式的代码,若想更改轮胎大小或直径,仅需要在代码最上方的变量定义处做修改,后续用到该变量的参数便自动更改了。

XACRO 格式代码如下:

```
<!-- 定义 π -->
<xacro:propertyname = "PI_T"value = "3.1415"/>
<!-- 定义轮胎长度 -->
<xacro:propertyname = "wheel_h"value = "0.017"/>
<!-- 定义轮胎直径 -->
<xacro:propertyname = "wheel_r"value = "0.033"/>
<!-- 定义轮胎 x 轴位置 -->
<xacro:propertyname = "wheel_x"value = " – 0.05"/>
<!-- 定义轮子模板 -->
<xacro:macroname = "wheel"params = "left_or_righttranslateY">
<!-- 定义轮子 -->
<linkname = "wheel_ ${left_or_right}_link">
<visual>
<!-- 定义轮胎位姿 -->
<originxyz = "000"rpy = " ${PI_T/2}00"/>
<geometry>
<!-- 定义轮胎形状 -->
```

```
< cylinderlength = " $ {wheel_h}"radius = " $ {wheel_r}"/>
</geometry>
</visual>
</link>
<!-- 定义轮胎与底盘的连接 -->
< jointname = "base_to_wheel_ $ {left_or_right}_joint"type = "continuous">
<!-- 设置父关节为底盘 -->
< parentlink = "base_link"/>
<!-- 设置子关节为轮胎 -->
< childlink = "wheel_ $ {left_or_right}_link"/>
<!-- 设置关节位姿 -->
< originxyz = " $ {wheel_x} $ {translateY * base_link_radius}0"rpy = "000"/>
<!-- 设置关节转动轴 -->
< axisxyz = "010"rpy = "00"/>
</joint>
</xacro:macro>
<!-- 创建轮子 -->
< wheelleft_or_right = "left"translate = " - 1"/>
< wheelleft_or_right = "right"translate = "1"/>
```

URDF 格式代码如下:

```
<!-- 定义左轮 -->
< linkname = "link_wheel_left">
< visual >
<!-- 设置轮胎位姿 -->
< originxyz = "000"rpy = "1.5707500"/>
< geometry >
<!-- 设置轮胎形状大小 -->
< cylinderlength = "0.017"radius = "0.033"/>
</geometry>
</visual>
</link>
<!-- 定义左轮与底盘的连接 -->
< jointname = "joing_base_to_wheel_left"type = "continuous">
<!-- 设置父关节为底盘 -->
< parentlink = "base_link"/>
<!-- 设置子关节为左轮 -->
< childlink = "link_wheel_left"/>
<!-- 设置连接位姿 -->
< originxyz = " - 0.05 - 0.130"rpy = "000"/>
<!-- 设置关节转动轴 -->
< axisxyz = "010"rpy = "00"/>
</joint>
<!-- 定义右轮 -->
< linkname = "link_wheel_right">
< visual >
<!-- 设置轮胎位姿 -->
< originxyz = "000"rpy = "1.5707500"/>
< geometry >
<!-- 设置轮胎形状大小 -->
< cylinderlength = "0.017"radius = "0.033"/>
</geometry>
```

```
</visual>
</link>
<!-- 定义右轮与底盘的连接 -->
<jointname = "joint_base_to_wheel_right"type = "continuous">
<!-- 设置父关节为底盘 -->
<parentlink = "base_link"/>
<!-- 设置子关节为右轮 -->
<childlink = "link_wheel_right"/>
<!-- 设置连接位姿 -->
<originxyz = " - 0.050.130"rpy = "000"/>
<!-- 设置关节转动轴 -->
<axisxyz = "010"rpy = "00"/>
</joint>
```

5. Gazebo 物理仿真平台

Gazebo 是一款开源的 3D 动态模拟器,是一个物理仿真平台,它能够在仿真环境中有效地模拟机器人。Gazebo 提供了高还原度的物理模拟以及整套传感器模型,可以导入各种机器人模型或自定义模型。

7.4.3 基于 ROS 的仿真平台搭建

系统的整体框架如图 7.29 所示,底层操作系统采用 Linux 和机器人操作系统(ROS);中间层主要使用了 Gazebo 和 Rviz 完成程序的可视化。应用层主要包括导航模块、地图模块、雷达模块、定位模块、车辆控制模块、路径规划模块等,实现数据的处理与信息的传送。通过应用层各模块完成数据处理并传送给中间层后,在 Gazebo 与 Rviz 的可视化界面中实时根据新数据完成机器人的自主导航。

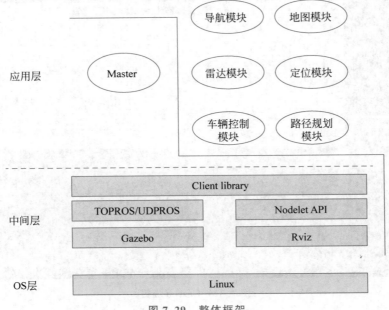

图 7.29 整体框架

1. 机器人建模

机器人主要需要实现移动、激光雷达建图和自主导航功能。其核心组件主要有底盘、轮胎、激光雷达。本实例设计了如图 7.30 所示的机器人模型。该机器人模型主要包含：一个底盘，底盘下方左右两个差速轮，底盘下前方一个脚轮，底盘上方平台安置的激光雷达。相比于常规的两轮差速控制移动的底盘而言，该模型中两个差速轮中轴连接线与底盘中心相近，可以实现原地旋转的动作。

图 7.30　机器人模型

2. Gazebo 场景建模

使用 Gazebo Building Editor 工具，可以轻松地创建一个简易的仿真环境。图 7.31 为 Gazebo 的 Building Editor 工具界面。界面左侧区域为 palette 区，主要用于选择部件、颜色；右侧上方区域为 2D View 区，用于显示场景的俯视图，可以在此区域编辑绘制场景的 2D 图；右侧下方区域为 3D View 区，用于显示场景的 3D 图像。在 2D View 区域编辑绘制的场景会在 3D View 中实时显示出来，系统创建的仿真场景如图 7.32 所示。

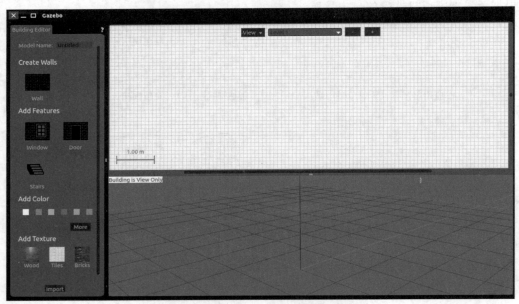

图 7.31　Gazebo 场景

3. 联合仿真

分别完成 Gazebo 环境建模与机器人建模后，编写 launch 文件，将机器人模型导入

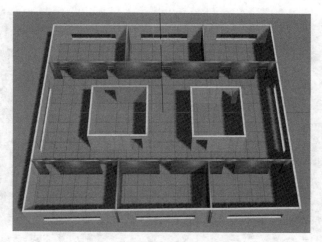

图 7.32　系统创建的仿真场景

Gazebo 环境中。主要代码如下：

```
<!-- 启动 Gazebo,并加载 FloorScene 地图 -->
< includefile = " $ (findgazebo_ros)/launch/empty_world.launch">
<!-- 设置场景路径 -->
< argname = "world_name"value = " $ (findproj_gra)/worlds/FloorScene.world"/>
< argname = "debug"value = "false"/>
<!-- 设置打开 gui 界面 -->
< argname = "gui"value = "true"/>
<!-- 设置不暂停,仿真进行 -->
< argname = "paused"value = "false"/>
< argname = "use_sim_time"value = "true"/>
< argname = "headless"value = "false"/>
</include>
<!-- 设置机器人文件路径,加载机器人模型 -->
< paramname = "robot_description"command = " $ (findxacro)/xacro -- inorder' $ (findproj_gra)/
urdf/final_robot.urdf.xacro'"/>
<!-- 运行发布机器人的关节状态的节点 -->
< nodename = " joint _ state _ publisher" type = " joint _ state _ publisher" pkg = " joint _ state _
publisher"></node>
<!-- 运行发布 tf 树的节点 -->
< nodename = " robot _ state _ publisher" type = " robot _ state _ publisher" pkg = " robot _ state _
publisher"output = "screen">
< paramname = "publish_frequency"type = "double"value = "50.0"/>
</node >
<!-- 将机器人模型加载到 Gazebo 场景中 -->
< nodename = "urdf _ spawner" type = " spawn_model"pkg = " gazebo_ros"respawn = "false"output =
"screen"args = " - urdf - modelmrobot - paramrobot_description"/>
```

运行后可以得到如图 7.33 所示的情景,中间蓝色的设备即为机器人模型。

4. 机器人操控

想要通过键盘对机器人进行操控,首先需要获取键盘输入,随后将根据键盘输入转换、计算出对应的机器人速度,之后将速度发送给机器人使其按照接收到的速度移动,整体流程如图 7.34 所示。

彩色图片

图 7.33 机器人与仿真场景结合

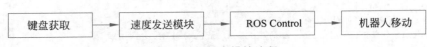

图 7.34 键盘操控流程

1) 速度发送模块

速度分为速度值与移动方向,通过不同的输入实现对速度和移动方向的修改。如果输入的是方向指令,则最终速度的计算方式如下:如果是正方向,则线速度方向值设置为1,反之设置为-1;如果方向为右转,则角速度方向值设置为1,反之设置为-1;如果无输入则为0;最后将线速度方向值乘以线速度值,角速度方向值乘以角速度值,并将两者结合到twist 数据类型中。在机器人移动过程中,如果速度发生变化,且变化过大,会对速度的变化做一些平滑处理,使得线速度每次仅变化 0.02m/s,角速度每次仅变化 0.1rad/s,这能让机器人的移动变得更顺滑。将计算生成的 twist 速度数据发布到/cmd_vel 话题上后,订阅了该话题的传动模块就能够得到速度数据去驱动机器人移动。

该模块的关键伪代码如下:

```
key←getKey() ♯获取键盘输入
if key in 运动控制输入列表:
linear_direction←对应线速度方向
angular_direction←对应角速度方向
♯速度修改键
elif key in 速度修改输入列表:
speed←线速度对应修改
turn←角速度对应修改
else:
linear_direction←0
angular_direction←0
endif
♯目标速度 = 速度值 * 方向值
target_speed←speed * linear_direction
target_turn←turn * angular_direction
```

```
#速度平滑处理,防止速度增减过快
control_speed←线速度平滑处理
control_turn←角速度平滑处理
#创建并发布 twist 消息
twist←线速度角速度转换
pub.publish(twist)
```

2) ROS Control

ROS Control 是一个位于机器人和应用之间的中间件,它简化了机器人的开发流程,让开发者专注于应用层算法的设计与开发。我们仅需要设置好关节对应的传动装置,并设定好负责接收应用层数据的接口即可。ROS Control 主要由控制器管理器层、控制器层、硬件资源接口层、硬件抽象层 4 部分构成。

(1) 控制器管理器层主要完成各控制器的统一管理及封装,仅暴露出输入/输出接口,其输入接口对接的即为应用层的输出。

(2) 控制器层主要控制各个连接点。

(3) 硬件资源接口层负责连通上下层,完成硬件资源的调度。

(4) 硬件抽象层则直接对接硬件并控制硬件、读取硬件状态。

系统的机器人模型有两个传动装置,它可以解析接收到的速度信息,并让对应的关节做出相应的动作。在该模型中,这两个传动装置即为两个差速轮本身。在机器人模型的代码中,需要给差速轮部件添加相应的< transmission >标签,并设置对应的标签值,包括类型、关节、执行部件等。同时还需要加载一个差速驱动控制插件来管理这两个轮胎。

传动模块关键代码如下:

```
<!-- 定义轮胎传动标签,需要传入 left_or_right,左轮或右轮变量 -->
< transmissionname = "wheel_ $ {left_or_right}_joint_trans">
<!-- 设置传动类型 -->
< type > transmission_interface/SimpleTransmission </type>
<!-- 设置传动连接 -->
< jointname = "base_to_wheel_ $ {left_or_right}_joint"/>
<!-- 设置执行器 -->
< actuatorname = "wheel_ $ {left_or_right}_joint_motor">
<!-- 设置硬件接口 -->
< hardwareInterface > VelocityJointInterface </hardwareInterface >
< mechanicalReduction > 1 </mechanicalReduction >
</actuator >
</transmission >
```

7.4.4 雷达建图

自主导航功能主要分为两部分工作:雷达建图和自主导航。通过键盘控制小车在仿真场景中的移动来完成栅格地图的创建,导入栅格地图,作为全局代价地图。

1. gmapping

雷达建图使用了 gmapping 功能包,gmapping 是 2D SLAM 算法构建二维栅格地图,它在室内或小地图场景下的地图构建上拥有较高的精度。gmapping 功能包的整体框架如图 7.35 所示,gmapping 不断收集深度信息、imu 信息和里程计信息,经过计算生成栅格地图。

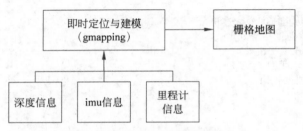

图 7.35　gmapping 功能包的整体框架

gmapping 算法可以用一个条件联合概率分布表示：

$$P(x_{1:t}, m \mid z_{1:t}, u_{1:t-1}) \tag{7-1}$$

其中，P 为概率，$x_{1:t}$ 为 $1\sim t$ 时刻的轨迹状态，m 为栅格地图中的栅格点，$z_{1:t}$ 为 $1\sim t$ 时刻的传感器测量数据，$u_{1:t-1}$ 为 $1\sim t-1$ 时刻的控制数据。

根据式(7-1)，gmapping 分成了以下两个步骤。

(1) 根据传感器数据和里程计信息推测机器人运动轨迹。

(2) 根据最新的运动轨迹和传感器数据推测地图的概率分布。

2. 建图效果

编写 launch 启动文件和 gmapping 参数配置文件后，启动 roslaunch，即完成了建图程序的启动。launch 文件的主要内容如下：

```
<!-- 仿真地图文件 -->
< argname = "map"default = "FloorScene.yaml"/>
<!-- 配置 gmapping 参数,启动 gmapping -->
< includefile = " $ (findproj_gra)/launch/gmapping_slam.launch"/>
<!-- 启动 rviz -->
< nodepkg = "rviz"type = "rviz"name = "rviz"args = " - d $ (findproj_gra)/rviz/gmapping.rviz"/>
<!-- 启动 gazebo -->
< includefile = " $ (findproj_gra)/launch/robot_with_gazebo.launch"/>
```

在程序启动后，机器人开始建图，得到如图 7.36 所示的栅格地图，也称光栅地图，是在空间和亮度上都已经离散化了的图像。栅格地图的图像与马赛克图像类似，是由一系列像素点组成的矩形图案。一幅栅格地图图像可以看作一个矩阵，矩阵中的任意一个元素对应栅格地图图像中相应的一个像素点，相应的值对应该点的灰度级。

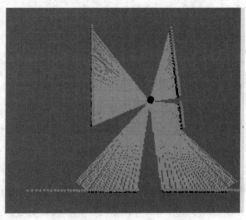

图 7.36　不完全的栅格地图

在建图程序启动后,启动机器人控制程序,通过键盘控制机器人在仿真场景中移动,不断探索没有扫描到的地域,最终生成所建仿真场景对应的完整栅格地图,如图 7.37 所示。

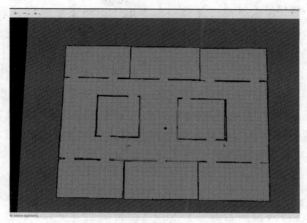

图 7.37 完整的栅格地图

7.4.5 自主导航

1. 导航框架

利用 gmapping 构建仿真场景对应的栅格地图,为自主导航提供了可靠的运行环境。使用 move_base 来完成自主导航的功能实现,move_base 整体框架如图 7.38 所示。

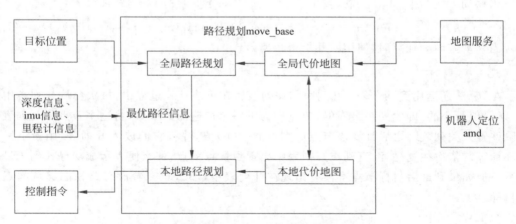

图 7.38 move_base 整体框架

各模块具体功能如下。

(1) 全局代价地图:记录了全局地图信息,为静态地图,主要存储提前构建好的栅格地图。

(2) 本地代价地图:记录了局部地图信息,实时更新障碍物变化状况等。本地代价地图一般为以机器人为中心、边长固定的一个正方形窗口,机器人的位置需要通过 amcl 模块获得。在此窗口内,实时获取传感器信息来更新障碍物的变化,同时该窗口为本地路径规划模块提供局部地图。

(3) 全局路径规划:根据全局代价地图和目标位置生成全局最优路径,该全局最优路径在生成后不会变化,机器人将沿此路径行进。

(4) 本地路径规划:根据全局最优路径和本地代价地图生成局部最优路径。局部最优路径会随着机器人的移动而实时更新、变化,持续保持大体沿全局最优路径的局部最优,而机器人会严格按照局部最优路径行进。

在 move_base 启动时,地图服务传入构建好的栅格地图作为全局代价地图。在选定好目标位置后,全局路径规划部分规划出最优路径并传送给本地路径规划模块。move_base 实时持续接收机器人定位信息、传感器信息和里程计信息,不断更新机器人的位姿、实时障碍物信息以及本地代价地图。本地路径规划模块根据全局最优路径和本地代价地图,实时生成局部最优路径,并根据此路径向机器人发布控制指令。

2. 相关算法

1) A* 算法

A* 算法根据起点到节点的距离加节点到目标点的距离之和来计算最佳路径:

$$f(n) = g(n) + h(n) \tag{7-2}$$

其中,结果 $f(n)$ 为节点 n 的综合优先级,$g(n)$ 为起点到节点的代价,$h(n)$ 为节点到目标点的预计代价,又为启发函数。启发函数一般根据可移动方向选择曼哈顿距离、对角距离或欧几里得距离中的一种。

当移动方向为上、下、左、右时,使用曼哈顿距离公式:

$$h(n) = |x_2 - x_1| + |y_2 - y_1| \tag{7-3}$$

当移动方向为上、下、左、右、左上、左下、右上、右下时,使用对角距离公式:

$$h(n) = \sqrt{2} * \min((x_2 - x_1), (y_2 - y_1)) + \max((x_2 - x_1), (y_2 - y_1)) \tag{7-4}$$

当移动方向为任意时,使用欧几里得距离公式:

$$h(n) = \sqrt{(x_2 - x_1)^2 + (y_2 - y_1)^2} \tag{7-5}$$

A* 算法还运用到两个表:开列表和关列表。在算法计算过程中,每次会从开列表中选取 $f(n)$ 值最小的(即优先级最高的)节点作为下一个待遍历的节点,将这个节点从开列表中删除并置入关列表。之后计算该节点周围点的 $f(n)$ 值,并将它们放入开列表,用于下一次循环计算。依次往复循环,直到在开列表中出现目标点节点,那么便表示成功寻找到了最佳路径。但如果到最后目标节点都没有出现在开列表中,那么意味着没有路径能够从起点到达目标点。

2) DWA 算法

DWA 算法又名动态窗口算法,根据车体模型不同,DWA 对于预测点的方式有所不同,对于前轮前驱模型,DWA 预测方式为对前轮角度和速度的预测。对于两轮差速模型,DWA 预测方式为左右轮速。假设车体模型为两轮差速模型,算法流程如下。

(1) 已知左轮速度区间 $0 \sim v_1$,间隔 $0.05\mathrm{m/s}$ 取值,有 A 个取值点。

(2) 已知右轮速度区间 $0 \sim v_2$,间隔 $0.05\mathrm{m/s}$ 取值,有 B 个取值点。

(3) 假设预测时长为 t 秒。

(4) 构造 DWA 预测轨迹:以上三个条件预测在未来 t 秒时间的运动轨迹,每条轨迹单独存储,存储每条轨迹上各点的位姿,最终可得到 $A \times B$ 条运动预测轨迹。

(5) 碰撞检测：对每条轨迹做碰撞检测，若轨迹上有一个点会发生碰撞，则当前轨迹废弃，最终保留无碰撞轨迹。

(6) 构造评价函数：对于步骤(5)剩余的无碰撞轨迹，根据目标点位置和航向，构造评价函数，常用评价指标有航向差异大小、速度大小等。

图 7.39 是采用 DWA 算法对车体预测的轨迹及碰撞判断检测。图中共有 7 条预测轨迹，每条轨迹上的一个点为取值点，从图中可以看到从左边数第 1、2、7 条轨迹存在碰撞现象，所以废弃这 3 条轨迹线路。

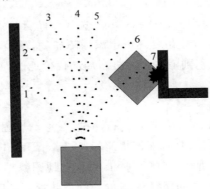

图 7.39 DWA 算法检测图示

3. 导航实现

编写相应的配置文件与 navigation. launch 文件，将各功能结合，实现各信息的交互。配置文件主要包括代价地图配置、规划器配置。代价地图配置主要包括机器人参数(机器人高度、半径等)设置、传感器配置(添加了激光雷达及其相关配置)、地图参数设置(地图分辨率＝0.05、更新/发布频率＝1Hz、检测范围＝3m、膨胀系数＝0.1 等)。在规划器配置上，A^* 算法作为全局路径规划算法，DWA 算法作为本地路径规划算法，用于规避实时障碍物。

navigation. launch 文件主要用于程序启动、各功能开启，主要内容如下：

```
<!-- 运行 gazebo 仿真环境 -->
< includefile = " $ (findgazebo_ros)/launch/empty_world. launch">
...
<!-- 参数设置 -->
...
</include>
<!-- 加载机器人 -->
< paramname = "robot_description"command = " $ (findxacro)/xacro -- inorder' $ (findproj_gra)/
urdf/final_robot. urdf. xacro'"/>
...
...
<!-- 在 gazebo 中加载机器人模型 -->
< nodename = "urdf_spawner"pkg = "gazebo_ros"type = "spawn_model"respawn = "false"output =
"screen"args = " - urdf - modelmrobot - paramrobot_description"/>
<!-- 运行地图服务器，并且加载设置的地图 -->
< nodename = "map_server"pkg = "map_server"type = "map_server"args = " $ (findproj_gra)/map/
 $ (argmap)"/>
<!-- 运行 move_base 节点，用于规划路径处理代价地图 -->
< includefile = " $ (findproj_gra)/launch/navigation_move_base. launch"/>
```

```
<!-- 运行虚拟定位,用于机器人实时定位 -->
< nodename = "fake_localization"pkg = "fake_localization"type = "fake_localization"output =
"screen"/>
<! - 运行 tf 树发布节点 -->
< nodename = "map_odom_broadcaster" pkg = "tf" type = "static_transform_publisher" args =
"000000/map/odom100"/>
<!-- 运行 rviz 程序 -->
< nodename = "rviz" type = "rviz" pkg = "rviz" args = " - d $ ( findproj_gra)/rviz/navigation.
rviz"/>
```

在程序启动后,通过 Rviz 中的"2DNavGoal"选择导航目标点,机器人开始规划路径,并向目标点行进。再通过 Gazebo 向仿真环境中添加障碍物,覆盖在机器人的行进路径前方,观测 Rviz 中栅格地图是否识别到障碍物并更新局部代价地图,判别机器人能否顺利绕过障碍物。

4. 自主导航结果

启动程序后,以初始点 A 和目标点 B 进行测试,在移动过程中,在机器人前方路径上随时添加、删除障碍物,测试机器人是否能够规避障碍、删除障碍并返回原路线,并最终抵达目标 B。导航效果图如图 7.40 所示,左侧为 Rviz 可视化地图数据,右侧为 Gazebo 仿真场景。图中 Rviz 界面内,绿色的线为全局路径规划得到的最优路径,机器人前方的红色短线为局部路径规划的实时路径。最终实验结果显示,机器人可以规避障碍物并抵达目标点;或在规避障碍物时,删除障碍物的情况下,返回原路线并抵达目标点。

彩色图片

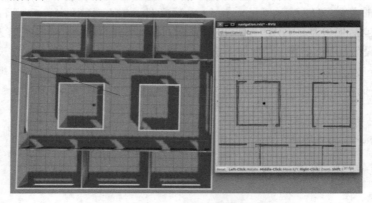

图 7.40　导航效果图

■ 7.5　区块链应用案例——固定资产管理系统 ◆

7.5.1　案例简介

随着计算机技术的高速发展,人们对于固定资产的管理方式也发生了很大的改变,从最早的人工管理到具有唯一标识功能的条形码管理。如今,随着数字人民币试点工作在我国各省市的陆续展开,具有不可篡改和可溯源的特性区块链技术为改善和解决目前固定资产管理系统的现存问题提供了可靠的技术支持。本节主要基于区块链技术设计和开发固定资产管理系统。具体功能如下所述。

（1）固定资产添加（关键数据上链）。

（2）展示固定资产的相关信息。

（3）展示固定资产状态的变动（同时上链）。

（4）用户以及角色管理。

（5）网点管理。

7.5.2　区块链技术

区块链技术最初诞生于 2008 年，一篇名为《比特币：一种点对点式的电子现金系统》的论文以"中本聪"为作者发表，比特币率先融汇了区块链的思想，目的是打造一个区别于传统集中化的、去中心化的分布式系统。它可以在多方无须信任的情况下，通过 P2P 网络、密码学的共识算法等技术，让系统中所有参与方协作来共同记录、维护一个不可逆的分布式账本。这为解决日常生活中普遍存在的信任问题提供了解决方案。随着比特币在互联网上卷起的浪潮，区块链的底层技术得到了相当程度的重视。目前，多座城市已投入数字人民币试点项目中，区块链技术正在一点一点渗透进人们的生活，相信在不远的未来，区块链技术将家喻户晓，反哺于我们的日常生活。

区块链的出现引起了学术界与科技界的广泛关注，其天生的不可篡改、分布式的机制为解决信任与安全问题提供了可靠的技术支持。区块链综合了许多计算机领域的相关知识和技术，其核心的技术有分布式账本、共识机制、密码学和智能合约。因此，区块链本质上是一个区别于传统中心化数据库的去中心化、分布式的数据库或数据账本，其主要特点如下。

（1）去中心化：简单来说，类似于集群的概念，某个服务的一台或多台服务器瘫痪、宕机或出现严重问题时，服务或应用仍然能够不受影响地持续运行。服务或应用部署后，每台服务器都有一份数据和执行程序的备份数据，但是没有任何一台服务器拥有对数据和程序执行的绝对控制权力。

（2）分布式：每台服务器或节点都不是独立存在的，而是通过某种方式连接在一起，是一种多对多的关系。

（3）数据库：作为分布式账本，理所应当地具备数据库的功能。其对数据进行了持久化操作，以便用户可以在世界任何地点进行访问，具备存储和查找功能，同时也具备一定的管理功能。

（4）账本：与我们日常生活中的账本类似，是对特定数据的记录和归纳，但在区块链中账本是一种特殊的存储方式，账本中的数据只增不减，新数据只能通过追加的方式进行存储，不允许修改历史数据。

（5）链式结构：区块链的链很像数据结构中的链表，而区块可以抽象为一批一批的数据，所有的区块都由链式结构组成。

7.5.3　系统总体设计

1. 数据库设计

系统采用 MySQL 5.7 版本作为中心化数据库对链下数据进行持久化，如表 7.5～表 7.9 所示。

表 7.5　assets_item 资产信息表

字 段 名	数 据 类 型	长 度	是 否 主 键	描 述
id	bigint	20	是	id
uuid	char	36		资产唯一标识
customs_id	varchar	50		资产编号
name	char	255		资产名称
price	decimal	10		资产价格
status	tinyint	4		资产状态
assets_type	bigint	20		资产类型 id
point_id	bigint	20		网点 id
point_to	bigint	20		当前网点 id
hash	varchar	255		区块哈希
create_time	timestamp	0		创建时间
update_time	timestamp	0		更新时间

表 7.6　assets_borrow 资产借还表

字 段 名	数 据 类 型	长 度	是 否 主 键	描 述
id	bigint	20	是	id
uuid	char	36		唯一标识
usr_id	bigint	20		租借人 id
expect_return_time	datetime	0		预期归还时间
status	tinyint	4		资产状态
return_time	datetime	0		归还时间
create_time	timestamp	0		创建时间
update_time	timestamp	0		更新时间

表 7.7　auth_user 用户表

字 段 名	数 据 类 型	长 度	是 否 主 键	描 述
id	bigint	20	是	用户 id
name	varchar	50		用户名称
password	varchar	50		密码
role_id	bigint	255		角色 id
point_id	bigint	20		网点 id
create_time	timestamp	0		创建时间
update_time	timestamp	0		更新时间

表 7.8　auth_role 用户角色表

字 段 名	数 据 类 型	长 度	是 否 主 键	描 述
id	bigint	20	是	角色 id
name	varchar	50		角色名称
status	tinyint	4		角色状态
create_time	timestamp	0		创建时间
update_time	timestamp	0		更新时间

表 7.9 point 网点表

字 段 名	数据类型	长 度	是否主键	描 述
id	bigint	20	是	网点 id
name	varchar	50		网点名称
pid	bigint	20		网点父 id
order	int	8		网点顺序
create_time	timestamp	0		创建时间
update_time	timestamp	0		更新时间

2. 功能模块设计

系统主要分为四大模块,功能模块图如图 7.41 所示。

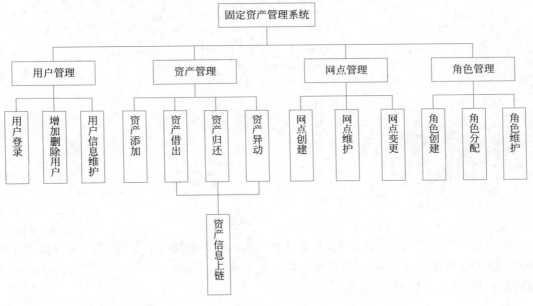

图 7.41 功能模块图

(1) 用户管理:在得到超级管理员分配的账号后,即可登录系统,没有账号无法登录系统。每个用户都会有一个角色,角色决定了用户的权限。

(2) 资产管理:这是固定资产管理系统的核心功能,在获得账号后,可以添加资产信息,并且将部分资产信息上链,资产在发生借还、维修、报废的情况下会改变资产状态,并且将改变的信息上链。

(3) 网点管理:支持动态添加网点,可以明确资产的归属网点,是添加资产时的必要信息。

(4) 角色管理:主要为用户提供不同的角色,每个角色可以有不同的权限。

3. 系统架构设计

系统架构图如图 7.42 所示,其中区块链底层平台采用 FISCOBCOS,这是由微众银行发起,联合多家国内知名企业共同打造的开源区块链底层平台。WEBASE 是微众银行开发的区块链中间件平台,是专门为 FISCOBCOS 区块链各个节点与区块链应用搭建的中间件平台。编写语言采用 Solidity,数据库采用 MySQL,开发工具采用 IntelliJIDEA、FISCOBCOS 区块链控制台。

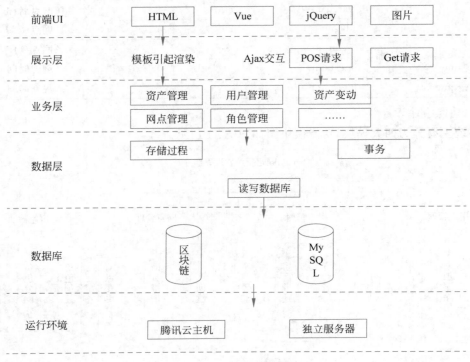

图 7.42　系统架构图

　　用户通过与前端页面的交互,会发送各种请求把数据转递给业务层,业务层将数据分别转入 MySQL 与区块链,对数据进行持久化。整个流程分别会在 SpringBoot 内嵌的服务器和腾讯云租借的云服务器上运行。

7.5.4　系统各模块的设计与实现

1. 区块链模块

1) 节点搭建

　　执行 bashbuild_chain.sh 这条命令后会生成 4 个节点,并且生成 CA 证书。CA 证书主要用于签名认证,在后期通过 SDK 连接区块链时会用到。节点搭建如图 7.43 所示。

2) 查看每个节点连接数

查看节点连接数如图 7.44 所示。

3) 查看节点是否共识

执行 tail 命令查看节点间是否共识,如图 7.45 所示。

4) 启动控制台并查询节点信息

调用 getNodeVersion 方法查询节点相关信息,如图 7.46 所示。

```
[mars@The ~]$ cd block_chain/
[mars@The block_chain]$ ls
[mars@The block_chain]$ mkdir fisco
[mars@The block_chain]$ cd fisco/
[mars@The fisco]$ curl -#LO https://github.com/FISCO-BCOS/FISCO-BCOS/releases/download/v2.8.0/build_chai
n.sh && chmod u+x build_chain.sh
################################################################## 100.0%
[mars@The fisco]$ bash build_chain.sh -l 127.0.0.1:4 -p 30300,20200,8545
[INFO] Downloading fisco-bcos binary from https://github.com/FISCO-BCOS/FISCO-BCOS/releases/download/v2.
8.0/fisco-bcos.tar.gz ...

curl: (7) Failed connect to github.com:443; Connection refused
[INFO] Download speed is too low, try https://osp-1257653870.cos.ap-guangzhou.myqcloud.com/FISCO-BCOS/FI
SCO-BCOS/releases/v2.8.0/fisco-bcos.tar.gz
################################################################## 100.0%
==================================================================
Generating CA key...
==================================================================
Generating keys and certificates ...
Processing IP=127.0.0.1 Total=4 Agency=agency Groups=1
==================================================================
Generating configuration files ...
Processing IP=127.0.0.1 Total=4 Agency=agency Groups=1
==================================================================
[INFO] Start Port        : 30300 20200 8545
[INFO] Server IP         : 127.0.0.1:4
[INFO] Output Dir        : /home/mars/block_chain/fisco/nodes
[INFO] CA Path           : /home/mars/block_chain/fisco/nodes/cert/
==================================================================
[INFO] Execute the download_console.sh script in directory named by IP to get FISCO-BCOS console.
e.g.  bash /home/mars/block_chain/fisco/nodes/127.0.0.1/download_console.sh -f
==================================================================
[INFO] All completed. Files in /home/mars/block_chain/fisco/nodes
[mars@The fisco]$ ls
build_chain.sh  nodes
[mars@The fisco]$ bash nodes/127.0.0.1/start_all.sh
try to start node0
try to start node1
try to start node2
try to start node3
```

图 7.43 节点搭建

```
[mars@The fisco]$ tail -f nodes/127.0.0.1/node0/log/log*  | grep connected
info|2022-01-11 00:49:51.173832|[P2P][Service] heartBeat,connected count=3
info|2022-01-11 00:50:01.174300|[P2P][Service] heartBeat,connected count=3
```

图 7.44 查看节点连接数

```
[mars@The fisco]$ tail -f nodes/127.0.0.1/node0/log/log*  | grep connected
info|2022-01-11 00:49:51.173832|[P2P][Service] heartBeat,connected count=3
info|2022-01-11 00:50:01.174300|[P2P][Service] heartBeat,connected count=3
^[^Ainfo|2022-01-11 00:50:11.174543|[P2P][Service] heartBeat,connected count=3
info|2022-01-11 00:50:21.175134|[P2P][Service] heartBeat,connected count=3
info|2022-01-11 00:50:31.175497|[P2P][Service] heartBeat,connected count=3
info|2022-01-11 00:50:41.175891|[P2P][Service] heartBeat,connected count=3
info|2022-01-11 00:50:51.176236|[P2P][Service] heartBeat,connected count=3
info|2022-01-11 00:51:01.176585|[P2P][Service] heartBeat,connected count=3
info|2022-01-11 00:51:11.177161|[P2P][Service] heartBeat,connected count=3
info|2022-01-11 00:51:21.177676|[P2P][Service] heartBeat,connected count=3
^C
[mars@The fisco]$ tail -f nodes/127.0.0.1/node0/log/log*  | grep +++
info|2022-01-11 00:51:33.372416|[g:1][CONSENSUS][SEALER]++++++++++++++++ Generating seal on,blkNum=1,tx=0,nodeIdx=2,hash=bc9e9d0b
...
info|2022-01-11 00:51:37.387737|[g:1][CONSENSUS][SEALER]++++++++++++++++ Generating seal on,blkNum=1,tx=0,nodeIdx=2,hash=c3f58ae1
...
info|2022-01-11 00:51:41.405163|[g:1][CONSENSUS][SEALER]++++++++++++++++ Generating seal on,blkNum=1,tx=0,nodeIdx=2,hash=1292b420
...
info|2022-01-11 00:51:45.421246|[g:1][CONSENSUS][SEALER]++++++++++++++++ Generating seal on,blkNum=1,tx=0,nodeIdx=2,hash=9da4733e
...
info|2022-01-11 00:51:49.441362|[g:1][CONSENSUS][SEALER]++++++++++++++++ Generating seal on,blkNum=1,tx=0,nodeIdx=2,hash=241ba13e
...
```

图 7.45 查看是否共识

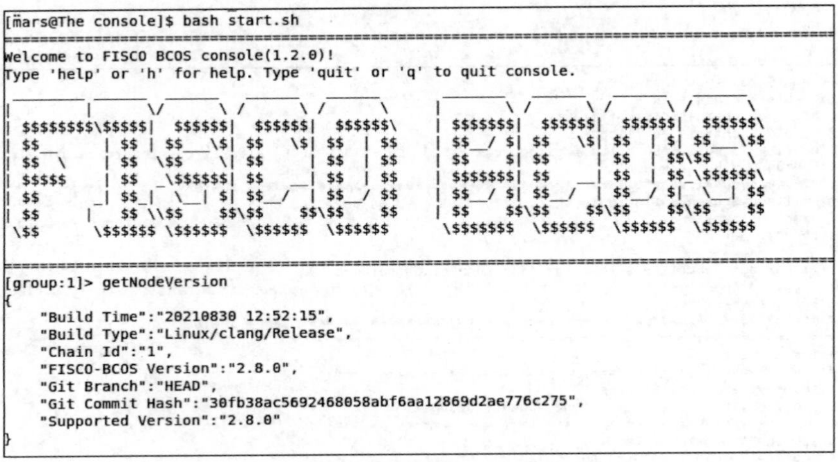

图 7.46　查询节点信息

5) Solidity 智能合约代码

```
pragmasolidity^0.4.24;
import"./Table.sol";
contractKVAsset{
eventSetResult(int256count);
KVTableFactorytableFactory;
stringconstantTABLE_NAME = "kvasset";
constructor()public{
tableFactory = KVTableFactory(0x1010);
tableFactory.createTable(TABLE_NAME,"uuid","status,price,point");
}
functionget(stringuuid)publicviewreturns(bool,string,int256,string){
KVTabletable = tableFactory.openTable(TABLE_NAME);
boolok = false;
Entryentry;
(ok,entry) = table.get(uuid);
stringmemorystatus;
int256price;
stringmemorypoint;
if(ok){
status = entry.getString("status");
price = entry.getInt("price");
point = entry.getString("point");
}
return(ok,status,price,point);
}
functionset(stringuuid,stringstatus,int256price,stringpoint)publicreturns(int256){
KVTabletable = tableFactory.openTable(TABLE_NAME);
Entryentry = table.newEntry();
entry.set("uuid",uuid);
entry.set("status",status);
entry.set("price",price);
entry.set("point",point);
int256count = table.set(uuid,entry);
emitSetResult(count);
```

```
returncount;
}
functionupdateStatus(stringuuid,stringstatus)publicreturns(int256){
KVTabletable = tableFactory.openTable(TABLE_NAME);
Entryentry = table.newEntry();
entry.set("status",status);
int256count = table.set(uuid,entry);
emitSetResult(count);
returncount;
}
functionupdatePoint(stringuuid,stringpoint)publicreturns(int256){
KVTabletable = tableFactory.openTable(TABLE_NAME);
Entryentry = table.newEntry();
entry.set("point",point);
int256count = table.set(uuid,entry);
emitSetResult(count);
returncount;
}
}
```

6) Java 智能合约代码

```
publicclassKVAssetextendsContract{
publicstaticfinalStringFUNC_UPDATESTATUS = "updateStatus";
publicstaticfinalStringFUNC_GET = "get";
publicstaticfinalStringFUNC_SET = "set";
publicstaticfinalStringFUNC_UPDATEPOINT = "updatePoint";
publicstaticfinalEventSETRESULT_EVENT = newEvent("SetResult",
Arrays.< TypeReference < >> asList(newTypeReference < Int256 >(){}));
protectedKVAsset(StringcontractAddress,Clientclient,CryptoKeyPaircredential){
super(getBinary(client.getCryptoSuite()),contractAddress,client,credential);
}

publicstaticStringgetBinary(CryptoSuitecryptoSuite){
return(cryptoSuite.getCryptoTypeConfig() == CryptoType.ECDSA_TYPE BINARY:SM_BINARY);
}

publicTransactionReceiptupdateStatus(Stringuuid,Stringstatus){
finalFunctionfunction = newFunction(
FUNC_UPDATESTATUS,
Arrays.< Type > asList(neworg.fisco.bcos.sdk.abi.datatypes.Utf8String(uuid),
neworg.fisco.bcos.sdk.abi.datatypes.Utf8String(status)),
Collections.< TypeReference <?>> emptyList());
returnexecuteTransaction(function);
}

publicvoidupdateStatus(Stringuuid,Stringstatus,TransactionCallbackcallback){
finalFunctionfunction = newFunction(
FUNC_UPDATESTATUS,
Arrays.< Type > asList(neworg.fisco.bcos.sdk.abi.datatypes.Utf8String(uuid),
neworg.fisco.bcos.sdk.abi.datatypes.Utf8String(status)),
Collections.< TypeReference <?>> emptyList());
asyncExecuteTransaction(function,callback);
}
```

```
publicTransactionReceiptset(Stringuuid,Stringstatus,BigIntegerprice,Stringpoint){
finalFunctionfunction = newFunction(
FUNC_SET,
Arrays.<Type>asList(neworg.fisco.bcos.sdk.abi.datatypes.Utf8String(uuid),
neworg.fisco.bcos.sdk.abi.datatypes.Utf8String(status),
neworg.fisco.bcos.sdk.abi.datatypes.generated.Int256(price),
neworg.fisco.bcos.sdk.abi.datatypes.Utf8String(point)),
Collections.<TypeReference<?>> emptyList());
returnexecuteTransaction(function);
}

publicvoidset(Stringuuid,Stringstatus,BigIntegerprice,Stringpoint,TransactionCallbackcallback){
finalFunctionfunction = newFunction(
FUNC_SET,
Arrays.<Type>asList(neworg.fisco.bcos.sdk.abi.datatypes.Utf8String(uuid),
neworg.fisco.bcos.sdk.abi.datatypes.Utf8String(status),
neworg.fisco.bcos.sdk.abi.datatypes.generated.Int256(price),
neworg.fisco.bcos.sdk.abi.datatypes.Utf8String(point)),
Collections.<TypeReference<?>> emptyList());
asyncExecuteTransaction(function,callback);
}
publicvoidupdatePoint(Stringuuid,Stringpoint,TransactionCallbackcallback){
finalFunctionfunction = newFunction(
FUNC_UPDATEPOINT,
Arrays.<Type>asList(neworg.fisco.bcos.sdk.abi.datatypes.Utf8String(uuid),
neworg.fisco.bcos.sdk.abi.datatypes.Utf8String(point)),
Collections.<TypeReference<?>> emptyList());
asyncExecuteTransaction(function,callback);
}
publicstaticKVAssetload(StringcontractAddress,Clientclient,CryptoKeyPaircredential){
returnnewKVAsset(contractAddress,client,credential);
}
publicstaticKVAssetdeploy(Clientclient,CryptoKeyPaircredential)throwsContractException{
returndeploy(KVAsset.class,client,credential,getBinary(client.getCryptoSuite()),"");
}
}
```

7) 区块链接口设计

以下接口以"/contract/asset"作为前缀。

(1) 获取链上资产信息。

请求类型:GET。路径:/get。参数:uuid。

(2) 资产信息上链。

请求类型:POST。路径:/set。参数:uuid、status、price、point。

(3) 更新节点信息。

请求类型:POST。路径:/updatePoint。参数:uuid、point。

(4) 更新状态信息。

请求类型:POST。路径:/updateStatus。参数:uuid、status。

2. WEB 模块

把设计好的静态页面放在 model 目录下,如图 7.47 所示。

图 7.47　静态页面

1）首页页面

首页页面包含两个 WEBASE 的地址,用于跳转到 WEBASE 页面,服务器的 IP 地址出于安全考虑进行人工加密。首页页面如图 7.48 所示。

图 7.48　首页页面

2）资产添加页面

在用户单击"提交"按钮后,数据会同时存入 MySQL 和区块链。为了确保信息上链,会在控制台打印向区块链发送请求而获得的区块哈希,如果成功打印会将获得的区块链哈希存入 MySQL。出于系统安全以及链上信息安全的考虑,未经授权的用户没有权利添加资产。资产添加页面如图 7.49 所示。

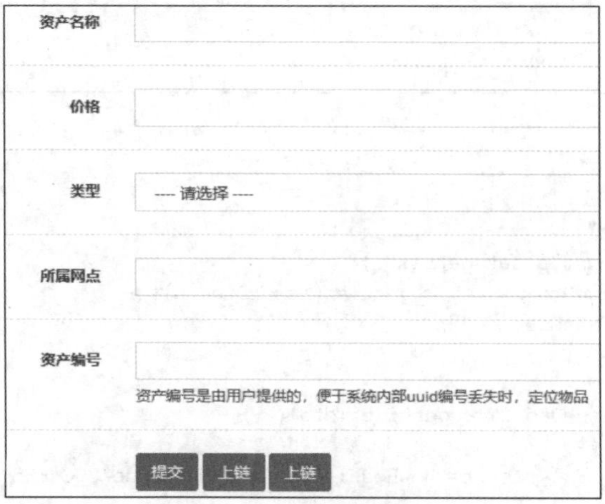

图 7.49　资产添加页面

```
//控制层代码如下:
@PostMapping("/add")
@RequiresPermissions("asset:add")
publicResultDto<Object>add(@RequestBodyAssetasset){
returnassetService.add(asset);
}
//具体实现类如下:
publicResultDto<Object>add(Assett){
ResultDto<Object>result = newResultDto<>();
assetDao.add(t);
result.setResultCode(ResultCode.SUCCESS_POST);
assetOperationRecordService.addOperationRecord(t.getUuid(), Constant.OperationType.ADD,
result.getTitle());
returnresult;
}
//SQL 映射如下:
<xmlversion = "1.0"encoding = "UTF - 8">
<!DOCTYPEmapper
PUBLIC" - //mybatis.org//DTDMapper3.0//EN"
"http://mybatis.org/dtd/mybatis - 3 - mapper.dtd">
<mappernamespace = "com.zty.web.dao.AssetDao">
<insertid = "add">
INSERTINTOassets_item(uuid,customs_id,name,price,assets_type_id,point_id,point_to,hash)
VALUES( #{uuid}, #{customsId}, #{name}, #{price}, #{assetsTypeId}, #{pointId},
#{pointTo}, #{hash})
</insert>
```

3) 资产列表

跳转到资产列表页面,会获得添加资产的相关信息,包括资产已经上链的确凿证据区块哈希。资产列表如图 7.50 所示。

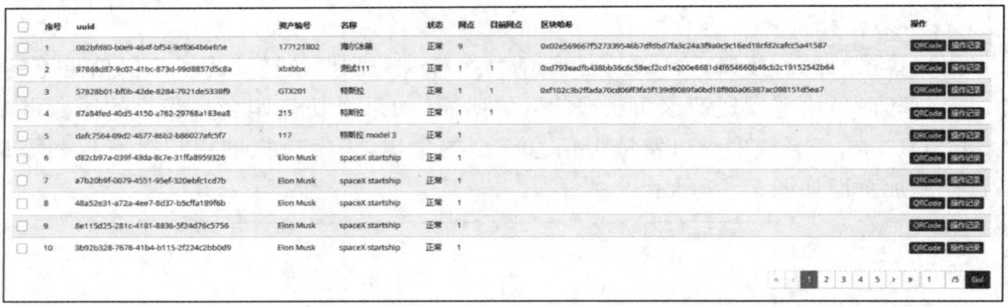

序号	uuid	资产编号	名称	状态	网点	目前网点	区块哈希	操作
1	082bfd80-b0e9-464f-bf54-9df064b6eb5e	177121802	海尔冰箱	正常	9		0x02e569667f527339546b7dfdbd7fa3c24a3f9a0c9c16ed18cfd2cafcc5a41587	QRCode 操作记录
2	97868d87-9c07-41bc-873d-99d8857d5c8a	xbxbbx	测试111	正常	1	1	0xd793eadfb438bb36c6c58ecf2cd1e200e8681d4f654660b46cb2c19152542b64	QRCode 操作记录
3	57828b01-bf0b-42de-8284-7921de5338f9	GTX201	特斯拉	正常	1	1	0xf102c3b2ffada70cd06ff3fa5f139d9089fa0bd18f800a06387ac098151d5ea7	QRCode 操作记录
4	87a84fed-40d5-4150-a762-29768a183ea8	215	特斯拉	正常	1	1		QRCode 操作记录
5	dafc7564-09d2-4677-86b2-b86027afc5f7	117	特斯拉 model 3	正常	1			QRCode 操作记录
6	d82cb97a-039f-43da-8c7e-31ffa8959326	Elon Musk	spaceX startship	正常	1			QRCode 操作记录
7	a7b20b9f-0079-4551-95ef-320ebfc1cd7b	Elon Musk	spaceX startship	正常	1			QRCode 操作记录
8	48a52e31-a72a-4ee7-8d37-b5cffa189f6b	Elon Musk	spaceX startship	正常	1			QRCode 操作记录
9	8e115d25-281c-4181-8836-5f24d76c5756	Elon Musk	spaceX startship	正常	1			QRCode 操作记录
10	3b92b328-7676-41b4-b115-2f224c2bb0d9	Elon Musk	spaceX startship	正常	1			QRCode 操作记录

« ‹ 1 2 3 4 5 › » 1 /5 Go!

图 7.50　资产列表

```
//控制层代码如下:
@GetMapping("/list")
@RequiresPermissions("asset:getList")
publicResultDto<PageDto<Asset>> getList(AssetDtodto){
returnassetService.getList(dto);
}
//实现类代码如下:
defaultResultDto<PageDto<E>> getList(Tdto){
Ddao = getRepository();
ResultDto<PageDto<E>> result = newResultDto<>(ResultCode.SUCCESS_GET);
```

```
PageDto < E > page = newPageDto <>();
page. setList(dao. getList(dto));
page. setCount(dao. getNum(dto));
result. setObject(page);
returnresult;
}
//SQL 映射如下 :
< selectid = "getList"resultType = "Asset">
SELECT
ai. * ,
sd. valuestatusName
FROMassets_itemai
LEFTJOINsystem_dictionarysdON
(sd. `key` = ai. statusANDsd. `table` = 'assets_item'ANDsd.`column` = 'status')
< where >
< includerefid = "assetsItemConditions">
< propertyname = "alias"value = "ai"/>
</include >
</where >
ORDERBYai. create_timeDESC
< iftest = "offset!= 0">
LIMIT # {begin}, # {offset}
</if >
</select >
```

4）资产借还页面

用户输入的数据都会通过 v-model 被 Vue 实例获取,同时将这些数据通过请求的方式发送到后端,调用相应的接口,从而实现数据的持久化。此外,为了解决资产节点变动而产生的信任问题,需要对节点信息上链,在控制台打印区块哈希时,说明数据上链成功。资产借还页面如图 7.51 所示。

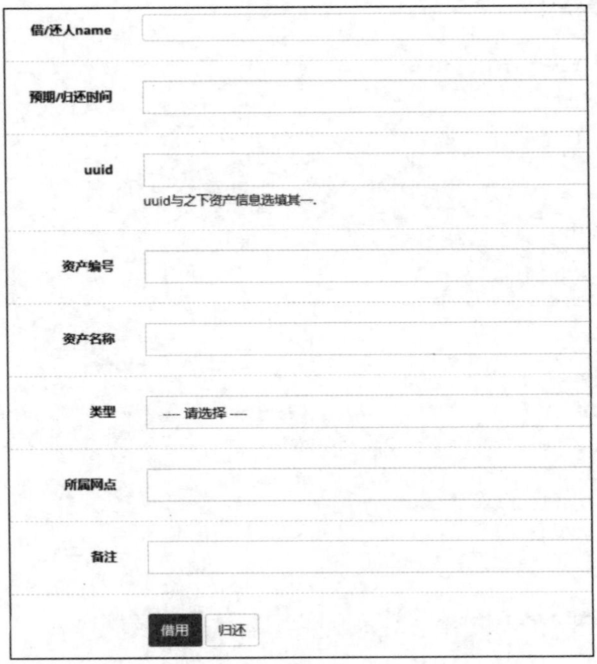

图 7.51 资产借还页面

```
//控制层代码如下:
publicResultDto < Object > borrowAsset(@RequestBodyBorrowborrow)throwsAssetException{
returnborrowService. borrowAsset(borrow);
}
publicResultDto < Object > borrowAssetBySelf(@RequestBodyBorrowborrow)throwsAssetException{
returnborrowService. borrowAssetBySelf(borrow);
}
publicResultDto < Object > returnAsset(@RequestBodyBorrowborrow)throwsAssetException{
returnborrowService. returnAsset(borrow);
}

//实现类代码如下:
privateintupdateAssetStatus(Stringuuid,Constant. AssetStatusstatus){
returnassetDao. updateAssetStatus(uuid, status. getId());
}
publicResultDto < Object > borrowAssetBySelf(Borrowborrow)throwsAssetException{
Subjectsubject = SecurityUtils. getSubject();
Useruser = (User)subject. getPrincipal();
borrow. setUserId(user. getId());
returnborrowAsset(borrow);
}

//SQL 映射如下:
< insertid = "add">
INSERTINTOassets_borrow(uuid,user_id,expect_return_time,remark)
VALUES( #{uuid}, #{userId}, #{expectReturnTime}, #{remark})
</insert >
< updateid = "update">
UPDATEassets_borrow
< set >
< iftest = "status!= null">
status = #{status},
</if >
< iftest = "return_time!= null">
name = #{returnTime},
</if >
</set >
WHEREid = #{id}
</update >

//上链请求如下:
//通过 userid 获取网点
$ .ajax({
async:false,
type:'GET',
dataType:"json",
url:"http://127.0.0.1:18104/point/getPointById",
data:{"id":self. data. userId},
contentType:'application/json;charset = UTF - 8',
success:function(json){
letpoint = json
console. log(point)
console. log(self. data. asset. uuid)
```

```
letparam = {"uuid":self.data.asset.uuid,"point":point.toString()}
$.ajax({
async:false,
type:'POST',
dataType:"json",
url:"http://127.0.0.1:7022/contract/asset/updatePoint",
data:JSON.stringify(param),
contentType:'application/json;charset = UTF - 8',
error:function(XMLHttpRequest,textStatus,errorThrown){          //请求失败处理函数
alert('抱歉节点数据未能上链' + errorThrown);
},
success:function(json){
lettarget = json.data
letstatus = "租借"
for(letkeyintarget){
if(key == "blockHash"){
console.log('pointblockhash:',target[key]);
self.data.hash = target[key]
}
}
letparam = {"uuid":self.data.asset.uuid,"status":status.toString()}
$.ajax({
async:false,
type:'POST',
dataType:"json",
url:"http://127.0.0.1:7022/contract/asset/updateStatus",
data:JSON.stringify(param),
contentType:'application/json;charset = UTF - 8',
error:function(XMLHttpRequest,textStatus,errorThrown){          //请求失败处理函数
alert('抱歉状态数据未能上链' + errorThrown);
},
success:function(json){
lettarget = json.data
for(letkeyintarget){
if(key == "blockHash"){
console.log('statusblockhash:',target[key]);
self.data.hash = target[key]
}
}}})}}})}}})
if(ValidationUtils.check(".validation")){
Server.asset.borrowAsset.body(self.data).execute(() =>{
self.clear();
});}},
```

由于智能合约以及接口的设计,这里发送了两次请求,只有在保证节点发生变动的情况下,资产的状态才会改变。因此,资产在借还时会向区块链提交两次事务,产生两个区块哈希。

5）资产维修与报废

用户单击图 7.52 右上角的"维修"按钮,触发资产维修事件,传递资产当前状态并修改为维修状态；如果单击"报废"按钮,则触发资产报废事件,传递资产当前状态并修改为报废状态。

图 7.52 修改资产状态

```
//控制层代码如下:
@PutMapping("/updateStatus")
@RequiresPermissions("asset:updateStatus")
publicResultDto < Object > updateStatus(@RequestBodyMap < String, Object > map){
returnassetService. updateStatus((String) map. get ("uuid"), (Integer) map. get ("status"),
(String)map. get("remark"));

//实现类代码如下:
publicResultDto < Object > updateStatus(Stringuuid, Integerstatus, Stringremark){
ResultDto < Object > result = newResultDto <>();
result. setResultCode(assetDao. updateAssetStatus(uuid, status) == 1?
ResultCode. SUCCESS:ResultCode. OPERATE_FAIL);
if(status == 3)assetOperationRecordService. addOperationRecord(uuid, Constant. OperationType.
MAINTENANCE, result. getTitle() + "," + remark);
if(status == 4)assetOperationRecordService. addOperationRecord(uuid, Constant. OperationType.
ABANDONED, result. getTitle() + "," + remark);
returnresult;
}
//SQL 映射如下:
< updateid = "updateAssetStatus">
UPDATEassets_itemSETstatus = # {status}
WHEREuuid = # {uuid}
</update >
//上链请求如下:
showUpdateModal:function(status, obj){
console. log("目前" + status)
console. log("obj 的" + obj. status)
lettemp = obj. status
console. log("# # # # # # # # # # # # # # # # #" + "updatestatus")
this. fromModalData. title = status === 3?"维修":"报废";
//console. log("第一" + status)
obj. remark = null;
obj. status = obj. status === status?1:status;
//console. log("第二" + status)
this. fromModalData. data = JsonUtils. copy(obj);
this. fromModalData. submit = this. getSubmitFunc(Server. asset. updateStatus);
this. fromModal. show();
console. log("最后" + status)
console. log("obj 的" + obj. status)
console. log("temp 的" + temp)
letdata = this. tableSelectData[0]. uuid
```

```
console.log(data)
if(temp == 1&&status == 3){
lets = "维修"
letparam = {"uuid":data,"status":s.toString()}
$.ajax({
async:false,
type:'POST',
dataType:"json",
url:"http://127.0.0.1:7022/contract/asset/updateStatus",
data:JSON.stringify(param),
contentType:'application/json;charset = UTF - 8',
error:function(XMLHttpRequest,textStatus,errorThrown){          //请求失败处理函数
alert('抱歉状态数据未能上链' + errorThrown);
},
success:function(json){
lettarget = json.data
for(letkeyintarget){
if(key == "blockHash"){
console.log('维修 blockhash:',target[key]);
} }}})
console.log("维修")
}
if(temp == 1&&status == 4){
lets = "报废"
letparam = {"uuid":data,"status":s.toString()}
$.ajax({
async:false,
type:'POST',
dataType:"json",
url:"http://127.0.0.1:7022/contract/asset/updateStatus",
data:JSON.stringify(param),
contentType:'application/json;charset = UTF - 8',
error:function(XMLHttpRequest,textStatus,errorThrown){          //请求失败处理函数
alert('抱歉状态数据未能上链' + errorThrown);
},
success:function(json){
lettarget = json.data
for(letkeyintarget){
if(key == "blockHash"){
console.log('报废 blockhash:',target[key]);
}}}})
console.log("报废")
}
if(temp == 3||temp == 4){
this.backNormal(data);
}},
```

【思政 7-1】

我国 5G、大数据、人工智能、云计算等新一代信息技术的崛起,带动了各行各业数字化转型,体育产业也受到了一定的影响。尤其是全球瞩目的 2022 年北京冬奥会,云计算、人工智能的大量运用,给冬奥会增添了新的色彩。2022 年北京冬奥会处处藏着高科技,其中机

器人的广泛应用更是一大特色。在北京冬奥会主媒体中心的智慧餐厅,"豹大白"24 小时在岗。取豆、称重、取水、上水、冲泡、拉花……娴熟的技术和美味的口感,征服了绝大多数运动员和工作人员。"豹大白"是一个由两条六轴协作式机械臂组成、左右机械臂可以同时开工的机器人。"豹大白"左右开弓,一手拿茶一手拿杯,熟练的烹茶技术让诸多运动员纷纷来"打卡",品茶之余更要驻足观看它行云流水的烹动作。与"豹大白"一同工作在北京 2022 年冬奥会上的还有睿家科技研发的机器人,它被称为"智能防疫员"。它能够在 1s 内实现身份识别、智能测温、健康宝、国家健康码、核酸检测、疫苗接种、公安联网、电子登记共 8 个查验环节。应用于冬奥会的机器人是基于人工智能、物联网、云计算及大数据技术的全新一代智能化、数字化公共安全管理系统。机器人在冬奥会的应用极大地提高了出入管理与健康查验的效率,提升了人们的通行速度,最大的作用就是大幅节省了人力。2022 年北京冬奥会不仅见证了运动员的高光时刻,也借助以 AI 为代表的全方位科技力量,让时间、空间、语言、文化差异不再成为阻隔,实现了冬奥会"一起向未来"的愿景,成就了新冠疫情背景下的一场前所未有的全球体育盛会,面向全世界展示了中国人的智慧和能力。